"十三五"普通高等教育规划教材

现代通信新技术

贾振堂　陈　琳　袁三男　袁仲雄　李凤勤　编

杨俊杰　主审

中国电力出版社
CHINA ELECTRIC POWER PRESS

内 容 提 要

本书为"十三五"普通高等教育规划教材，深入浅出、图文并茂地讲解了现代通信领域若干重要技术的原理和应用情况，包括通信基本理论、因特网与 TCP/IP、光纤通信、移动通信与边走边说、多媒体通信的奥秘、电力线中的通信、ISDN 与 ATM 技术，以及奇妙的量子通信等内容。内容翔实、重点突出，既包括基础知识、成熟的通信技术，又涵盖了通信技术的最新进展。

本书可作为各类高等院校非通信专业的"现代通信新技术"公共选修课教材，也可作为广大通信爱好者快速了解和学习现代通信新技术的参考用书。

图书在版编目（CIP）数据

现代通信新技术 / 贾振堂等编. —北京：中国电力出版社，2016.2（2017.6重印）

"十三五"普通高等教育规划教材

ISBN 978-7-5123-8910-6

Ⅰ. ①现⋯ Ⅱ. ①贾⋯ Ⅲ. ①通信技术－高等学校－教材 Ⅳ. ①TN91

中国版本图书馆 CIP 数据核字（2016）第 026634 号

中国电力出版社出版、发行

（北京市东城区北京站西街 19 号　100005　http://www.cepp.sgcc.com.cn）

北京天宇星印刷厂印刷

各地新华书店经售

*

2016 年 2 月第一版　2017 年 6 月北京第二次印刷

787 毫米×1092 毫米　16 开本　15 印张　361 千字

定价 **30.00** 元

版权专有　侵权必究

本书如有印装质量问题，我社发行部负责退换

前　言

　　为了让读者快速了解现代通信的基本理论概念、基本技术原理和应用、以及通信发展的前沿，编写了这本适合广大非通信专业学生选修的《现代通信新技术》教材。鉴于非通信专业的学生背景，本教材在编写过程中力求通俗易懂，注重原理的理解，尽量避免公式推导过程，但又不完全是科普，有必要的理论描述。本书内容翔实、重点突出，既包括基础的、成熟的通信技术，又涵盖了通信技术的最新进展。

　　本书适用于除通信专业外的所有专业学生，包括专科生，本科生，甚至研究生，以及对通信技术感兴趣的其他领域的科技工作者。

　　本教材的特点如下。

　　（1）定位于非通信专业，适合于广大的读者群体。

　　（2）行文通俗易懂，图文并茂，用科普的语言来讲述专业理论知识。注重原理的理解，尽量避免公式推导过程。

　　（3）包含最新的通信技术和原理。

　　（4）内容全面，结构新颖、重点突出。

　　（5）理论与实践相结合。

　　本书共分 8 章，第 1 章和第 3 章由陈琳编写，第 2 章、第 5 章、第 8 章由贾振堂编写，第 6 章由贾振堂和袁仲雄共同编写，第 4 章由袁三男编写，第 7 章由李凤勤编写。全书由贾振堂统编，桂林电子科技大学的贾佳同学协助完成图文校对工作。

　　本书参考和引用了大量的文献资料，在此向中外文参考文献的作者表示感谢。

　　由于通信技术发展迅速，编者的视野和水平有限，书中难免有疏漏和不当之处，敬请广大读者批评指正。

编　者

2015 年 12 月

目　录

第1章　通信基本理论

内容提要

　　本章介绍通信基本理论，通信的概念，如何有效且可靠地传输信息。为了使读者在学习各章内容之前，对通信技术和通信系统有个初步的了解与认识，本章将概况地介绍通信的基本概念、通信系统的各个部分，以及模拟通信和数字通信系统。

导　读

　　本章的重点是模拟调制和数字通信系统。从线性调制和非线性调制的角度，阐述了模拟调制的原理和一般模型，并说明了频分多路技术。在数字基带传输中，阐述了基带信号传输原理和实用码型，以及无码间串扰的条件；在数字频带传输中，介绍了二进制数字频带信号的原理、调制和解调方法。

1.1　通信的发展简史和展望

　　通信就是互通信息。按照人类通信交流方式的不同，可以将通信的发展分为古代通信阶段、初级通信阶段、近代通信阶段和现代通信阶段。

图 1-1　烽火传讯

1.1.1　古代通信阶段

　　古代通信是人类基于需求的最原始通信方式，利用自然界的基本规律和人的基础感官（视觉、听觉等）来远距离的传递信息。比如，通过烽火（见图 1-1）、击鼓、旗语、信鸽等方式向远方传送信息。古代通信方式最主要的缺点是传递距离短，速度慢。

1.1.2　初级通信阶段

　　19 世纪后期，随着电报、电话的发明及电磁波的发现，人类通信史发生了革命性的变化。信息传递摆脱了常规的原始通信方式，用"电"作为新的载体，开启了人类通信的新时代。

　　初级通信的开始是以利用"电"来传递信息作为标志的，代表性事件如下。

　　1838 年，美国人莫尔斯（S. Morse）发明了有线电报。他成功地运用"通""断""长断"来代替人类的文字进行消息的传送。1844 年 5 月 24 日，在座无虚席的国会大厦里，莫尔斯用他那激动得有些颤抖的双手，操纵着他倾十余年心血研制成功的电报机，向巴尔的摩发出了人类历史上的第一份电报："上帝创造了何等奇迹！"。电报的发明，拉开了电信时代的序幕，开创了人类利用电来传递信息的历史。但是电报传送的仅仅是符号，不能进行及时双向信息的交流。如图 1-2 所示为莫尔斯

图 1-2　莫尔斯发出第一份电报
　　　　设备的复制品

发出第一份电报设备的复制品。

1875 年，苏格兰人贝尔（A. G. Bell）发明了电话。在为聋哑人设计助听器的过程中，贝尔发现可以"用电流的强弱来模拟声音大小的变化，从而用电流传送声音。"1875 年 6 月 2 日，贝尔和沃森特正在进行模型的最后设计和改进。贝尔不小心把硫酸溅到自己的腿上，他疼痛地叫了起来："沃森特先生，快来帮我啊！"没有想到，这句话通过实验中的电话传到了在另一个房间工作的沃森特先生的耳朵里。这句极普通的话，也就成为人类第一句通过电话传送的话音而记入史册。1876 年 3 月，贝尔获得了电话发明专利。1878 年，在相距 300km 的波士顿和纽约之间进行了首次长途电话实验，并获得了成功，后来就成立了著名的贝尔电话公司。如图 1-3 所示为贝尔与其发明的电话装置。

电报和电话的相继发明，使人类获得了远距离传送信息的重要手段。但是，电信号都是通过金属线传送的，这就大大限制了信息的传播范围。

1864 年，英国物理学家麦克斯韦（J. C. Maxwel）预言了电磁波的存在。1887 年，德国物理学家赫兹（H. Hertz）用实验证明了电磁波的存在。赫兹的发现，导致了无线电的诞生，开辟了电子技术的新纪元，标志着从"有线电通信"向"无线电通信"的转折。

1897 年，意大利人马可尼（G. Marconi），改进了无线电传送和接收设备，在布里斯托尔海峡进行无线电通信取得成功。1901 年 12 月，在英国与纽芬兰之间（3540km），实现了跨大西洋的无线电通信，使无线电达到实用阶段。如图 1-4 所示为马可尼与无线电报。

图 1-3　贝尔与其发明的电话装置　　　　　　　　图 1-4　马可尼与无线电报

1.1.3　近代通信阶段

20 世纪 30 年代，信息论、调制论、预测论、统计论等都获得了一系列的突破。

1948 年香农提出了通信的数学理论，建立了比较完整的通信科学理论体系。他提出的信源和信道编码定理、信道容量计算公式及率失真理论至今仍是重要的研究课题。

1950 年时分多路通信应用于电话系统。

维纳将数理统计理论引入通信学科，开始建立起统计通信的概念。

1951 年直拨长途电话开通。

1956 年铺设越洋通信电缆。

1958 年发射第一颗通信卫星。

1962 年发射第一颗同步通信卫星，开通国际卫星电话；脉冲编码调制进入实用阶段。

20 世纪 60 年代彩色电视问世、阿波罗宇宙飞船登月、数字传输理论与技术得到迅速发展、计算机网络开始出现。

1969 年电视电话业务开通。

20 世纪 70 年代商用卫星通信、程控数字交换机、光纤通信系统投入使用；一些公司制定计算机网络体系结构。

1.1.4　现代通信阶段及发展趋势

现代通信阶段是移动通信和互联网通信时代。在全球范围内，形成数字传输、程控电话交换通信为主，其他通信为辅的综合电信通信系统；电话网向移动方向延伸，并日益与计算机、电视等技术融合。

下面介绍现代通信阶段的几个重要里程碑。

1978 年，美国贝尔实验室成功研制了先进移动电话系统（AMPS，Advance Mobile Phone Service），建成了蜂窝状移动通信系统。它结合频率复用技术，可以在整个服务覆盖区域内实现自动接入公用电话网。第一代移动通信系统的典型代表是美国标准的 AMPS 系统和后来的改进型系统 TACS，以及 NMT 和 NTT 等。

1982 年，发明了第二代蜂窝移动通信系统，以传输话音和低速数据业务为目的，因此又称为窄带数字通信系统。典型代表是欧洲标准的 GSM（Global System Mobile），美国标准的 D-AMPS 和日本标准的 D-NTT。

1983 年，TCP/IP 协议成为 ARPAnet 的唯一正式协议，伯克利大学提出内含 TCP/IP 的 UNIX 软件协议。

20 世纪 80 年代末多媒体技术的兴起，使计算机具备了综合处理文字、声音、图像、影视等各种形式信息的能力，日益成为信息处理最重要和必不可少的工具。

1988 年，成立"欧洲电信标准协会"（ETSI）。

1989 年，原子能研究组织（CERN）发明万维网（WWW）。20 世纪 90 年代爆发的因特网，更是彻底改变了人的工作方式和生活习惯。

1992 年，GSM 被选为欧洲 900MHz 系统的商标——"全球移动通信系统"。如图 1-5 所示为 GSM 电话和 3G 可视电话。由于第二代移动通信以传输话音和低速数据业务为目的，从 1996 年开始，为了解决中速数据传输问题，又出现了 2.5 代的移动通信系统，如 GPRS 和 IS-95B。

图 1-5　GSM 电话和 3G 可视电话

2000 年，提出第三代多媒体移动通信系统标准，以移动终端智能化为主要特点。典型代表是欧洲的 WCDMA、美国的 CDMA2000 和中国的 TD-SCDMA。其中，中国的 TD-SCDMA 标准于 1998 年向 ITU 提交，并于 2001 年被 3GPP 接纳为 3G 标准。2008 年中国正式颁发 3G 运营牌照。

2007 年，ITU 将 WIMAX 补选为第三代移动通信标准。

第四代移动通信（the 4th Generation）技术，基于全球移动通信长期演进技术（Long Term Evolution，LTE）标准之上，能够提供高速移动网络宽带服务。4G 的关键技术包括：正交频分复用（Orthogonal Frequency Division Multiplexing，OFDM）、智能天线（Smart Antenna，SA）技术、软件无线电（Software Defined Radio，SDR）技术、基于全 IP 的核心网络等。4G 目前已在国内开始运营，虽然普及率还不高，但 4G 的诸多优点注定其将取代以往的移动通信技术。

我们现在就处于现代通信时代,只要你打开电脑、手机、PDA、车载 GPS,很容易就实现彼此之间的联系,人们生活更加便利。

未来通信是大融合时代,电信网络发展进入网络融合发展的历程。以思科为代表的设备制造商推出了"统一通信"的理念,未来的通信可能沿着融合 2G、3G、4G、WLAN 和宽带网络的方向发展。但是无论如何,它不会脱离现在科学技术的发展。

1.2   通 信 基 本 概 念

1.2.1   消息、信息和信号

通信是互通信息,包括信息的传输与交换。通信的目的是利用电(或光)信号传输消息中所包含的信息。

信息(information)是消息中包含的有效内容。信息是消息的内涵,能消除受信者的某些不确定性。

消息(message)是通信系统传输的对象,是信息的物理表现形式。例如,语音、文字、图像、音乐、数据等。消息可分为连续消息和离散消息。连续消息是指消息的状态连续变化或不可数,如语音、温度、音乐等。离散消息则是指消息具有可数的有限个状态,如符号、文字、计算机数据等。

信号(signal)是传递信息的一种物理现象和过程,是消息的传输载体。如随信息做相应变化的电压或电流等。由于消息分为两大类,所以信号也相应分为模拟信号和数字信号两大类。消息携载在电信号的某个参量(如幅度、频率或相位)上。若电信号的参量是连续取值的,则称为模拟信号,如电话机送出的语音信号;若该参量是离散取值的,则称为数字信号,如电报机、计算机输出的信号。

> 消息是信息的物理形式,信息是消息的有效内容,信号是消息的传输载体,通信是消息传递的全过程(信息传输和交换)。

1.2.2   通信系统的基本组成

通信就是将信息从信源发送到一个或多个目的地。通信系统是指传递信息所需的一切技术设备和信道的总体。通信系统的一般模型如图 1-6 所示。

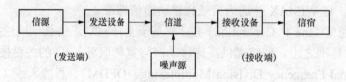

图 1-6   通信系统的一般模型

通信系统由以下几个部分组成。

1. 信源

信源又称信息源，它的作用是把各种消息转换成原始的电信号。根据输出信号的性质不同，信源可以分为模拟信源和离散信源。模拟信源（如话筒、摄像机）输出连续的模拟信号；离散信源（如电传机、计算机）输出离散的符号序列。模拟信源送出的连续信号经过抽样、量化变换后可形成数字信号。

2. 发送设备

发送设备的作用是将信源和信道匹配起来，使信源产生的信号变换为适合传送的信号形式。变换的方式有很多种，如编码、调制、放大等。

对于数字通信系统而言，发送设备中常包括信道编码和信源编码两部分，如图 1-7 所示。

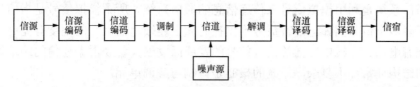

图 1-7　数字通信系统模型

信源编码的作用有两个：一是提高信息传输的有效性，即通过某种压缩编码技术减少信息的冗余度。例如，"奥林匹克运动会"变换为"奥运会"。二是把模拟信号变换为数字信号，即模/数（A/D）转换。接收端的信源译码是信源编码的逆过程。

信道编码的作用是通过差错控制来提高通信的可靠性。为了提高通信的可靠性，信道编码器对传输的信息码元按照一定的规则加入监督码元来减小差错。接收端的信道译码则是按照相应的逆规则进行译码，从中发现错误或纠错。

3. 信道

信道是信号传输的通道，即传输媒质。信道可以分为有线信道和无线信道两种。有线信道和无线信道都有多种物理媒质，如自由空间属于无线信道；光纤、电缆、架空明线属于有线信道。传输过程中必然会引入各种噪声，如热噪声、脉冲噪声、散弹噪声等。图 1-7 中的噪声源是通信系统中所有噪声和干扰的集中表示。

4. 接收设备

接收设备的作用是完成发送设备的反变换，即对受损的接收信号进行放大、解调、译码等变换，尽可能正确恢复原始电信号。

5. 信宿

信宿是传送消息的目的地。它的功能和信源相反，即把原始电信号还原成相应的消息，如扬声器将音频信号还原成声音。

图 1-7 描述了通信系统的一般模型。根据研究对象的不同，各方框的内容和作用会有所不同。在大多数场合下，信源兼为信宿，通信双方需要双向通信随时交流信息，如电话。这时，通信双方都要有发送设备和接收设备。如果通信双方有各自不同的信道，则双方可以独立地进行收发工作；但若共用一个信道，则必须用复用的方法来共享。

1.2.3　通信系统的分类

随着通信技术的发展，通信系统的内容和形式不断丰富，常见的分类方法有以下几种。

1. 按消息的物理特征分类

根据消息的物理特征，通信系统可以分为电报通信系统、电话通信系统、数据通信系统、图像通信系统。

2. 按调制方式分类

根据是否采用调制，可以将通信系统分为基带传输和频带传输。

基带传输是将未经调制的信号直接传送，如市内电话、有线广播等。

频带传输是对各种信号进行调制后传输，如电视广播、卫星通信、空间通信等。

3. 按传输信号的特征分类

根据信道中传输的是模拟信号还是数字信号，可以将通信系统分为模拟通信系统和数字通信系统。

模拟通信系统是利用模拟信号来传递信息的通信系统。所谓模拟信号是指信号的某一参量可以取无限多个值。例如，语音信号不仅在时间上连续，而且它的幅度有无穷多个取值。模拟通信随着电话、无线电广播等语音信号的发展而发展，曾经占据通信的统治地位。模拟通信系统的结构通常都不复杂，系统的核心是调制与解调单元。

数字通信系统是利用数字信号来传递信息的通信系统。所谓数字信号是指信号的某一参量只能取有限个值。例如，莫尔斯电报信号。

20 世纪 60 年代以后，随着电子计算机和网络通信的发展，数据传输量急剧增加，数字通信日益兴旺起来。与模拟通信相比，数字通信具有以下优点：

（1）抗干扰能力强，特别是在中继时，数字信号可以再生，从而消除噪声的积累。

（2）传输差错可控，可以通过信道编码技术进行检错与纠错。

（3）便于用现代数字信号处理技术对数字信息进行处理、变换、存储。

（4）易于加密且保密性好。

（5）易于集成，使通信设备易于制造，体积小且可靠性高。

但是数字通信系统也有其固有的缺点：它比模拟通信系统占据更宽的带宽。如一路模拟电话信号通常只需占据 4kHz 带宽，但一路数字电话信号可能要占据 20～60kHz 的带宽。可以认为数字信号的许多优点都是以占用更宽的信号频带为代价的。

4. 按传输媒介分类

根据传输媒介的不同，可以将通信系统分为有线通信系统和无线通信系统。

有线通信系统是指用导线作为传输媒介完成通信的系统，如有线电话、光纤通信系统等。

无线通信系统是指依靠电磁波在空间传递消息的系统，如短波电离层传播、卫星中继系统等。

5. 按传送信号的复用方式分类

传送多路信号有三种复用方式，即频分复用、时分复用和码分复用。

频分复用是指用频谱搬移的方法使不同信号占据不同的频率范围。频分复用方式主要应用于传统的模拟通信系统中。

时分复用是用脉冲调制的方法使不同信号占据不同的时间区间。

码分复用是用一组正交的编码分别携带不同信号。码分复用多用于扩频通信系统和移动通信系统中。

区分模拟信号和数字信号的关键在于观察信号参量（如幅值、频率、相位）的取值是连续的还是离散的，而不是看时间。

1.2.4　信息及其度量

通信系统的任务是传递信息。因此对于接收者来说，只有消息中不确定的内容才构成消息。而这种不确定性可以用概率来描述。

一个预先知道的消息不带有任何信息量，也就失去了传递的必要性。如："今天太阳从东方升起"，这句话是必然事件，不带有任何不确定性，所以信息量为零。对于近乎不可能事件，如："今天中午会地震"，其信息量接近无穷大。

因此，消息中所含的信息量与消息发生的概率有关系。消息出现的概率越小，所包含的信息量就越大。反之，消息出现的概率越大，所包含的信息量就越小。

1. 离散消息的信息量

假设某离散消息 x 发生的概率为 $P(x)$，则该离散消息携带的信息量为

$$I = \log_a \frac{1}{P(x)} = -\log_a P(x) \tag{1-1}$$

信息量的单位与对数的底 a 有关系。通常以 2 为底，这时信息量单位为比特（bit）。

对于等概率出现的 M 进制离散信源，每个码元含有 $\log_2 M$ 比特；对于等概率出现的二进制离散信源，每个码元含有 1 比特。

2. 离散信源的平均信息量

当消息很长时，用每个符号出现的概率来计算信息量是比较麻烦的。因此，引入平均信息量的概念。平均信息量是指每个符号所包含信息量的统计平均值，即

$$H(x) = -\sum_{i=1}^{N} P(x_i) \log P(x_i) \tag{1-2}$$

其中 N 为符号的个数。由于 H 和热力学中熵的形式相似，通常又称它为信源熵，单位为比特/符号（bit/符号）。当离散信源中每个符号独立且等概率出现时，该信源熵出现最大值。

1.2.5　通信系统的主要性能指标

通信的任务是快速、准确地传递信息。因此，通信系统的主要性能指标是有效性和可靠性。

有效性是指传输一定信息量所占用的频带宽度，即频带利用率；可靠性是指传输信息的准确程度。这两者的关系是即相互矛盾又相互联系的。

1. 有效性

对于模拟通信系统，有效性指标和其信号带宽有关。传输同样的消息，所需的信道带宽越小，其频带利用率越高，有效性就越好。

对于数字通信系统，有效性指标和其频带利用率有关。频带利用率定义为单位带宽内的传输速率，即

$$\eta = \frac{R_B}{B} \quad (\text{Baud/Hz}) \tag{1-3}$$

或
$$\eta_b = \frac{R_b}{B} \quad (\text{bit/}(\text{s}\cdot\text{Hz})) \tag{1-4}$$

R_B 是码元传输速率，简称为传码率，定义为单位时间内传输的码元数目，单位是波特（Baud）。如每 2 秒传送 2400 个码元，则传码率为 1200 波特。R_B 仅与码元宽度（每个码元的持续时间 T_B）有关，与进制数 M 无关，即

$$R_B = \frac{1}{T_B} \quad (\text{Baud}) \tag{1-5}$$

R_b 是信息传输速率，简称为传信率，定义为每秒传输的平均信息量，单位是比特/秒（bit/s）。若假设每个码元所含的平均信息量为 H，则 R_b 和 R_B 之间的关系是

$$R_b = R_B \cdot H \tag{1-6}$$

对于二进制等概率信号，$R_b = R_B$（数值相等，单位不同）。

2. 可靠性

对于模拟通信系统，可靠性指标通常用输出信号平均功率与噪声平均功率之比来衡量。对于数字通信系统，可靠性指标通常用差错率来衡量。差错率常用误码率和误信率来表示。误码率 P_e 是指错误接收的码元数在传输总码元数中所占的比例；而误信率 P_b 是指错误接收的比特数在传输总比特数中所占的比例。在二进制中，$P_e = P_b$。

> 　　码元速率——每秒传送的码元个数，单位为波特，它仅与码元宽度有关；信息速率——每秒传输的比特数，单位为比特/秒，它与码元宽带、进制数及信源统计特性等因素有关。

1.3　信道与噪声

1.3.1　信道的分类与影响

信道是介于发送端和接收端的通道。它是传输电、电磁波或光信号的物理媒介，是通信系统中必不可少的环节，如图 1-8 所示。

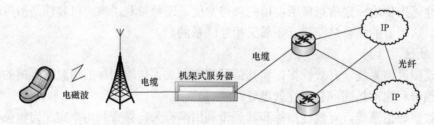

图 1-8　信道的传输媒介

（1）根据传输媒介的不同，信道可以分成两大类：无线信道和有线信道。

无线信道是指利用电磁波在空间中的传播来传输信号，如短波电离层反射、微波视距中继、移动通信信道等。

有线信道是指利用人造的传导电或光信号的媒体来传输信号，如光纤、电缆。

（2）按照信道特性不同，信道可以分为恒参信道和随参信道。

恒参信道是指信道特性参数随时间基本不变化或缓慢变化，如有线信道。恒参信道的特性参数基本恒定，可以等效为一个线性非时变系统，对传输信号的衰耗和时延为常数。

随参信道，又称为变参信道，是指信道参数随时间随机快变化，如短波电离层反射信道、散射信道等。随参信道的特性是"时变"的，具有三个共同点：①信号的传输衰减随时间而变化；②信号的传输时延随时间而变化；③存在多径效应，信号经过几条路径到达接收端，每条路径的时延和衰减都随时间而变化，所以接收到的信号是衰减和时延随时间变化的各路径信号的合成。因此必须采用一些有效减小频率选择性衰落的措施，如分集接收技术、扩频技术、智能天线技术等。

1.3.2 信道噪声

无论是有线信道，还是无线信道都会面临一个问题，那就是噪声。噪声在通信中也是一种电信号，只不过这种信号对于通信来说属于无用信号，它叠加在信号之上，永远存在于通信系统中。噪声可以看成是信道的一种干扰，也称为加性干扰，会造成模拟信号失真、数字信号误码等情况。

噪声的来源很多，有人为噪声、自然噪声和内部噪声等。人为噪声主要来自电台、家用电器、电气设备等人类活动。自然噪声来源于自然界存在的雷电、大气噪声和宇宙噪声等电磁辐射。内部噪声来源于设备本身产生的热噪声和散弹噪声等。其中热噪声是由电阻性元器件中自由电子的热运动引起的；散弹噪声是由电子管和半导体器件中电子发射不均匀引起的。

热噪声、散弹噪声和宇宙噪声，由于其波形变化不规则，可以被统称为起伏噪声。起伏噪声是遍布在时域和频域内的随机噪声，是影响通信系统的主要噪声。

起伏噪声可以定义为高斯白噪声。这种噪声的功率谱密度是个常数，在整个频率范围内均匀分布，有点像光学中的白光，因此称为白噪声。同时起伏噪声的概率密度服从高斯分布，所以可以将此噪声称为高斯白噪声。

若窄带噪声的双边功率谱密度为 $P_n(f)$，定义噪声等效带宽 B_n 为

$$B_n=\frac{\int_{-\infty}^{\infty}P_n(f)\mathrm{d}f}{2P_n(f_0)}=\frac{\int_0^{\infty}P_n(f)\mathrm{d}f}{P_n(f_0)} \tag{1-7}$$

其中噪声功率谱密度曲线的最大值为 $P_n(f_0)$。噪声等效带宽 B_n 的物理意义，如图1-9所示。高度为 $P_n(f_0)$、宽度为 B_n 的理想矩形滤波器特性曲线下的面积与功率谱密度 $P_n(f)$ 曲线下的积分面积相等，即功率相等。

1.3.3 常用信道

信道可以分为无线信道和有线信道两大类。常用的有线信道有同轴电缆、双绞线、光纤。常用的

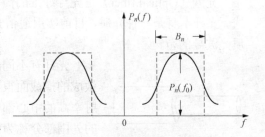

图1-9 噪声功率谱等效带宽

无线信道有无线视距中继、卫星中继信道和移动通信信道。

1. 同轴电缆

同轴电缆（Coaxial cable）是由内外两根同轴的圆柱形导体构成，在这两根导体间用绝缘体隔离开。内导体一般为实心铜线，外导体为空心铜管或金属编织网，在外导体外面还有一层绝缘保护层，如图 1-10 所示。通常会将多根同轴电缆放入同一个保护套内，以增强传输能力。它的特点是抗干扰能力好，传输数据稳定，价格便宜。

现在计算机局域网中一般都使用细缆组网。细缆一般用于总线型网络布线连接，同轴电缆的两端需安装 50Ω 终端电阻器。细缆网络每段干线长度最大为 185m，每段干线最多可接入 30 个用户。粗缆适用于较大局域网的网络干线，布线距离较长，可靠性较好。用户通常采用外部收发器与网络干线连接。粗缆局域网中每段长度可达 500m，采用 4 个中继器连接 5 个网段后最长可达 2500m。用粗缆组建的局域网虽然各项性能较高，具有较大的传输距离，但是网络安装、维护等方面比较困难，且造价较高。

2. 双绞线

双绞线（Twisted-pair）由两根相互绝缘的金属导线绞合而成。采用这种方式，不仅可以抵御一部分来自外界的电磁波干扰，也可以降低多对绞线之间的相互干扰。通常把一对或多对双绞线合在一起，放在一根保护套内，制成双绞线电缆，如图 1-11 所示。

图 1-10　同轴电缆　　　　　　　　　　　　　图 1-11　双绞线

目前，双绞线可分为非屏蔽双绞线（Unshielded Twisted Pair，UTP）和屏蔽双绞线（Shielded Twisted Pair，STP）。屏蔽双绞线电缆的外层由铝铂包裹，以减小辐射，但并不能完全消除辐射。屏蔽双绞线价格相对较高，安装起来要比非屏蔽双绞线电缆困难。双绞线常用于传输话音信号与近距离的数字信号，包括局域网、本地环路及综合布线工程。

3. 光纤

光纤（Optical fiber）是光导纤维的简称，它是一种利用光导纤维传输光波信号的通信方式。光纤本身是一种介质，目前实用通信光纤的基础材料是二氧化硅（SiO_2），因此它属于介质光波导的范畴。

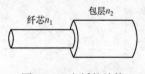

光纤有不同的结构形式。通信用的光纤绝大多数是用石英材料做成的横截面很小的双层同心圆柱体，外层的折射率比内层低。折射率高的中心部分称为纤芯，其折射率为 n_1，半径为 a；折射率低的外围部分称为包层，其折射率为 n_2，半径为 b，如图 1-12 所示。

图 1-12　光纤的结构

光纤通信具有以下一些独特的优点：传输频带宽，通信容量大；

传输损耗低，可低至 0.1dB/km；抗电磁干扰的能力强，保密性好；光纤线径细、体积小、重量轻，易于使用；由于光纤的主要材料是石英，因而制作光纤的材料储备丰富、价格低廉。光纤作为一种优良的传输信道，在长途电话网、互联网干线通信中获得了大量的应用。

4. 无线电视距中继信道

无线电视距中继是指工作频率在超短波和微波时，电磁波基本上沿着视线传播，通信距离依靠中继方式延伸的无线电线路。无线电视距信道通信容量大，性能可靠稳定。

相邻中继站间距离一般在 40～50km。若视距为 50km，则每间隔 50km 将信号转发一次，如图 1-13 所示，经过多次中继，能实现远距离通信。

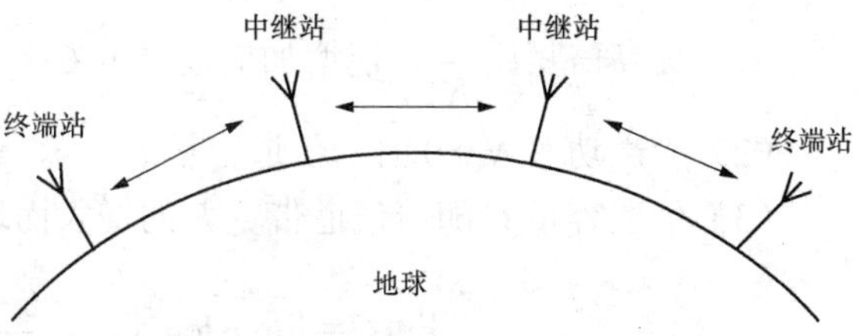

图 1-13　无线电视远距离中继信道

5. 卫星中继信道

卫星中继信道可以认为是无线电中继信道的一种特殊形式。卫星中继信道由通信卫星、地球站、上行线路及下行线路构成。其中上行与下行线路分别是指地球站至卫星及卫星至地球站的电波传播路径。

轨道在赤道平面上的人造同步卫星，当它离地面高度为 35 860km 时，可以实现地球上 18 000km 范围内的多点之间的连接。这样，利用三颗同步卫星中继站就可以覆盖全球（两极盲区除外）。

卫星中继信道具有传输距离远、覆盖地域广、传播稳定可靠、不受地理条件限制等突出优点，但也存在传输时延大的缺点。目前广泛应用于电视节目、多路长途电话和数据的传输。

6. 移动通信信道

移动通信信道是供个人用户（手机）进行无线话音与数据通信的信道。由于环境中通常存在大量的建筑物与其他障碍物，电磁波常常需要通过散射和衍射才能到达接收机。因此，移动通信信道是复杂的时变信道。

移动信道具有多径效应和阴影效应。

多径衰落使得信号电平中值在短时间快速下降，产生瞬间的衰落尖峰。合成信号振幅发生深度且快速的起伏，称为快衰落。因为多径衰落的信号包络服从瑞利分布，因此又称之为瑞利衰落。

阴影效应指当电波在传播路径上遇到起伏地形、建筑物、植被（高大的树林）等障碍物的阻挡时，存在阴影区（盲区），使得电波被吸收或被反射导致移动台接收不到信息。由于移动台不断移动，电波传播路径上的地形、地物不断变化，它造成的衰落比多径效应引起的快衰落要慢得多，所以叫慢衰落。慢衰落的信号包络服从对数正态分布。

为了防止因衰落引起的通信中断，在信道设计中，必须使信号的电平留有足够的余量，以使中断率小于规定指标，这种电平余量称为衰落储备。

1.3.4　信道容量—香农公式

信道容量是信道的极限传输能力。它定义为信道无差错传输信号时的最大平均信息速率。

20 世纪 40 年代，香农（Shannon）在《通信的数学理论》论文中提出了在被高斯白噪声干扰的信道中，最大信息传输速率的计算公式，即香农公式：

$$C = B \log_2\left(1 + \frac{S}{N}\right) = B \log_2\left(1 + \frac{S}{n_0 B}\right) \quad \text{(bit/s)} \qquad (1\text{-}8)$$

式中：C 代表信道的容量，即信道可以传输的最大信息速率；B 是信道带宽；S 是信号功率；N 是噪声功率；n_0 是噪声单边功率谱密度。

由香农公式可以得到以下结论：

（1）提高信噪比 $\dfrac{S}{N}$，能增加信道容量 C；

（2）噪声功率 $N \rightarrow 0$ 时，信道容量 $C \rightarrow \infty$，这意味着无干扰信道的信道容量为无穷大。

（3）信道容量 C 随着信道带宽 B 的增大而增加，但不能无限增加。在极限情况下：

$$\lim_{B \to \infty} C = \lim_{B \to \infty} B \log_2\left(1 + \frac{S}{n_0 B}\right) \approx 1.44 \frac{S}{n_0} \quad \text{(bit/s)} \qquad (1\text{-}9)$$

（4）信道容量 C 一定时，带宽 B 和信噪比 $\dfrac{S}{N}$ 可以互换。也就是说，从理论上完全有可能在极低信噪比的条件下，采用提高带宽 B 的方法来维持或提高系统性能，这就是扩频通信的基本思想和理论依据。

扩频通信（Spread Spectrum Communication）技术起源于 20 世纪中期，直到 20 世纪 80 年代后才开始受到重视，并逐步实用化。扩频通信的基本特征就是扩展频谱，具体做法是使用比发送的信息数据速率高许多倍的伪随机码把载有信息数据的基带信号的频谱进行扩展，形成宽带的低功率谱密度的信号来通信。常用的调制方式有：直接序列扩频、跳频扩频技术、时跳变扩频技术。该技术具有抗干扰性能好、隐蔽性强、易于实现码分多址等优点，现已成为现代短距离数字通信，如卫星定位系统、3G 移动通信系统、无线局域网及蓝牙中采用的关键技术。

香农公式虽然给出了理论的极限值，但对如何达到或接近这一理论极限，并未给出具体的实现方案。这正是通信系统研究和设计者们所面临的任务。

> 信道带宽与信道容量的关系：当 $\dfrac{S}{n_0}$ 给定时，增大带宽会带来两种相反的影响：一方面，可以提高传输速率；另一方面，造成信噪比的下降。因此，仅依靠增加带宽并不能获得任意大的信道容量，只能趋近一个有限大小的极限值。

1.4　模 拟 通 信 系 统

在实际的通信中，由于通信业务的多样性，消息的来源也是多种多样的，但基本可以分为两大类：连续的和离散的。连续的消息，如语音，其声波振动的幅度随时间连续变化，这样的信号称为模拟信号；而离散消息，如打字机产生的消息，其输出的符号个数是有限的，这样的信号称为数字信号。

根据信号方式的不同，通信可分为模拟通信和数字通信。利用模拟信号来传递信息的通信系统称为模拟通信系统。模拟通信是伴随着电话与无线电广播等语音通信的发展而发展起来的，曾经盛行于世。

信源发出的没有经过调制的原始信号称为基带信号。基带信号的频谱通常从零频附近开始，如：语音信号的频率范围为 300～3400Hz，图像信号的频率范围为 0～6MHz。如果有些信道可以直接传输基带信号，而不需要调制与解调单元，这种传输就称为基带传输。然而，大多数的模拟通信系统需要实施频带传输，称为模拟调制系统。

1.4.1 调制与解调

调制（Modulation）是指将基带信号变换为适合于信道传输的频带信号的过程。调制的本质是进行频谱搬移，将信号由低频搬移到高频。调制信号也称为基带信号，这些信号可以是模拟的，也可以是数字的。

所谓模拟调制是指用来自信源的基带模拟信号去调制某载波信号，使载波的某个参量随基带信号而变化。载波是指未受到调制的周期性信号，它的信号形式可以是正弦载波，也可以是周期性脉冲序列。载波受调制后的信号称为已调信号。

若调制借助于正弦载波来完成，所形成的已调信号形式为

$$s_m(t) = R(t)\cos(\omega_c t + \theta(t)) \tag{1-10}$$

其中 ω_c 是角频率。依据基带信号对应于 $R(t)$ 或 $\theta(t)$ 的具体映射关系，调制又可以分为不同的形式：幅度调制（线性调制）、角度调制（非线性调制）。不同调制制式形成的传输信号具有不同的带宽与抗噪声能力。

调制是通信系统中非常重要的步骤，其作用如下：

（1）频谱搬移，使信号频谱与信道特性匹配。自然界中传送的信号大多数是低通型信号，而信道大多为带通型的，为了使低通型信号能在带通型信道中传输，就需要进行调制。

（2）实现信道的多路复用，以提高信道利用率。由于信道的带宽远大于单路信号的带宽，因此为了有效地利用信道，在一条信道上传输多路信号且互不干扰，可以利用调制将各路信号所占的频带在信道通带内按序排列，实现多路复用。

（3）有效的电磁辐射。根据天线电波传输理论，为了获得较高的辐射效率，天线的尺寸应与传输信号的波长相当。若信号波长为 λ，天线尺寸一般应大于 $\dfrac{\lambda}{4}$。因此，对于 3000Hz 的基带信号要有效辐射，天线尺寸至少需要 25km，这样庞大的天线无法实现。若采用调制技术，把基带信号搬移到较高的频率，就可以实现有效辐射了。

（4）提高抗干扰性，改善系统的抗噪声性能。可以采用调制技术，将信号安排在人们设计的频段内，较为方便地实现滤波和放大，提高通信质量。

解调（Demodulation）是调制的逆过程，其作用是将已调信号中的基带信号（即调制信号）恢复出来。解调的过程要尽量抑制信道引入的噪声和畸变。

1.4.2 线性调制与非线性调制系统

模拟调制系统是以正弦波为载波的调制方式，它又可以分为线性调制与非线性调制两大类。

线性调制是指已调信号的频谱结构和调制信号（基带信号）的频谱结构相同，即已调信号的频谱是调制信号频谱沿频率轴平移的结果。线性调制主要包括调幅、双边带、单边带、残留边带这几种方式。

非线性调制是指已调信号与调制信号之间不存在这种对应关系。已调信号频谱除了频谱搬移之外，还增加了许多新的频率成分，所占用的频带宽带也可能大大增加。非线性调制主要包括频率调制、相位调制。

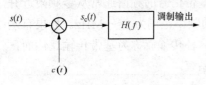

图 1-14　幅度调制的一般模型

1. 线性调制（幅度调制）

幅度调制是用调制信号 $s(t)$ 去控制高频载波 $c(t)$ 的振幅，使之随调制信号 $s(t)$ 的变化而变化。幅度调制的一般模型如图 1-14 所示。

若正弦载波为

$$c(t) = A\cos(\omega_c t + \varphi_0)$$

式中：A 为载波幅度；ω_c 为角频率；φ_0 为载波初始相位，一般设为 0。根据调制的定义，已调信号 $s_c(t)$ 的数学表达式为

$$s_c(t) = s(t) \cdot c(t) = s(t)\cos\omega_c t \tag{1-11}$$

式中：$s(t)$ 为基带信号（调制信号）；$H(f)$ 可以为不同类型的滤波器。根据 $H(f)$ 特性及调制信号 $s(t)$ 所包含的频谱成分的不同，幅度调制可以分为以下四种调制：

（1）调幅（AM）。在 AM 调制中，调制信号 $s(t) = A_0 + m(t)$，A_0 为直流成分，且 $H(f)$ 为全通网络。因此，调幅信号的时域表达式为 $s_{AM}(t) = [A_0 + m(t)]\cos\omega_c t$，其频谱为

$$S_{AM}(\omega) = \pi A_0[\delta(\omega + \omega_c) + \delta(\omega - \omega_c)] + \frac{1}{2}[M(\omega + \omega_c) + M(\omega - \omega_c)] \tag{1-12}$$

由频谱可以看出，如图 1-15 所示，调幅信号是带有载波分量的双边带信号，它的带宽是基带信号带宽的 2 倍。调幅的特点在于系统结构简单，价格便宜，所以至今仍广泛应用于无线电广播。

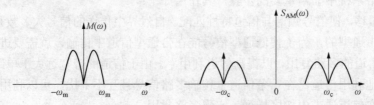

图 1-15　调幅（AM）信号的频谱

（2）抑制载波双边带调制（DSB-SC）。为了提高调制效率，人们在传输信号中去掉直流成分，于是得到了抑制载波的双边带调制（DSB-SC），简称双边带信号（DSB），其中 $H(f)$ 为全通网络。因此，DSB-SC 信号的时域表达式为 $s_{DSB}(t) = m(t)\cos\omega_c t$，其频谱为

$$S_{DSB}(\omega) = \frac{1}{2}[M(\omega + \omega_c) + M(\omega - \omega_c)] \tag{1-13}$$

与 AM 信号相比，由于没有载波功率，所以 DSB-SC 信号调制效率是 100%。DSB-SC 信号虽然节省了载波功率，但是它所需要的传输带宽仍为调制信号带宽的两倍，如图 1-16 所示。

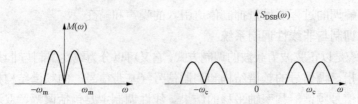

图 1-16　抑制载波双边带调制的频谱

（3）单边带调制（SSB）。DSB 信号上下两个边带的频谱对于载波 f_c 是完全对称的，其中任何一个边带都包含调制信号的全部频谱信息，因此仅传输其中一个边带即可。这种只传送一个边带的通信方式称为单边带调制（SSB），其中 $H(f)$ 是截止频率为 f_c 的高通或低通滤波器。单边带调制按所选取边带的不同，可以分为上边带调制和下边带调制。

SSB 信号的带宽是 AM、DSB 信号的一半，目前已应用于短波通信领域。同时，由于只传输一个边带，可以节省发射功率。

（4）残留边带调制（VSB）。残留边带调制是介于单边带调制与双边带调制的一种折中方式。VSB 不像 SSB 中那样完全抑制 DSB 信号中的一个边带，而是使其残留一小部分，因此它克服了 DSB 信号占用频带宽的缺点，又解决了 SSB 信号实现中的困难。残留边带调制广泛应用在电视广播系统中的图像信号传输中。

残留边带信号是通过残留边带滤波器 $H(\omega)$ 来得到的，为了保证相干解调的输出无失真地恢复调制信号 $m(t)$，必须要求

$$H(\omega+\omega_c)+H(\omega-\omega_c)=\text{常数}, \quad |\omega|\leqslant\omega_H \tag{1-14}$$

其中，ω_H 为调制信号的截止角频率。残留边带滤波器传输特性 $H(\omega)$ 在 $\pm\omega_c$ 处必须具有互补对称（奇对称）特性，相干解调时才能无失真地从残留边带信号中恢复所需的调制信号。

DSB 和 SSB 系统的抗噪声性能相同，但 SSB 所需的传输带宽仅是 DSB 的一半，因此 SSB 得到普遍应用。VSB 系统的抗噪声性能近似于 SSB 调制系统的抗噪声性能。对于 AM 调制系统，在大信噪比时，采用包络检波器解调时的性能与相干解调器时的性能几乎相同。但当输入信噪比低于门限值时，将会出现门限效应，这时解调器的输出信噪比将急剧恶化，系统无法正常工作。

2. 非线性调制（角度调制）

角度调制是指载波的频率或相位按照基带信号的规律而变化的一种调制方式。角度调制包括调频（FM）和调相（PM）。

若载波的频率随调制信号变化，称为频率调制或调频；若载波的相位随调制信号变化，称为相位调制或调相。

调频和调相在通信系统中的使用非常广泛。调频广泛应用于高保真音乐广播、电视伴音信号的传输、卫星通信和蜂窝电话系统等。调相除了直接用于传输外，也常用作间接产生 FM 信号。调频与调相之间存在密切的关系。

角度调制信号的一般表达式为

$$s_m(t)=A\cos[\omega_c t+\varphi(t)] \tag{1-15}$$

式中：A 是载波的恒定振幅；$[\omega_c t+\varphi(t)]$ 为信号的瞬时相位，记为 $\theta(t)$；$\varphi(t)$ 为相对于载波相位 $\omega_c t$ 的瞬时相位偏移。

所谓相位调制是指瞬时相位偏移随调制信号 $m(t)$ 作线性变化。调相信号为

$$s_{PM}(t)=A\cos[\omega_c t+K_P m(t)] \tag{1-16}$$

式中：K_P 为调相灵敏度。

所谓频率调制是指瞬时频率偏移随调制信号 $m(t)$ 作线性变化。调频信号为

$$s_{FM}(t)=A\cos\left[\omega_c t+K_f\int m(\tau)d\tau\right] \tag{1-17}$$

式中：K_f 为调频灵敏度。

相位调制是相位偏移随调制信号 $m(t)$ 线性变化，频率调制是指相位偏移随调制信号 $m(t)$ 的积分呈线性变化。

> 调制信号：对载波进行调制的信号，通常是指未经调制的基带信号。
> 载波：未受到调制的周期性信号，它可以是正弦波也可以是非正弦波。
> 已调信号：载波受调后的信号称为已调信号。它含有调制信号的信息，且由于已调信号的频谱通常具有带通形式，又称为带通信号。

1.4.3　频分多路复用及模拟调制系统应用举例

复用是解决如何利用一条信道同时传输多路信号的技术。复用有频分复用（FDM）、时分复用（TDM）、空分复用（SDM）和码分复用（CDM）等。

在频分复用中，信道的带宽被分为多个互不重叠的子通道，每路信号占据其中一个子通道，并且各路之间必须留有未被使用的频带进行分隔，以防止信号重叠。在接收端，采用适当的带通滤波器将多路信号分开，从而恢复出所需要的信号。FDM 系统原理框图如图 1-17 所示。

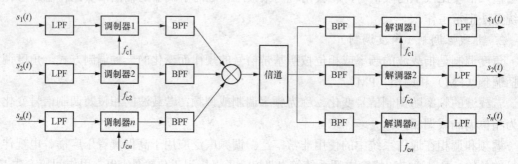

图 1-17　FDM 系统组成原理框图

频分复用的最大特点是可以在同一条信道上同时传送多路信号，且互不干扰，大大提高了信道的利用率。为了防止相邻信号之间产生互相干扰，应使相邻信号之间留有防护频带。

频分复用技术主要用于模拟信号，普遍应用于载波电话和无线电广播系统中。例如，普通中波段收音机的接收频段是 535～1605kHz，该频段可以看成是一个物理传输信道。各地广播电台将各自的广播节目以调幅的方式调制到不同频率的载波上供听众收听。听众通过旋转调台旋钮改变收音机内的带通滤波器的中心频率，当带通滤波器的中心频率与听众欲接收广播节目的载频相同时，就可以将该节目信号选择出来，再通过放大、解调等处理还原成音频信号由扬声器播放出来。

FDM 技术的主要优点是信道利用率高，技术成熟；缺点是设备复杂，滤波器制作困难，且在复用过程中，会引入非线性失真。

1.5 数字通信系统

数字通信系统是指利用数字信号来传递信息的通信系统。如果数字信号所占据的频谱是从零频或较低频率开始，这种信号称为数字基带信号。例如，计算机输出的二进制序列，各种文字、数字和图像的二进制代码，传真机、打字机等数字设备输出的各种代码。数字通信系统可以分为数字基带传输和数字频带传输两种。数字基带信号不经过载波调制而直接传输的系统称为数字基带传输系统；包括调制和解调过程的传输系统称为数字频带传输系统。

1.5.1 数字基带传输

在传输距离不太远的情况下，在某些具有低通特性的有线信道中，基带信号可以不经过载波调制而直接进行传输，这类系统称为数字基带传输系统。基带传输不如频带传输用的广泛，但在基带传输中要考虑的问题在频带传输中也必须考虑。

1. 数字基带信号的码型

数字基带信号是表示数字信息的电波形，其类型有很多，下面以矩形脉冲信号为例，介绍几种常用的数字基带信号的码型，如图 1-18 所示。

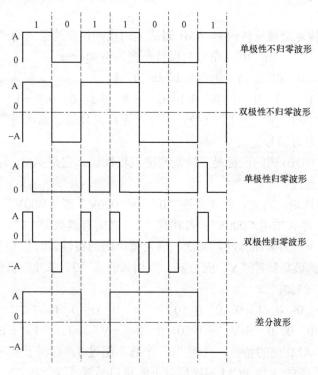

图 1-18 几种常用的数字基带信号码型

（1）单极性不归零波形（NRZ）。单极性不归零波形是在一个码元周期内用脉冲的有和无来表示二进制数字"1"和"0"。NRZ 波形的特点是易于产生，极性单一；缺点是具有直流分量，不适合在低频特性差的信道中传输。

（2）双极性不归零波形（BNRZ）。极性不归零波形用正、负电平的脉冲分别表示二进制数字"1"和"0"。当"1"和"0"等概率时，无直流分量，抗干扰能力比单极性波形强。

（3）单极性归零波形（RZ）。归零波形是指有电脉冲的宽度 τ 小于码元宽度 T_B 的波形，即在一个码元结束前信号电压要回到零电平。单极性归零波形是单极性波形的归零形式，具有丰富的定时信息。

（4）双极性归零波形（BRZ）。双极性归零波形是双极性波形的归零形式，兼有双极性和归零波形的特点。

（5）差分波形。差分波形是用相邻码元的电平的跳变和不变来表示信息，而与码元本身的电位无关，也称为相对码波形。差分波形可以消除设备初始状态的影响，可应用于相位调制系统中解决载波相位模糊的问题。

不同码型的数字基带信号具有不同的频谱结构，且不同信道对信号的传输特性要求又各不相同。因此，每种码型都不是完美的。在实际应用中，需要综合考虑，选择合适信道传输的数字码型。

2. 传输的常用码型

在实际的基带传输系统中，并不是所有的基带波形都适合在信道中传输。在选择传输码型时，一般应遵循以下原则：不含直流分量；包含丰富的定时信息；功率谱主瓣宽度窄；能适应信源的变化；具有内在的检错纠错能力，且编译码简单。满足上述条件的常用传输码型有：

（1）AMI 码（传号交替反转码）。AMI 码的编码规则是将消息码的"1"（传号）交替地变换为"+1"和"-1"，而"0"（空号）保持不变。例如：

信码：0 1 1 0 0 0 1 0 1 1 0 0 1

AMI 码：0 +1 -1 0 0 0 +1 0 -1 +1 0 0 -1

在 AMI 码中，"+1"和"-1"交替，因此，无直流分量，编译码简单。但当出现长串连"0"时无法获取定时信号。

（2）HDB$_3$ 码。HDB$_3$ 码的全称是三阶高密度双极性码。它是 AMI 码的一种改进型码，使连"0"的数目不超过三个。

HDB$_3$ 码的编码规则：首先，将 4 个连"0"用"000V"或"B00V"代替。当相邻"V"之间有奇数个"1"，那么采用"000V"；若相邻"V"之间有偶数个"1"，那么采用"B00V"。"B"为调节脉冲，"V"为破坏脉冲。其次，确定每个码的极性。"1"和"B"码交替地变换为"+1"和"-1"；破坏脉冲"V"应与前一个相邻的非"0"脉冲同极性，且相邻"V"的极性必须正负交替。例如：

信码：1 0 0 0 0 1 0 0 0 0 1 1 0 0 0 0 1

HDB$_3$ 码：+1 0 0 0 +V -1 0 0 0 -V +1 -1 +B 0 0 +V -1

HDB$_3$ 码保留了 AMI 码的特点，且连"0"个数不超过 3，有利于定时信息的提取，主要应用于我国和欧洲等国的 A 律 PCM 四次群以下的接口领域。

（3）双相码。双相码又称曼彻斯特码，是一种双极性不归零波形。其编码规则是："0"码用"01"表示，"1"码用"10"表示。例如：

信码：1 1 0 0 1 0 1

双相码：10 10 01 01 10 01 10

双相码含有丰富的定时信息，且无直流分量，编译码过程简单；但由于占用带宽加倍，使得频带利用率下降。双相码主要应用于数据终端设备近距离传输，如局域网。

（4）CMI 码。CMI 码是传号反转码的简称。其编码规则是："0"码用"01"表示，"1"码用"11"和"00"交替表示。例如：

信码：1 1 0 0 1 0 1

CMI 码：11　00　01　01　11　01　00

CMI 码也是一种双极性二电平码，无直流分量；易于实现，含有丰富的定时信息，主要应用于 PCM 四次群的接口码型或速率低于 8.448Mb/s 的光缆传输系统中。

3. 数字基带系统的理想传输特性

在数字基带传输系统中，由于码间串扰和噪声的存在，会导致错判产生误码。所谓码间串扰（Inter Symbol Interference，ISI）是指前面码元波形的拖尾蔓延到当前码元的抽样时刻上，从而对本码元的判决造成干扰。因此，为了降低误码率，就必须最大限度地减小码间串扰和噪声的影响。

本码元的冲激响应在本码元抽样时刻上有值，而在其他码元的抽样时刻上都为 0，即对其他码元无串扰。这时基带传输系统总特性 $H(\omega)$ 应满足

$$\sum_i H\left(\omega+\frac{2\pi i}{T_B}\right)=T_B, \quad |\omega| \leqslant \frac{\pi}{T_B} \tag{1-18}$$

式（1-18）称为奈奎斯特准则。满足无码间串扰条件的 $H(\omega)$ 有很多种，其中最简单的一类是理想低通型，即

$$H(\omega)=\begin{cases} T_B & |\omega| \leqslant \dfrac{\pi}{T_B} \\ 0 & |\omega| \geqslant \dfrac{\pi}{T_B} \end{cases} \tag{1-19}$$

在这种情况下，当以 $R_B=\dfrac{1}{T_B}$ Baud 的速率传输时，在抽样时 $t=kT_B$ 上不存在码间串扰；而当传输速率高于 $\dfrac{1}{T_B}$ 时，将存在码间串扰。定义该理想低通系统的带宽为奈奎斯特带宽，即 $\dfrac{1}{(2T_B)}$；定义其最高码元速率 $R_B=\dfrac{1}{T_B}=2f_N$ 为奈奎斯特速率；无码间串扰的最高频带利用率为

$$\eta=\frac{R_B}{B}=2 \quad (\text{Baud/Hz})$$

理想传输系统的特性在实际传输中是无法实现的。在实际中常采用余弦滚降型来代理理想低通，其最高频带利用率为

$$\eta=\frac{R_B}{B}=\frac{2}{(1+\alpha)} \quad (\text{Baud/Hz}) \tag{1-20}$$

其中，α 为滚降系数。

4. 部分响应和时域均衡

（1）部分响应。依据奈奎斯特第一准则，理想低通传输特性的频带利用率可以达到理论上的极限值 2Baud/Hz，但定时要求十分严格；滚降型系统虽然能减少定时误差的影响，但由于占用的频带宽带宽，引起了频带利用率的下降。

奈奎斯特第二准则提出了部分响应技术，解决了频带利用率和收敛的矛盾。该准则提出：人为地通过相关编码使前后码元之间引入某种相关性，从而形成预期的响应波形，达到 2Baud/Hz 的最高频带利用率，并使尾巴衰减振荡加快。这种波形称为部分响应波形。目前常用的部分响应系统是第 I 类和第 IV 类。

第 I 类部分响应系统框图如图 1-19 所示。

图 1-19　第 I 类部分响应系统框图

在第 I 类部分响应系统中，人为地引入了码间串扰，使本码元只对下一个码元产生串扰。这一有规律的码间串扰过程可以概括为预编码、相关编码和模 2 判决。

其中，预编码为

$$b_k = a_k \oplus b_{k-1} \quad （模 2 加） \tag{1-21}$$

相关编码为

$$c_k = b_k + b_{k-1} \tag{1-22}$$

在接收端对 c_k 进行模 2 判决，即可恢复 a_k，即

$$[c_k]_{\text{mod}2} = [b_k + b_{k-1}]_{\text{mod}2} = b_k \oplus b_{k-1} = a_k \tag{1-23}$$

因此，部分响应信号是由预编码器、相关编码器、发送滤波器、信道、接收滤波器和判决器共同产生的。

第 I 类部分响应系统的频谱主要集中在低频段，适合于信道频带高频严重受限的场合。第 IV 类部分响应系统中的相关编码使当前码元只对后面第二个码元产生码间串扰。该部分响应系统无直流分量，且低频分量小，利于实现单边带调制。

（2）时域均衡。为了减小码间串扰的影响，需要在系统中插入一种可调的滤波器来校正或补偿系统特性，这种滤波器称为均衡器。

均衡器可以分为时域均衡器和频域均衡器。时域均衡器用来直接校正有码间串扰的响应波形，使包括可调滤波器在内的整个系统的冲激响应满足无码间串扰的条件。频域均衡器是从频域上校正信道或系统的频率特性，使包括可调滤波器在内的整个系统的总特性满足奈奎斯特准则。

横向滤波器是一种常用的时域均衡方法。无限长的横向滤波器理论上能完全消除码间干扰，但是不可物理实现。

物理可实现的有限长的横向滤波器包含多个横向排列的延迟单元和 $2N+1$ 个抽头系数 c_i 组成，如图 1-20 所示。

若均衡器的输入为 $x(t)$，则均衡后的输出为 $y(t) = \sum_{i=-N}^{N} c_i x(t - iT_B)$。在抽样时刻 $kT_B + t_0$ 的抽样值为 $y(kT_B + t_0) = \sum_{i=-N}^{N} c_i x[(k-1)T_B + t_0]$，可以简写为 $y_k = \sum_{i=-N}^{N} c_i x_{k-i}$。

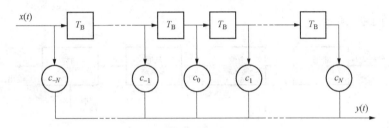

图 1-20　有限长横向滤波器

有限长的横向滤波器可以减小码间干扰，但不能完全消除，其均衡效果常用峰值失真和均方失真来衡量。

验证能否实现无码间串扰传输的简单方法: 若实际码元传输速率 R'_B 与最高码元传输速率 R_B 满足 $R_B=nR'_B$（$n=1，2，3，\cdots$），则以 R'_B 速率传输数据时，可以实现抽样时刻上无码间串扰。

1.5.2　数字频带传输

为了使数字信号在带通信道中传输，必须用数字基带信号对载波进行调制，这种信号处理的方式称为数字调制，相应的传输方式称为数字频带传输。

根据对载波的幅度、频率或相位进行键控的不同，数字调制可以分为振幅键控（ASK）、频移键控（FSK）和相移键控（PSK/DPSK）。

1. 二进制数字调制原理

数字信息有二进制和多进制之分。因此，数字调制可分为二进制数字调制和多进制数字调制。若调制信号是二进制数字信号，那么该调制称为二进制数字调制。相应的调制方式有 2ASK、2FSK、2PSK 和 2DPSK。

（1）二进制振幅键控（2ASK）。二进制振幅键控是利用载波的振幅变化来传递数字信息的。由于载波在二进制基带信号控制下"通—断"变化，所以 2ASK 又称为通断键控（OOK）。其时域表达式为

$$e_{2ASK}(t)=s(t)\cos\omega_c t$$
$$=\left[\sum_n a_n g(t-nT_B)\right]\cos\omega_c t \qquad (1-24)$$

式中：$s(t)$ 为单极性非归零信号。a_n 为第 n 个符号的电平取值，取 1 或 0。其中，"1" 出现的概率为 P，"0" 出现的概率为 1−P。2ASK（OOK）信号的时间波形如图 1-21 所示。

2ASK（OOK）信号的产生方法通常有两种：模拟调制法和键控法。相应的解调方法有非相干解调（包络检波法）和相干解调（同步

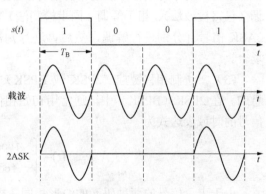

图 1-21　2ASK（OOK）信号的时间波形

检测法），如图 1-22 所示。

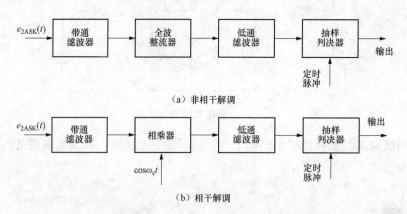

（a）非相干解调

（b）相干解调

图 1-22   2ASK 信号的解调框图

2ASK 是 20 世纪初最早运用于无线电报中的数字调制方式之一。但是由于振幅键控受噪声影响很大，现在已经较少应用了。

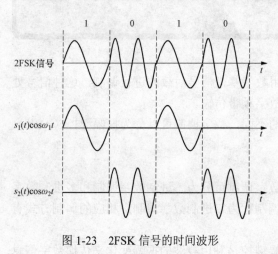

图 1-23   2FSK 信号的时间波形

（2）二进制频移键控（2FSK）。在二进制频移键控中，载波的频率随二进制基带信号在两个频率 f_1 和 f_2 之间变化。2FSK 信号的时间波形如图 1-23 所示。

由图 1-23 可见，2FSK 信号可以看成是两个不同载频的 2ASK 信号的叠加，其时域表达式为

$$e_{2FSK}(t)=s_1(t)\cos\omega_1 t+s_2(t)\cos\omega_2 t$$
$$=\left[\sum_n a_n g(t-nT_B)\right]\cos\omega_1 t+ \quad (1\text{-}25)$$
$$\left[\sum_n \bar{a}_n g(t-nT_B)\right]\cos\omega_2 t$$

式中：若 $a_n=1$，则 $\bar{a}_n=0$。

2FSK 信号的产生方法通常有两种：模拟调制法和键控法。常用的解调方法有非相干解调（包络检波法）、相干解调（同步检测法）等。其解调原理是将 2FSK 信号分解为上下两路 2ASK 信号并分别进行解调，然后再进行判决。2FSK 主要应用于数据速率低于 1200b/s 的场合。

（3）二进制相移键控（2PSK 或 BPSK）。相移键控是利用载波的相位变化来传递数字信息的。在 2PSK（BPSK）中，通常用初始相位 0 和 π 分别表示二进制的"0"和"1"。2PSK 信号的时域表达式为

$$e_{2PSK}(t)=\begin{cases} A\cos\omega_c t, & \text{概率为 P} \\ -A\cos\omega_c t, & \text{概率为 1-P} \end{cases} \quad (1\text{-}26)$$

由于表示信号的两种码元的波形相同，极性相反，因此 2PSK 信号可以表示为

$$e_{2PSK}(t)=s(t)\cos\omega_c t=\left[\sum_n a_n g(t-nT_B)\right]\cos\omega_c t \qquad (1-27)$$

其中，$s(t)$ 是双极性非归零信号，a_n 的取值为 1 或 −1。
2PSK 信号的时间波形如图 1-24 所示。

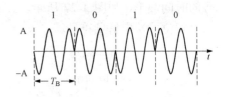

图 1-24　2PSK 信号的时间波形

　　2PSK 信号的产生方法与 2ASK 相似，通常有两种：模拟调制法和键控法，只是 $s(t)$ 是双极性的基带信号。

　　2PSK 的解调方法通常采用相干解调（同步检测法），如图 1-25 所示。各点的时间波形如图 1-26 所示。

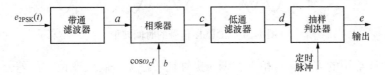

图 1-25　2PSK 信号的解调框图

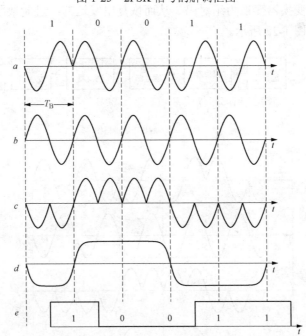

图 1-26　2PSK 信号相干解调时各点的时间波形

　　由于 2PSK 信号在载波恢复中存在 180° 的相位模糊现象，即恢复的本地载波与所需的相干载波可能同相，也可能反相，会造成解调出的数字基带信号与发送信号正好相反。这种现象称为 2PSK 的"倒 π"现象。在实际应用中，常用 2DPSK 来克服此缺点。

　　（4）二进制差分相移键控（2DPSK）。与 2PSK 信号不同，2DPSK 是利用前后相邻码元的载波相对相位变化来传递数字信息的。假设 $\Delta\varphi$ 为当前码元与前一码元的载波相位差，定义数字信息与 $\Delta\varphi$ 之间的关系为

$$\Delta\varphi=\begin{cases}0，\text{表示数字信息 "0"}\\\pi，\text{表示数字信息 "1"}\end{cases} \qquad (1-28)$$

产生 2DPSK 信号最常用方法是：首先对数字基带信号进行差分编码，即由绝对码变为相对码表示，然后再进行绝对调相（PSK），从而产生二进制差分相移键控信号。2DPSK 信号的时间波形，如图 1-27 所示。2DPSK 信号的相位并不直接代表基带信号，而前后码元的相对相位才决定信息符号。

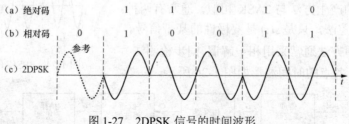

图 1-27 2DPSK 信号的时间波形

2DPSK 解调常用的方法有：相干解调（极性比较法）—码反变换法和差分相干解调。相干解调（极性比较法）—码反变换法的解调原理是：先对 2DPSK 信号进行相干解调，恢复出相对码，再经码反变换器变换为绝对码，从而恢复出发送的二进制数字信息。相干解调框图和各点时间波形如图 1-28 所示。

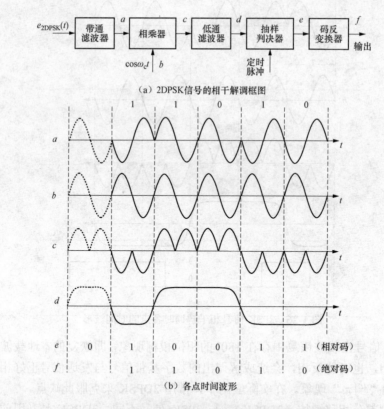

（a）2DPSK信号的相干解调框图

（b）各点时间波形

图 1-28 2DPSK 信号的相干解调框图和各点时间波形

另外一种 2DPSK 信号的解调方法是差分相干解调法。差分相干解调框图和各点时间波形如图 1-29 所示。采用差分相干解调时不需要专门的相干载波。相乘器起着相位比较的作用，相乘结果反映了前后码元的相位差，经低通滤波后再抽样判决，即可直接恢复出原始数字信息，所以解调器中不需要码反变换器。

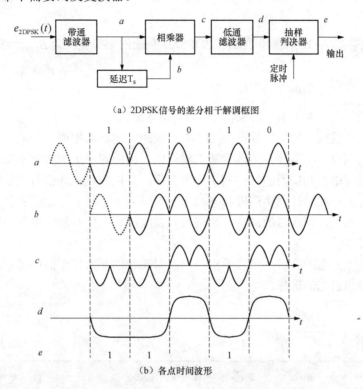

（a）2DPSK信号的差分相干解调框图

（b）各点时间波形

图 1-29 2DPSK 信号的差分相干解调框图和各点时间波形

2. 二进制数字调制系统性能比较

下面从抗噪声性能、频带利用率、对信道特性的敏感性等几个角度对二进制数字调制系统进行比较。

（1）误码率。在高斯白噪声的干扰下，各种二进制数字调制系统的误码率如表 1-1 所示。其中，r 为解调器输入端的信噪比。

表 1-1 　　　　　　　　　**二进制数字调制系统的误码率公式**

	相 干 解 调	非 相 干 解 调
2ASK	$\frac{1}{2}erfc\left(\sqrt{\frac{r}{4}}\right)$	$\frac{1}{2}e^{-r/4}$
2FSK	$\frac{1}{2}erfc\left(\sqrt{\frac{r}{2}}\right)$	$\frac{1}{2}e^{-r/2}$
2PSK	$\frac{1}{2}erfc(\sqrt{r})$	
2DPSK	$erfc(\sqrt{r})$	$\frac{1}{2}e^{-r}$

由表 1-1 可知，对于同一种调制方式，$P_{e相干}<P_{e非相干}$，但随着 r 的增大，两者的性能差别逐渐减小；在误码率 P_e 相同条件下，对信噪比 r 的要求是 2ASK 比 2FSK 高 3dB，2FSK

比 2PSK 高 3dB；在抗加性高斯白噪声方面，相干 2PSK 性能最好，2FSK 次之，2ASK 最差。

（2）频带宽带。2ASK 系统和 2PSK（2DPSK）系统的频带宽度为 $B_{2ASK}=B_{2PSK}=\dfrac{2}{T_B}$；2FSK 系统的频带宽度近似于 $B_{2FSK}=|f_2-f_1|+\dfrac{2}{T_B}$。

因此，从频带利用率上看，2FSK 的频带利用率最低。

（3）对信道特性变化的敏感性。在 2FSK 系统中，判决器根据上下两个支路解调输出样值的大小来做出判决，不需要人为地设置判决门限，因而对信道的变化不敏感。

在 2PSK 系统中，判决器的最佳判决门限为零，与接收机输入信号的幅度无关。因此，接收机总能保持工作在最佳判决门限状态。

对于 2ASK 系统，判决器的最佳判决门限与接收机输入信号的幅度有关，对信道特性变化敏感，性能最差。

通过以上几个方面的分析，可以看出：只有对系统的要求作全面的考虑，才能抓住主要方面的需求，做出适当的选择。

在 PSK 信号中，相位变化是以载波相位作为参考基准的；在 2DPSK 信号中，相位变化是以前一码元的载波初相作为参考的。

1.5.3 现代数字带通调制技术

1. 正交幅度调制（QAM）

正交幅度调制是一种振幅和相位联合键控，信号的振幅和相位作为两个独立的参量同时受到调制。

QAM 信号的一个码元可以表示为

$$e_k(t)=A_k\cos(\omega_c t+\theta_k)=X_k\cos\omega_c t+Y_k\cos\omega_c t, \quad kT_B\leqslant t\leqslant(k+1)T_B \quad (1-29)$$

其中，A_k、θ_k、X_k 和 Y_k 分别可以取多个离散值。$e_k(t)$ 可以看作是两个正交的振幅键控信号之和。若 θ_k 取 $\dfrac{\pi}{4}$ 和 $\dfrac{-\pi}{4}$，A_k 取 A 和 $-A$，那么 QAM 信号就成为 QPSK 信号。

信号矢量点的分布图称为星座图，可以用来描述 QAM 信号的空间分布状态。数字通信中数据常采用二进制表示，这种情况下星座点的个数一般是 2 的幂。具有代表性的 QAM 信号有 16QAM、64QAM 和 256QAM，其星座图如图 1-30 所示。

星座点数越多，每个符号能传输的信息量就越大。但是，如果在星座图的平均能量保持不变的情况下增加星座点，会使星座点之间的距离变小，进而导致误码率上升。因此高阶星座图的可靠性比低阶要差。

与其他调制技术相比，QAM 编码具有能充分利用带宽、抗噪声能力强等优点，因此适用于频带资源有限的场合。

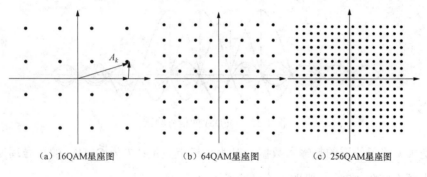

(a) 16QAM星座图　　　　(b) 64QAM星座图　　　　(c) 256QAM星座图

图 1-30　QAM 星座图

2. 最小频移键控（MSK）

MSK 又称为快速频移键控，是一种包络恒定、相位连续、带宽最小并且严格正交的 2FSK 信号，其信号表达式为

$$e_{\mathrm{MSK}}(t)=\cos[\omega_{\mathrm{c}}t+\theta_k(t)]=\cos\left[\omega_{\mathrm{c}}t+\frac{a_k\pi}{2T_{\mathrm{B}}}t+\varphi_k\right],\quad kT_{\mathrm{B}}\leqslant t\leqslant(k+1)T_{\mathrm{B}}\qquad（1-30）$$

式中：$\omega_{\mathrm{c}}=2\pi f_{\mathrm{c}}$ 为中心角频率；$\dfrac{a_k\pi}{2T_{\mathrm{B}}}$ 为相对于 ω_{c} 的频偏；a_k 为第 k 个码元中的信息，取值为 ±1；φ_k 为第 k 个码元中的起始相位。

MSK 信号的两个频率满足：当 $a_k=+1$ 时，$f_1=f_{\mathrm{c}}+\dfrac{1}{4T_{\mathrm{B}}}$；当 $a_k=-1$ 时，$f_1=f_{\mathrm{c}}-\dfrac{1}{4T_{\mathrm{B}}}$。频率间隔为

$$\mathrm{A}f=f_1-f_0=\frac{1}{2T_{\mathrm{B}}}=\frac{R_{\mathrm{B}}}{2}\qquad（1-31）$$

它是保证 2FSK 的两个载波正交的最小频率间隔，相应的最小调制指数为 0.5。

MSK 信号波形如图 1-31 所示。

MSK 占用的带宽小，频带利用率高，在给定信道带宽的条件下，可以获得比 2PSK 更快的传输速率；且 MSK 信号的功率谱密度更为集中，旁瓣下降得更快，对相邻信道的干扰较小。

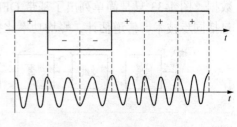

图 1-31　MSK 信号波形

3. 正交频分复用（OFDM）

正交频分复用技术是一种特殊的多载波调制技术，其基本原理为：高速串行传输的数据信号，在发送端变成并行传输且相互正交的低速数据信号；接收端进行和发送端相反的操作，恢复出原始数据信号。

与传统的频分复用系统（FDM）相比，正交频分复用技术中各子载波相互正交，因此调制后的相邻子载波信号频谱可以相互重叠，如图 1-32 所示。不但减小了子载波间的相互干扰，而且还提高了频谱利用率。

OFDM 信号可以表示为

$$x(t)=\frac{1}{\sqrt{N}}\sum_{k=0}^{N-1}X_k e^{\mathrm{j}2\pi k\Delta ft},0\leqslant t<T\qquad（1-32）$$

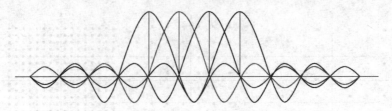

图 1-32　OFDM 的信号频谱

式中：X_k 是第 k 路子信道的复输入数据；N 为采样点数量；T 为 OFDM 的符号周期。相邻子载波的最小频率间隔 Δf，一般取为 $\dfrac{1}{T}$。

实际通信系统大多采用离散的 OFDM 信号，因此，必须对连续的 OFDM 信号 $x(t)$ 进行离散时间采样。若有 N 个采样点，则采样时间 $T_s = \dfrac{T}{N}$，那么得到的离散 OFDM 采样信号表达式为

$$x(n) = \frac{1}{\sqrt{N}} \sum_{k=0}^{N-1} X_k e^{j2\pi \frac{kn}{N}}, n = 0, 1 \ldots, N-1 \tag{1-33}$$

图 1-33 给出了一个基带 OFDM 系统的实现框图。在发送端，输入二进制比特流先后经过信道编码、交织操作、星座映射和串并变换，形成 N 路数据流。然后对这些数据流进行 IFFT 变换，得到离散的 OFDM 时域信号。一般为了消除符号间干扰，在 OFDM 时域信号后会插入循环前缀（CP）。最后通过数/模转换产生连续的 OFDM 时域信号送往信道。

在接收端，首先通过模/数变换将接收到的连续信号变成离散数字信号。然后去除循环前缀，并进行 FFT 运算和均衡处理。最后，再经过解映射、解交织和判决译码得到原始传输的数据。图 1-33 只是简单列出了基带 OFDM 系统最基本的物理框架，在实际应用中，还应当包括同步技术、信道估计、峰均功率比抑制等关键技术单元。

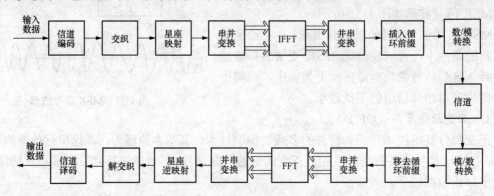

图 1-33　基带 OFDM 系统最基本的物理框架

由于具有抗多径衰落能力强、频率利用率高等优点，正交频分复用技术已广泛地应用于数字音频广播（Digital Audio Broadcasting，DAB）、数字视频广播（Digital Video Broadcasting，DVB）、无线局域网（Wireless Local Area Networks，WLAN）等无线通信领域中。

练 习 题

1．什么是数字信号？什么是模拟信号？两者的根本区别是什么？

2．信源编码和信道编码在数字通信系统中的作用分别是什么？

3．码元速率和信息速率的定义是什么？它们之间的关系是什么？

4．设有 A、B、C、D 四个消息，分别以概率 1/4、1/8、1/8、1/2 传送，且各消息的出现是相互独立的。试计算各个消息的信息量和该消息集的平均信息量。

5．试写出连续信道容量的表达式，并分析信道容量的大小取决于哪些因素。

6．简述白噪声的特点。

7．调制的作用是什么？

8．什么是线性调制？常见的线性调制方式有哪些？

9．VSB 滤波器的传输特性应满足什么条件？为什么？

10．什么是频分复用？

11．构成 AMI 码和 HDB$_3$ 码的规则是什么？

12．为了消除码间串扰，基带传输系统的传输函数应满足什么条件？

13．部分响应技术解决了什么问题？

14．简述时域均衡器的工作原理。

15．二进制数字调制的基本方式有哪些？其时间波形有何特点？

16．什么是绝对相移？什么是相对相移？它们有何区别？

17．简述正交频分复用的特点。

第2章 因特网与TCP/IP

内容提要

因特网（Internet）是由无数个局域网组成的。本章首先介绍计算机网络和计算机局域网的原理，然后说明因特网的组成和工作原理，并详细介绍因特网中所使用的 TCP/IP 协议。

导　读

因特网涉及局域网和网间网，重点理解：局域网是如何工作的？为什么局域网的模式不可以做成大的网络？在世界范围运行的大因特网是如何组成的，是如何传递数据、共享数据的？TCP/IP 协议栈在其中起什么作用，是如何工作的？

2.1　计 算 机 网 络

2.1.1　计算机网络的组成

因特网是一个以计算机为主要终端设备的通信网络，也就是说它首先是一个计算机网络。所谓计算机网络，是利用通信设备和线路将分布在不同地理位置、功能独立的多个计算机系统互联起来，实现信息交换和资源共享的系统，如图 2-1 所示。图中每个浅灰色区域为一个局域网，由路由器将局域网连接起来，形成网间网（或者称为因特网）。

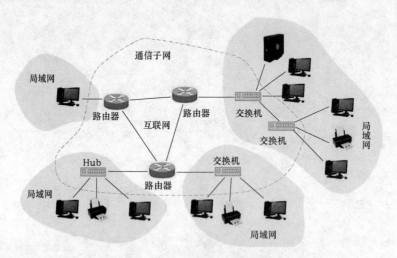

图 2-1　计算机网络

按照覆盖范围，计算机网络可划分为以下三类。

（1）局域网（Local Area Network，LAN），小范围区域的网络，通常小于 10km 的距离，例如一个企业厂区、一个校园、一个楼层，甚至一个房间。

（2）城域网（Metropolitan Area Network，MAN），覆盖一个城市的范围。通常在 10～100km

的量级上。一般是一种公共网络设施，也可以是某些单位的专用网络。

（3）广域网（Wide Area Network，WAN），覆盖范围广泛，例如一个大城市、一个国家、一个州，甚至全世界。因特网是一个典型的广域网。

计算机网络的基本网络单元是局域网，由局域网通过路由器连接起来组成更大的网络，最后组成因特网。因此，我们首先介绍计算机局域网。

2.1.2　资源子网和通信子网

为了便于分析，一般把计算机网络划分成通信子网和资源子网两种组成部分。通信子网是指完成数据传输的那部分，例如通信线路、交换机、路由器、通信协议等，如图 2-1 中虚线内的部分；而资源子网主要指完成本地数据计算处理的那部分，例如计算机、打印机、存储设施等，如图 2-1 中虚线外的部分。

1．通信子网

通信子网主要是实现网络数据的传送，把数据从一台终端传送到另一台终端。通信子网会根据你指定的目标地址，寻找合适的网络路径，并将数据一步一步地传送到目标设备中。

（1）网络线路介质。线路介质是信号传送的物理载体，包括有线介质和无线介质。有线介质主要是电缆、双绞线和光纤。无线介质包括无线电、红外、微波及激光。

（2）网络通信设备。目前常用的网络通信设备包括中继器、网桥、交换机、路由器、网关，它们工作在不同的网络层次上。

1）中继器（Repeater）和集线器（Hub）。中继器主要的作用是电气信号的放大和整形，工作在物理层。当一个网段达到最大距离时，可以利用中继器来延伸，以便进一步扩展通信范围。最多只能用 4 个中继器，连接 5 个网段。集线器（Hub）是一种多端口的中继器，每一个端口连接一个网段，这些网段共同组成一个大的局域网。因此，利用集线器可方便地组建局域网。

2）网桥（Bridge）和交换机（Switch）。网桥工作在数据链路层，实现两个局域网的互联。它可以对"帧"进行接收、存储和转发，转发依据为 MAC 地址。它从一个网段接收帧，并做一定的差错校验，丢弃错误和不完整的帧。对于正确的帧，判断目标地址，如果目标地址在本段内部则予以丢弃，目标地址在另外的网段则予以转发。因此网桥既可以实现网段（即局域网）之间的数据交换，又可以隔离差错的传播。例如，由于某个网卡的故障而产生的大量错误帧就不会被传送到其他端口；一个闪电造成的差错，在中继器上会被忠实地传播都另一端口，而交换机则不会。普通的两层交换机（工作在链路层）就是一种多口网桥，每一个端口连接一个网段，这些网段共同组成一个大的局域网。因此，利用交换机可方便地组建性能更为优良的局域网。

3）路由器（Router）。路由器工作在网络层，用来实现局域网—局域网及局域网—广域网的连接，它也是一种存储转发设备，转发的内容为网络层的数据包，转发依据为 IP 地址。所谓"三层交换机"也是工作在网络层，本质上是一种路由器。路由器具有路径选择功能，如果从自身的不同出口发出都可能使得数据包最终达到目的地，那么路由器需要判决并选择一个最好的出口。

4）网关（Gateway）。工作在网络层以上层次的网络互联设备统称为网关。网关有时候呈现为一个具体的设备，有时候可能是一个虚拟的设备，比如计算机中的一个实现网关功能的程序。网关可以连接不同种类的网络（异种网络），实现协议转换。

2. 资源子网

资源主要指信息资源。资源子网则是指计算机、打印机、存储设施等设备，网络上这些个体的集合构成资源子网，它们完成本地信息的输入、输出、计算处理及存储。而通信子网用来实现资源子网个体之间的信息交换。

2.2 计 算 机 局 域 网

2.2.1 计算机局域网的特点

计算机局域网是指在较小物理空间范围内运行的网络，可以独立运行，也可以接入因特网，成为因特网的一部分。局域网的网络设备主要是中继器、HUB、网桥、交换机。局域网的物理范围通常不超过几百米，比如一个院落、一个楼层、甚至一个房间内部。因此，计算机局域网有如下特点。

（1）信号传输范围小，因此信号质量比较好，数据速率比较高，10～100Mb/s，甚至在Gb/s 的量级。

（2）所连接的终端设备的数量不大，一般几个至几十个终端设备。

（3）信息传输一般采用基带方式直接传输，不经过载波调制。

（4）采用共享介质的方法，即分时广播的方法。

2.2.2 计算机局域网的类型

按照拓扑结构，计算机局域网可分为 4 类，即星型结构、总线型结构、环型结构和树型结构，如图 2-2 所示。

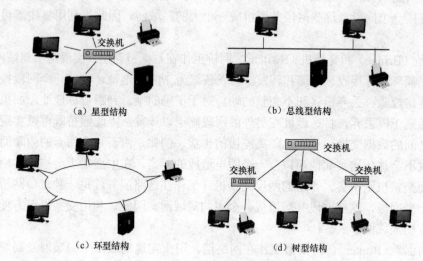

（a）星型结构   （b）总线型结构

（c）环型结构   （d）树型结构

图 2-2　计算机网络的拓扑结构

（1）星型结构。设置一个中心节点，计算机终端都连接到这个中心节点上。终端之间的通信，都必须通过该中心节点。这种模式下，中心节点的负担很重，一旦中心节点发生故障，则整个网络就不能工作了。但是增添和删除终端很容易，因此便于管理。

（2）总线型结构。采用一条单一线路作为公共传输线路，所有终端全部挂接在这条线路上，任意两个终端之间的通信都需要通过这条线路传输，是一种广播传输模式。总线结构简单，站点增删简便。但是介质（总线）的损坏会导致整个网络的瘫痪。

（3）环型结构。环型网络是由两两终端之间的线路所构成的一个环型通信结构，就像人们手拉手站成一圈的样子。任意一个终端都从一侧接收数据，然后发送到另一侧。

（4）树型结构。树型计算机网络由交换机和网络线将终端连接起来，结构看起来像一棵树。本质上是总线型网络的变形。

2.2.3　通信过程的分层描述方法

同样是为了便于分析和设计，20 世纪 80 年代早期，国际标准化组织（International Standard Organization，ISO）就将计算机网络分成 7 个层次，也就是用户数据传输所经历的 7 个环节，称为"开放系统互联参考模型"（Open System Interconnection Reference Model），即我们通常所称的 OSI 参考模型。从低至高，这 7 层分别是物理层、数据链路层、网络层、传输层、会话层、表示层、应用层，如图 2-3 所示。每一层都有自己独特的功能，它调用下一层提供的功能接口，并为上一层提供服务（提供服务功能接口）。"分层"的概念很重要，是我们在思考问题的时候需要时刻牢记的。它将复杂的功能进行分割，从而使每一层的功能不再过度复杂，便于设计开发人员进行设计、开发和调试。"分层"也使得系统的维护变得简单，例如某一层出现问题，只用修改或调换这一层的软件模块即可，而不至于牵一发而动全身。同时，允许各个厂商分别开发某一层的软件和设备，甚至只是某一层中的一个功能模块，遵循 OSI 模型可以做到互相兼容。

| (7) 应用层 |
| (6) 表示层 |
| (5) 会话层 |
| (4) 传输层 |
| (3) 网络层 |
| (2) 数据链路层 |
| (1) 物理层 |

图 2-3　OSI 模型的 7 层协议

1. 物理层

物理层是 OSI 模型的第一层，是指完成通信所需要的物理设施和物理信号。例如通信线路、中继器、电缆接口类型，以及电气信号（电压、电流、频率、幅度、相位等）参数、时序的定义等。物理层的数据为比特（bit），它只关心是不是可以把一个比特正确地传送到这条线路的对端。这时，还没有地址的概念，线路的这一端和那一端，就是它们的地址。

2. 数据链路层

基于物理层实现"帧"（frame）的正确传输。帧是一串比特，有特定格式，它包括数据部分和控制信息。帧是作为一个整体传送的，线路这边发送的一个帧，对端必须完整地接收到，否则就算传送失败。在不同的网络模式中，帧格式可能会不同，收、发两端都需要知道所传送的是什么格式的帧。

数据链路层有地址的概念，每一个通信端点都有特定的地址。比如，基于总线架构的以太网中，一个终端（通常是网卡）发送的数据将被广播，每一个其他终端都可以收到一连串的二进制比特数据，这属于物理层的概念。但是，端点收到数据后，会将这串数据看作一个帧，并将帧中所包含的目标地址与自己的地址进行比较，结果一致的才保存下来，否则就丢弃（等于没有接受），这是数据链路层的概念。

3. 网络层

网络层的主要功能是实现任意两个节点之间的数据传送，这两个节点可能分布在互联网的不同位置。网络层会选择合适的路径，并把数据沿着这条路径传送过去。一条路径通常是多段链路连接起来组成的，传输过程需要一步一步地完成。网络层的数据格式称为"分组"（或者叫数据包，数据报）。分组中包含"头部"和"数据"两部分，头部中又包含源地址和目标地址。在因特网中，这种网络层地址就是 IP 地址。也就是说，网络层以 IP 地址为依据，实现任意两个 IP 地址之间的数据传送功能。

如果每一台计算机都至少拥有一个 IP 地址的话，用户可以利用网络层方便地实现任意两台计算机之间的数据传送，这两台计算机可能一台在美国而另一台在上海，用户不必关心数据是怎么一步一步传送过去的，这些复杂的过程是网络层的功能，由网络层软件和硬件自己完成。

4. 传输层

网络层实现的是计算机之间的数据传输，但是一台计算机上可能运行多个进程（或者直接叫程序，通常一个程序对应一个进程），那么计算机接收到的数据应该提交给哪个进程呢？比如你一边聊天，一边看电影，这时你电脑上的网卡接收到了一个数据，这个数据是需要递交给聊天程序，还是递交给电影播放程序呢？

传输层就是要解决这个问题，它为用户提供了进程与进程之间的通信，这些进程可能位于因特网上的不同计算机中。计算机用一种编号来区分一个计算机中的不同进程，这种编号叫"端口号"，就像学生的学号一样。因此，传输层同时需要 IP 地址（或者域名）和端口号这两个信息来界定一个具体的进程，就像用学校地址（或学校名称）和学号来确定一个学生一样。两个进程之间通信时，需要告诉对方自己的 IP 地址和端口号。

除此之外，传输层还对数据进行差错管理。例如对错序的数据包重新排序、错误的数据进行重传等。

5. 会话层

会话层向用户提供一次通信任务的过程管理，定义如何开始、控制和结束一个通信任务。一次完整的通信任务就是一个会话。

会话层是面向具体应用而言的，不同的应用程序有不同的会话方式。会话层之上的各层面向应用，会话层之下的各层面向网络通信。会话层的地位是处在"应用"和"网络"之间的。在会话层功能的基础上，再加上用户界面及程序的其他本地功能（如配置参数的存取、本地数据处理、内存管理、外部设备管理等），就到应用层了。

6. 表示层

对用户信息的格式进行处理，以便适合网络传输，实现安全可靠的数据传送。主要是进行格式的转换、加密和解密、编码和解码，它是网络和应用程序之间的翻译。例如在表示层完成的加密、解密功能，用户的数据在发送前首先被加密，在接收后再被解密，然后才传送给接收用户。这样，用户可能根本不知道存在这样一道加密解密的安全防线，但是通信线路上的数据却更加安全。例如，你的电子银行软件，在发送你的数据前会对数据进行加密，接收端会解密。

7. 应用层

应用层表现为一个具体的软件，协助用户完成特定的任务，比如写邮件、打电话、传文件等。某种特定的工作任务，往往被总结并制定为标准过程，称为通信协议。应用层提供一些常用的通信协议、基于该协议开发了软件模块及最终的应用程序。例如基于 HTTP 协议和 HTML 脚本语言的网页浏览系统，基于 FTP 协议的文件传输系统等。用户也可以自行定义一些通信协议，并据此开发一些应用软件，比如 QQ 软件。

数据在投递的过程中，每一层都将它要传递的数据进行封装（Encapsulation），也就是加上一个数据首部（header，称为包头或者帧头），如图 2-4 所示，在首部中对数据进行描述，否则对方搞不清收到的是什么数据。

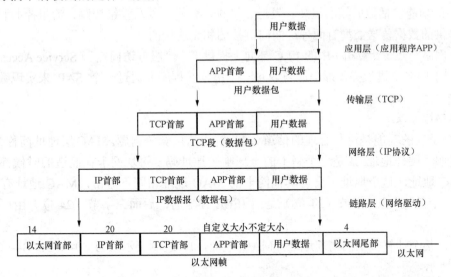

图 2-4　每层都对数据进行封装

不同的协议层对数据包有不同的称呼，在传输层叫作段（segment），在网络层叫作数据报（datagram，或者叫作分组 packet，或者通俗一点叫作"数据包"），在链路层叫作帧（frame）。数据封装成帧后发到传输物理介质上，到达目的主机后每层协议再剥掉相应的首部，最后将应用层数据交给应用程序处理。

当然，在链路层之下还有物理层，指的是电信号的传递方式，表现为高高低低的电压和电流，图中没有详细描述，只用"以太网"来表示。

这种层层封装，在带来便利的同时，也带来了传输效率的降低。例如用户要传输 100 字节的数据，APP 首部假定设计为 4 字节，最后在 IP 层发出的数据包会达到 144 字节，有效数据只占 100/144，即 70%。如果只传送 20 字节，则有效数据只占 20/64，即 31.25%。

2.2.4　局域网的协议层

局域网的结构主要采用 IEEE 802 委员会定义的标准，ISO 对应的标准是 ISO 802。常见的局域网标准有三种网络标准，即以太网（IEEE 802.3）、令牌总线网（IEEE 802.4）和令牌环网（IEEE 802.5）。

由于局域网在功能和结构上都比较简单，局域网内部通常为共享介质的通信方式，各个主机共用一条物理线路，不存在网络层功能所负责的路径选择问题。因此 IEEE 802 局域网协议只规定了物理层和数据链路层两层（没有网络层），网络层的一些其他功能则合并到了链路层来完成，例如寻址、流量控制、差错控制等。同时，数据链路层分成了两个子层，即"逻辑链路控制"（Logic Link Control，LLC）子层和"介质访问控制"（Media Access Control，MAC）子层。局域网的分层模型如图 2-5 所示。物理层的概念与 ISO 模型的类似，接下来重点介绍数据链路层的两个子层。

1. LLC 子层

LLC 提供一种与传输介质无关的链路控制，即端到端

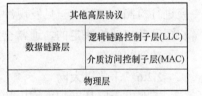

图 2-5　局域网的分层模型

的差错控制和流量控制。它隐藏了 IEEE 802 各种网络的差异，向上提供统一的格式和功能接口。LLC 的功能包括数据帧的组装、发送、接收、解析，以及差错控制、流量控制和次序控制。它提供的数据传送类型有两种：面向链接的和无连接的。

每个网络节点（计算机）中的 LLC 都向上提供多个"服务访问点"（Service Access Point，SAP），用于向多个进程提供通信服务。每一个进程（程序）通过一个 SAP 来实现数据的发送和接收。

2．MAC 子层

MAC 子层的功能是进行合理的信道分配，解决信道竞争问题。MAC 层地址简称为 MAC 地址，也叫"硬件地址"，是一个网卡的全球唯一地址码。每块网卡在制造的时候都会写入一个 MAC 地址，这个地址不会与其他网卡的 MAC 地址相同。通常，MAC 地址有 6 字节（也有两字节的），前三字节（24 位）是由 IEEE 分配的，后面三字节（24 位）由厂商内部编排。

例如：某个计算机上的物理地址（MAC 地址，16 进制表示）为 50-46-5D-B4-6C-CA，如图 2-6 所示。

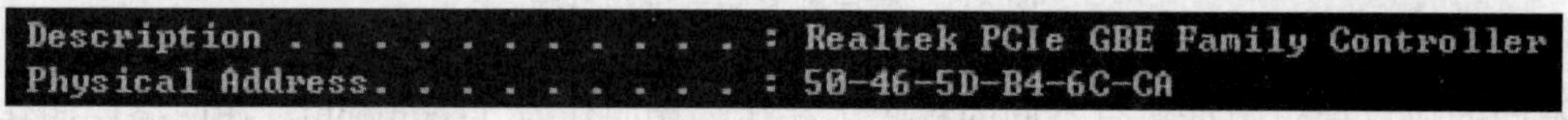

图 2-6　某个计算机上的物理地址

在局域网中，如果直接基于数据链路层传输数据的话，可以通过 MAC 地址来确定一个主机，并通过 LLC 的 SAP 地址来确定一个具体的进程。

2.2.5　以太网

以太网是最为常用的局域网类型，它采用总线型或者星型网络拓扑结构。早期的以太网标准速率为 10Mb/s，采用同轴电缆及双绞线；快速以太网传输速率为 100Mb/s，采用双绞线或者光纤；吉比特以太网则是新兴的高速以太网，采用光纤，其传输速率达到 1G～10Gb/s。

局域网采用的是共享介质的方式，每一个站点发送的数据都会传送到其他所有站点。由于通信线路是共享的，某一时刻只允许一个站点发送数据，否则会造成冲突。为了协调各个站点的工作，以太网的 MAC 层采用了一种称为"载波侦听多路访问/冲突检测"（Carrier Sense Multiple Access/Collision Detection，CSMA/CD）的协议。

CSMA 是一种"先听后说"的模式。每个站点都在时刻侦听着网络的动静，即对线路上的载波进行监测，以便确定是否有其他站点正在传送数据。如果线路空闲，则立刻发送自己的数据（如果有数据需要发送的话）；如果线路繁忙，则继续监测。如果网络变为空闲时被多个站点发现，而它们又都有数据需要传送，则多个站点会同时发起数据的传输，这就会造成冲突。一旦发生冲突，线路上的电流会呈现出与正常情况不同的特点，各个站点都需要对冲突进行检测（CD），一旦发现冲突，大家撤销发送，并延迟一段随机的时间。由于延迟时间长短是各自随机决定的，通常会互不相同，延迟最短的那个会最早重新发送数据。这样就解决了冲突的问题。

2.2.6　千兆以太网

千兆以太网是近年来推出的高速局域网技术，数据传输速率在 1000Mb/s 左右。它保持了传统以太网 MAC 层的 CSMA/CD 协议，但又做了一些修改，增加了一些新的特性。在物理层上套用了 ANSI X3T11 光纤通道的物理层协议。传输介质可以采用阻抗屏蔽双绞线、5 类非屏蔽双绞线、多模光纤和单模光纤，传输距离 25～3km 不等。

2.2.7　为什么局域网不能做得很大

局域网中通信线路是共享的，也就是本质上只有一条线路。所有站点之间的通信都需要占用这条线路，如果站点过多，每一个站点轮到的发送机会就会很少，这会极大地限制一个站点的通信速率。

另外，如果线路上挂接的站点太多，则会不断发生冲突，从而大大降低网络的通信效率，甚至根本难以进行正常的数据传送。

线路的长度也应受到限制。冲突发生时，往往并不能被发送端立刻检测到。最坏的情况下，用于检测冲突的时间是站点间传播时延的两倍。例如一个站点 A 开始发送数据，但是数据信号在线路上的传播需要一定的时间，将要传播到（最坏的情况下是恰好要达到）另一个站点 B 时，这个站点也开始发送数据，这时产生冲突。这个冲突会被 B 立刻检测到，但是 A 尚不能检测到，当冲突反向传播到 A 时，A 才发现冲突。从 A 开始发送数据到 A 检测到冲突，这个过程需要一来一回的时间，即站点间单向传送时间的两倍。如果数据帧的长度比较短，在检测到冲突之前 A 的数据已经"发送"完毕，则 A 以为正确传输了一个帧，但实际上部分内容已经在路上（后来的冲突中）遭到破坏，从而使得发送端和接收端造成歧义，这是不允许的。因此，数据帧的长度不能太短，其发送时间不能短于传播时间的两倍。我们不能一味增加数据帧的长度，因为很多情况下帧并不大。因此，我们只能反过来降低数据的传播时延，也就是说站点之间的物理距离不能过大（因为电信号的传播速度是一定的）。这就是为什么局域网站点间要有严格的距离限制。

2.3　因　特　网

2.3.1　因特网的概念

因特网，即 Internet，是基于 TCP/IP 协议的计算机广域网络。Inter 表示"之间"的意思，Internet 即为网间网，是一种连接不同计算机区域网络而组成的大范围的计算机网络，包含数万个计算机网络及数千万台主机，包含了难以计数的信息资源。

在因特网的主干网络中，一般采用网状结构相连，网状网络结构如图 2-7 所示，网络上的大部分节点之间都有通信连接。在局域网中一般不这样使用，但是在广域网中，各个大的区域网之间通过路由器进行网状的连接，以提高网络的可靠性。

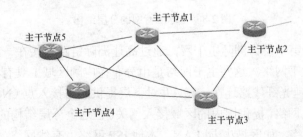

图 2-7　网状网络结构

因特网是由成千上万的分布于世界各地的接入网组成的，连接这些接入网的网关也不是一个网络，而是不同类型的地区、国家和国际网络的集合。全球因特网的分层结构如图 2-8 所示。

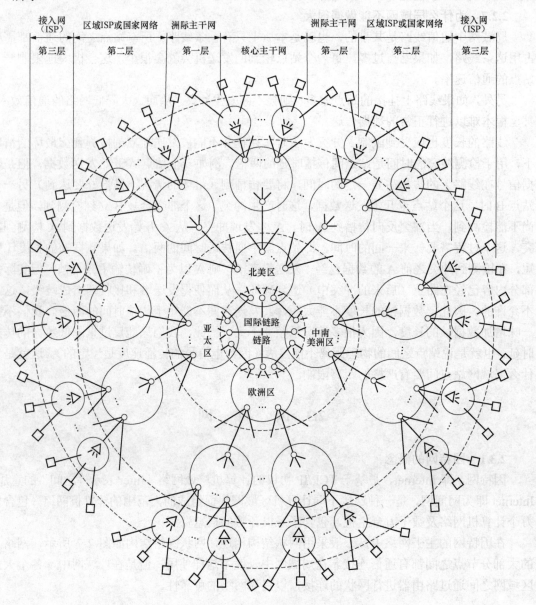

图 2-8　全球因特网的分层结构

这个分层结构的第一层为洲际主干网，通过高速洲际链路连接在一起，其中每个国家都有自己的 ISP/传统主干网络。这些主干网络是由分布在广阔区域上具有很高吞吐能力的路由器组成的，它们被高速光纤线路连在一起，并对下层提供网络接入点（Network Access Points，NAP）。第二层是国家网络，提供国内的区域接入网关。在这个分层结构的最低级（即第三层），是很多类型的接入网络，如区域/校园 LAN、本地 ISP 网络、有线网络、无线 LAN 等。

很明显，在一个路由器内部不可能保存整个因特网上全部其他路由器的相关信息，于是整个结构被分割成许多"自治系统"（Autonomous System，AS）。洲际主干网络将这些 AS 连接起来。在因特网中有很多 AS，每个 AS 中的第三层和第二层网络被称为域（Area），并选择其中一个域作为这个 AS 的主干域，然后将每个 AS 连接到一个更高级别的主干域上。

　　因特网起源于美国。1969 年，美国国防部高级计划研究局（DARPA）完成了第一阶段工作，组成了 4 个节点覆盖全国的实验性网络，即 ARPANET，第一个采用分组交换的网络。1979 年完成了 TCP/IP 的体系结构和规范的制定。1983 年 TCP/IP 成为 ARPANET 上的标准协议。1986 年，美国国家科学基金会（NSF）采用 TCP/IP 建立了 NSFNET，并要求所有 NSF 资助的网络都采用 TCP/IP，并且与 ARPANET 连通，形成了因特网。此后，逐渐在全世界形成互联。20 世纪 90 年代，商业介入，大量的 ISP、ICP 促进了因特网的快速发展。

　　今天的因特网，虽然依然具备数据通信的功能，但已经不仅仅是提供通信功能的"计算机通信"网络的概念了。因为有数不尽的计算机以服务器的形式一刻不停地运行着，并敞开大门，允许全世界的用户随时建立通信连接、下载信息资源或者完成其他交互式的服务功能，因此因特网已经成为一个全球化的巨大的资源宝库。

2.3.2　路由算法和路由协议

1. 路由和路由算法

　　源主机发送的数据，是沿着什么样的路径一步步地被传送到目标主机的？这就是路由问题，也是网络层的主要任务。分解到每一个单独的路由器，这个问题就是：收到一个分组后，该往自己的哪一条输出链路上传送，即路由选择。实现路由选择的方法称为路由算法，大致上分为两大类：静态算法和动态算法。静态算法是预先配置好路由表，使用过程中不会自动更新和优化。动态算法则会根据网络状况（例如是否局部发生拥塞或者故障、节点有无减少或增加等）自动调整路由表，是一种自适应的算法。理想的路由算法应该具备如下特点。

　　（1）正确性。实现快速、正确的数据传输。

　　（2）简单性。计算简单可以减少时延。

　　（3）健壮性。要有自适应性能力，能适应通信流量和网络拓扑的变化。

　　（4）公平性。算法应对所有用户（除对少数优先级高的用户）都是平等的。

　　（5）最佳性。使得路径的成本最低。实际上，所谓"最佳"只能是相对于某一种特定要求下得出的较为合理的选择而已。

　　"路由"就是找路。对一个具体的路由器来讲，就是要决定：该把数据报传给自己的哪个邻居？每个路由器的行为都是局部的，这降低了路由器的处理难度。

　　在因特网中，所有路由都由路由器利用数据包目标 IP 地址的网络标识部分来完成。为了便于讲述路由的原理，我们采用图 2-9 所示的简化互联网结构。它由四个路由器（R1～R4）组成，通过租用线路相连接。每条租用线路都用一对数字编号。第 1 个数是线路标识，第二个数是该线路的成本（cost）。传输径上的各段线路成本之和称为路径成本（path cost），路径成本的计算依据包括各个线段的比特速率（速率越高成本越低）、物理长度、跳数（hop count）及线路的拥挤程度等。

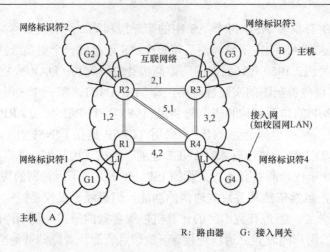

图 2-9　简化互联网结构

（1）洪泛法。一个节点收到报文分组后，向所有可能的方向复制发送。例如，当路由器 R1 接收到来自网关 G1 的分组后，R1 同时通过线路 1、4 发送分组的副本。洪泛式算法保证第一个到达的分组是沿着最短路径传输的，因此接收到的时间最短。为了减少分组在网络中的副本数量，规定了分组被复制转发的最大次数。

这种方法的适应能力很强，但是网络开销也很大。因此，它主要用于在路由器初始化阶段来确定网络结构。

（2）随机走动法。一个节点收到报文分组后，在所有与之相邻的节点中随机选择一个发过去。若可能发生节点或链路的故障，那么随机走动法已被证明是有效的，它使得路由算法具有较好的健壮性。但是显然，它有些盲目的成分，在正常情况下效率不高。

（3）静态路由法。在这种方法中，路由器工作之前需要将路由表配置好。也就是说，路由表是事先手工输入进去的，属于死记硬背型的。如图 2-10 所示的静态路由表是一个可能的例子。

R1: 网络标识符	线路	R2: 网络标识符	线路	R3: 网络标识符	线路	R4: 网络标识符	线路
1	L1	1	1	1	2	1	4
2	1	2	L1	2	2	2	5
3	1	3	2	3	L1	3	3,5
4	4	4	5	4	3,2	4	L1

图 2-10　静态路由表

例如网络 1 的一台主机向网络 3 的主机发送一个分组，当路由器 R1 接收到该分组后，R1 查阅自己的路由选择表，确定应该将此分组转发到线路 1（即发给 R2）。同样，当路由器 R2 接收到该分组后，查表确定应该将此分组转发到线路 2（即转发给 R3）。最后，R3 将分组转发到网关 G3，再从 G3 转发到由 IP 地址的主机标识部分指定的主机。

（4）动态路由算法。动态路由算法与静态路由的差别，在于它可以自动生成最优的路由表，并随着网络状态的改变而自动更新路由表。可分为集中式和分布式两类方法。集中式路由选择是由网络控制中心（Network Control Center，NCC）负责收集全网的状态信息、计算最佳路由，并定期将最新路由信息发送到各个节点上。而分布式路由算法则是（在与其他主机交换信息的基础上）自行计算生成自己的路由表，如距离向量路由选择算法（Distance Vector Routing）、链路状态选择法（Link-state Selection）。我们这里介绍广泛使用的分布式路由算法。

1）距离向量法。各个路由器周期性地向邻居节点发送路由更新报文，报文由一系列的（V，D）数据对组成，其中 V 是该路由器可以到达的其他任一路由器，而 D 是到达该路由器的距离（跳数）。每个路由器收到邻居的刷新报文后，如果新得到的距离小于当前表项，则用新的值替换，即修改自己的路由信息。最后，每个路由器都确定了到达所有网络标识符的最短距离路径。这种方法实现简单，但是收敛（整个网络达到一个最优的、较为稳定的状态）比较慢。不过，采用该算法的路由信息协议（Routing Information Protocol，RIP）仍在被广泛应用于组成因特网的许多网络中。

2）链路状态法：这个算法分为两个步骤（两个算法），即链路状态算法和最短路径优先算法。链路状态算法的目的是使任何一个节点都最终获得全网的结构图，即链路状态。每个路由器都把自己的链接状态广播给自己的所有邻居。与距离向量法类似，每个路由器最初只知道与其邻居的链接状态。随着不断接收来自邻居的链路状态，自己的链路知识不断扩充，最终每个路由器都能获得全网的链路状态。图 2-11 以 R1 为例，说明了 R1 获得网络结构图的过程。

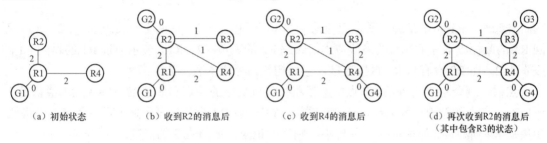

（a）初始状态　　　（b）收到R2的消息后　　　（c）收到R4的消息后　　　（d）再次收到R2的消息后
（其中包含R3的状态）

图 2-11　R1 创建整网链接图的过程

掌握整个网络的链接图后，它就可以通过最短路径算法（Shortest Path，SP）来构造一张最短路径表，这通常采用 Dijkstra 算法。在已知网络拓扑结构和每条链路上的距离（代价）信息基础上，一个节点可以利用 SP 算法自动计算出一张该节点到其他所有节点的最短路径信息。每次转发数据报时，查找最佳路径表，按表转发。

如果存在一条从 i 到 j 的最短路径（R_i，…，R_k，R_j），R_k 是 R_j 前面的一项点。那么（R_i，…，R_k）也必定是从 i 到 k 的最短路径（可以很容易得到证明）。为了求出最短路径，Dijkstra 就提出了最短路径长度递增、逐次生成最短路径的算法。

Dijkstra 算法思想

设 $G=(V, E)$ 是一个带权无向图，把图中顶点集合 V 分成两组，第一组为已求出最短路径的顶点集合（用 S 表示，初始时 S 中只有一个源点，以后每求得一条最短路径，就将其加入到集合 S 中，直到全部顶点都加入到 S 中，算法就结束了）。第二组为其余未确定最短路径的顶点集合（用 U 表示），按最短路径长度的递增次序依次把第二组的顶点加入 S 中。设 $v0$ 为源点，则算法步骤如下：

（1）初始时，S 只包含源点，即 $S=\{v0\}$，$v0$ 的距离为 0。U 包含除 $v0$ 外的其他顶点，即：$U=\{$其余顶点$\}$。若 $v0$ 与 U 中顶点 u 有边，则$<u, v0>$为正常的权值，若 u 不是 $v0$ 的直接邻接点，则$<u, v0>$权值为∞。

（2）从 U 中选取一个与 $v0$ 距离最小的顶点 k，把 k 加入 S 中（该选定的距离就是 $v0$ 到 k 的最短路径长度）。

（3）以 k 为新考虑的中间点，修改 U 中各顶点的距离；若从源点 $v0$ 到顶点 u 的距离（经过顶点 k）比原来距离（不经过顶点 k）短，则修改顶点 u 的距离值，修改后的距离值是顶点 k 的距离加上边上的权。

（4）重复步骤（2）和（3）直到所有顶点都包含在 S 中。

为了计算方便，我们采用"回溯"的思路，即首先逐步确定每个节点返回源节点所需要的最短路径。然后再反过来推出源点到各个节点的最短路径。以 R1 为例，图 2-12 展示了这个过程。

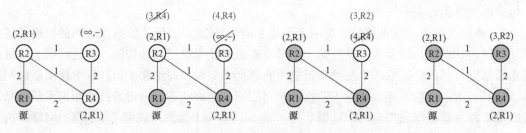

图 2-12　"回溯"思路图

开始时，R1 由于是源，所以直接属于 S（用绿色表示）。从两个直接近邻（R2、R4）返回 R1 的路径成本等于各自的路线成本，因此 R2 的表项（2，R1）表示通过 R1 的返回 R1 的成本为 2。而 R3 没有与 R1 直接连接，它的初始路径成本表示为无穷大。

然后在剩余（R1 之外的）节点中选择路径代价最小的节点（因为 R2 和 R4 成本值都是 2，所以在二者中随意地选择）R4，即把 R4 接入 S 中。以 R4 为基础，重新计算剩余节点的路径，如果从 R4 到源点比原来的路径代价小，则修改记录，如节点 3 的情况。

如此逐步扩展下去，直到全部归属到 S 中。最终导出的 R1 最短路径表如图 2-13（a）所示。其他节点也采用同样的方法，获得自己的最短路径表，如图 2-13（b）、（c）、（d）所示。

R1:		
目的地	路径，成本	
R1	本地,0	
R2	R2,2	
R3	R2,3	
R4	R4,2	

（a）R1最短路径信息

R2:		
目的地	路径，成本	
R1	R2,2	
R2	本地,0	
R3	R3,1	
R4	R4,1	

（b）R2最短路径信息

R3:		
目的地	路径，成本	
R1	R2,3	
R2	R2,1	
R3	本地,0	
R4	R4/R2,2	

（c）R3最短路径信息

R4:		
目的地	路径，成本	
R1	R1,2	
R2	R2,1	
R3	R3/R2,2	
R4	本地,0	

（d）R4最短路径信息

图 2-13　各个节点导出的最短路径表

2. 路由选择协议

在因特网中，一个域（如学校、公司、城市、国家等不同级别的域）中的网络的全体称为一个自治系统（Autonomous System，AS）。在一个 AS 中可以自主选择路由协议。在一个 AS 内部采用的路由协议称为"内部网关协议"（Interior Gateway Protocol，IGP），在不同域之间采用的路由协议称为外部网关协议（Exterior Gateway Protocol，EGP）。这里"网关"一词是沿用早期的称呼，实际上就是现在的路由器。

（1）RIP 协议。RIP（Route Information Protocol，路由信息协议）是在 20 世纪 80 年代由施乐公司提出的，主要用于小规模的网络环境，在 AS 内部的路由器之间使用。它是一种分布式的、基于距离向量的路由选择算法，是使用时间最长的协议之一。但是 RIP 协议的收敛速度较慢，并且具有"好消息传得快，坏消息传得慢"的特点。

（2）OSPF 协议。OSPF（Open Shortest Path First，开放最短路径优先）是目前推荐采用的内部网关协议。为了克服 RIP 的其他缺点，1989 年提出了 OSPF 协议。"开放"是不受任何厂家的约束，最短路径优先就是选用最短的路径，即 SP 协议。OSPF 是基于链路状态的路由选择协议，目前大多数路由器都支持它。

OSPF 是分层次的，最大的实体是自治系统 AS。在 AS 中又可分为多个互不重叠的子区域（子网），其中一个区域为主干区域，即区域 0，所有其他区域都与主干区域相连，区域之间的信息交换要通过主干区域进行。OSPF 又分为区域内部路由和跨区域路由。

在一个区域中，每个路由器都有相同的链路状态数据库，以及相同的最短路径算法。如果一个路由器拥有多个接口，它可以加入多个区域，称为"区间边缘路由器"，分别为每个区域保存一份拓扑数据库，同一区域内的路由器拥有相同的拓扑数据库。

OSPF 主干负责在各个区域之间传递路由信息，它包含所有边缘路由器、不全部属于某区域的网络及其相连的路由器。图 2-14 是一个 OSPF 自治系统。路由器 R0、R10、R20、R30、R31 构成了主干区（区域 0，图中虚线区域）。主干区域也是一个 OSPF 区域，主干区的路由器和其他区的路由器一样，内部使用相同的算法和过程，来维护主干区中的路由信息。

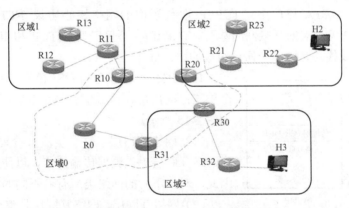

图 2-14 一个 OSPF 自治系统

如果主机之间进行跨区域的数据传送，则需要通过主干区路由器来做区域间的传送。例如区域 3 的主机 H3 要发送数据给区域 2 的主机 H2，则需要经过 R32→R30→R20→R21→R22→H2。

OSPF 协议是链路状态路由协议，与其他路由器交换的是链路状态信息。OSPF 协议在获取各个节点的链路状态信息的基础上，计算最短路径，构造路由表。而 RIP 使用的是距离向量算法，与相邻路由器交换的信息是全部或部分的路由表。

（3）外部网关协议。内部网关协议考虑的是如何提高数据传送效率，而外部网关协议（BGP）则更多考虑数据转发的策略，可能会涉及政治、军事、安全、经济等方面的因素，选择一个恰当的 AS 来传送数据。

BGP 运行于 TCP 协议之上，是一种 AS 路由协议，用来处理像因特网这样的大网内部的数据传送问题。全球的网络是由 BGP 路由器相连的而成的，它们之间通过 TCP 协议进行通信，保证可靠性，并隐藏所经网络的拓扑结构细节。两个 AS 之间利用 BGP 交换信息的路由器也被称为边界网关（Border Gateway）或边界路由器（Border Router）。新版本 BGP-4 支持无类域间路由和超网。

BGP 采用距离向量路由选择算法，但和普通的距离向量路由算法有较大区别，它不是记录到每一个站点的费用（距离），而是保留到每一个站点的完整路径信息。与相邻路由器之间交换的信息也不是费用（距离）信息，而是路径信息。

> 　　AS 边界路由器可能处于不同的国家，因此距离并不仅仅取决于比特速率和跳数等物理参数，也受政治因素的影响。例如，如果两个国家关系紧张了，某个路由器的使用成本可能会被设置为无穷大，那么它就会在所有的路径表中消失。

2.4　因特网中的 TCP/IP 协议栈

TCP/IP 是美国 ARPANET 网络及其后继网络所使用的网络通信协议。1983 年 1 月 1 日，在互联网的前身 ARPANET 中，TCP/IP 取代了旧的网络核心协议 NCP（Network Core Protocol），从而成为今天的互联网的基石。TCP/IP 并不仅仅表示 TCP 和 IP，而是代表一个协议族，或叫协议栈，是由多个协议组成的协议群体。

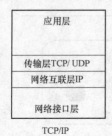

图 2-15　OSI 参考模型与 TCP/IP
网络模型的对应

TCP/IP 的网络模型与 OSI 模型有所不同，它分为 4 个层次：应用层、传输层、网络互联层、网络接口层，如图 2-15 所示。

（1）网络接口层。这一层没有被具体定义，只要求为网络互联层提供数据传输接口，以便能传输 IP 分组。因此，对于不同的网络类型有着不同的实现方法。

（2）网络互联层。网络互联层是整个 TCP/IP 协议栈的核心，网络层负责传输路径的选择，并把分组传送到目标网络或者主机，另外需要完成拥塞控制。网络层对应于 OSI 参考模型的网络层，实现网络层的相关功能。但是与 OSI 网络层不同的是，TCP/IP 网络层只提供无连接的 IP。

（3）传输层。传输层对应于 OSI 参考模型的传输层，通过 IP 地址和端口号实现进程间的通信。传输层支持两种类型的通信方式，即传输控协议 TCP（Transmission Control Protocol）和用户数据报协议 UDP（User Datagram Protocol）。

（4）应用层。应用层直接基于传输层来工作，也就是说用户编写的程序需要直接调用传输层提供的数据通信接口，而 OSI 模型中的会话层和表示层的功能需要应用程序的编写者自行设计。TCP/IP 协议栈中包含多种已经定义的典型应用层协议，比如基于 TCP 协议的 FTP、TELNET、HTTP 等协议，以及基于 UDP 的 SNMP、TFTP 和 NTP 等。用户也可以自行定义其他功能的应用层协议。

2.4.1　IP

IP 是 TCP/IP 协议栈中最重要的基础协议，属于网络层，是一种无连接的数据包传输协议，它不保证数据的正确性，也不保证数据包在传输过程中是否被丢失。也就是说是一种"尽力而为"的协议。

IP 传送的内容是一个个的数据包，也称为数据报。对每个数据包都根据当前的网络条件独立地选择传输路径，因此每个数据包可能走不同的路径，先发送的未必先到，也可能被丢失。对这种错序、丢包等问题，需要它的上层用户软件来自行处理。

IP 数据包的格式如图 2-16 所示，分为"包头"和"数据"两部分。

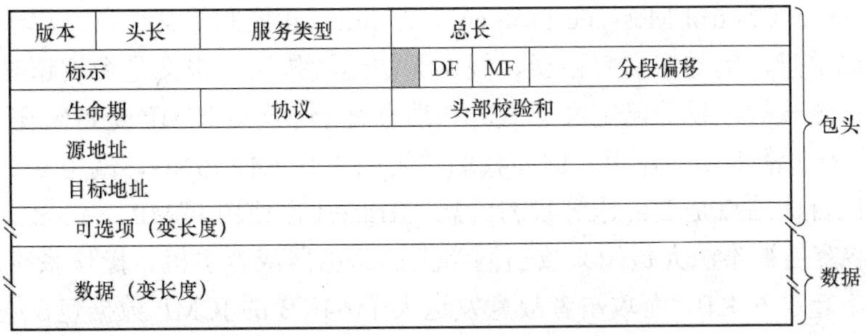

图 2-16　IP 数据包的格式

（1）版本（Version），占 4 位，用于表明 IP 的版本号，其值为 4 或者 6 时分别表示 IPv4 和 IPv6。当然，IPv6 的数据包格式与 IPv4 的还有所差别。

（2）头长（IP Header Length，IHL），占 4 位，用于表明头部的长度，以 4 字节为单位（对应于图中的一行）。例如报文中没有可选项时，包头长度为 20 字节，IHL 为 5，即图中前 5 行。

（3）服务类型（Type of Service，TOS），占 8 位，定义了数据包的服务质量类型。

（4）总长（Total Length）：占 16 位，表示 IP 数据包的总长度，包括头部和数据部分，以字节为单位。数据包的最大长度为 $2^{16}-1=65535$。

（5）标识（Identification），占 16 位。数据包在传输的过程中可能会被进一步切分为多个数据分段，所有属于同一分组的数据分段具有相同的标识，目标主机收到一个分段后，根据标识来判断它属于哪个分组，从而可以重新拼接成原来的分组。

（6）DF（Don't Fragment），占 1 位，其值为 1 时表示此数据包不能被分成片段传输，因为目标主机可能不具备重组的功能。其值为 0 时表示此数据包可以被分段。

（7）MF（More Fragment），占 1 位，其值为 1 时表示该分段后还有分段。只有最后一个分段的 MF 值为 0，其他分段的都为 1。

（8）分段偏移（Fragment Offset），占 13 位，表示本数据包所携带的数据分段在原数据包中的位置。单位为 8 字节，因此分段的长度都是 8 字节的整数倍。

（9）生命期（Time To Live，TTL），占 8 位。数据包每经过一个路由器，TTL 的值都会被减一，减到 0 时就把该数据包丢弃，并向源地址发送一个 ICMP 报文作为通知。

（10）协议（Protocol）：占 8 位，表明其所携带的数据属于哪种协议类型，以便目标主机做判断处理，例如可能是 ICMP、TCP、UDP 等。

（11）头部校验和（Header Checksum），占 16 位，用来对 IP 数据包的头部进行校验，不包含数据部分。校验和是一种数据有无差错的检验手段。接收端也计算一遍检验和，如果和发送端计算的结果相同，则表示没有差错。

（12）源地址（Source Address）、目标地址（Destination Address），它们各占 32 位，表明此数据包发送端的主机 IP 地址和接收端的主机 IP 地址，它们是在数据发送之前就由发送端填写好的，传输的过程中不会改变。

（13）可选项（Options），可有可无的部分，因此长度是可变的。经常用于网络调试和网络测试。

（14）数据部分，即 IP 数据包携带的真正数据内容，长度可变。

2.4.2 ICMP

ICMP（Internet Control Message Protocol）即 Internet 控制报文协议。用于在主机和路由器之间传递控制消息，例如报文有错误、报文无法继续传送、报文是否被超时丢弃、目的站是否可达、应答测试等，目前已定义的 ICMP 消息有十余种。ICMP 是封装在 IP 数据包内传输的。ICMP 有着非常重要的作用。例如我们常用的工具软件 PING，就是 ICMP 来回送应答报文，用来测试目标站点是否可达等状态信息。Tracert 也使用 ICMP。

ICMP 非常容易被不法人员用来攻击网络上的路由器或者主机。操作系统规定 ICMP 数据包最大尺寸不超过 64KB，而攻击者故意发送大于 64KB 的 ICMP 数据包，从而导致目标主机内存错误。当然，可以采取相应的措施来防范这种攻击。

2.4.3 IP 地址

1. 地址的格式

IP 地址是用来区分 Internet 上每个主机的一种数字标识，就像电话系统中每部电话都有一个电话号码一样，每台主机都至少有一个 IP 地址。IP 地址是由"Internet 名字与号码指派公司" ICANN（Internet Corporation For Assigned Names and Numbers）分配的。目前使用最多的 IP 协议为 IPv4，本节介绍 IPv4 的地址编码方法。

IP 地址是一个 4 字节的数据。为了便于人们阅读，通常采用十进制点分写法，即每个字节写作一个 0~255 的十进制数，这一个数最多三位，4 个数之间用点号分隔开。例如一个主机 IP 地址的二进制格式为 11000000 10101000 00000001 11001000，写为点分十进制则为 192.168.1.200，这样书写和阅读都更为方便。

IP 地址分为 5 个固定的类，即 A 类、B 类、C 类、D 类和 E 类。常用的只有 A、B、C 三类，D 类用于其他特殊用途（例如广播），E 类地址暂时保留不用。

IP 地址采用结构分层的方法，把地址的 32 位分为两段，前面一段表示主机所处的网络号，后面一段表示主机在这个网络内的主机号。对于不同类的地址，网络号和主机号各自所分配的位数是不同的，如图 2-17 所示。

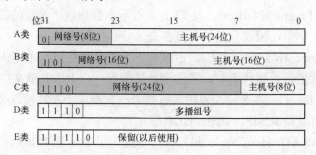

图 2-17　IP 地址分为 5 类

A 类地址的网络号占 8 位，其最高位固定为 0。剩余 24 位作为主机号。通常 IP 地址的分配是按照网络号分配的。如果一个单位获得了一个 A 类网络号，则同时获得了这个网络号所对应的全部可能的主机号（24 位），也就是获得了 $2^{24}-2$ 个 A 类 IP 地址（位全 0 或者全 1 的地址不能用）。A 类网络的最大个数为 2^7-2。

B 类地址的网络号为 16 位，最高 2 位固定位 "10"。后 16 位作为主机号。一个 B 类网络的最大主机数目为 $2^{16}-2$。B 类网络的最大个数为 2^{14}。

C 类地址的网络号为 24 位，最高 3 位固定位 "110"。后 8 位作为主机号。一个 C 类网络的最大主机数目为 2^8-2。C 类网络的最大个数为 2^{21}。

D 类地址用于多播，主要留给 Internet 体系结构委员会 IAB（Internet Architecture Board）使用。

E 类地址留待今后使用。

各类网络的可能范围列于表 2-1 中。

表 2-1　　　　　　　　　　　　　各类网络的可能范围

类　型	地　址　范　围	类　型	地　址　范　围
A	0.0.0.0～127.255.255.255	D	224.0.0.0～239.255.255.255
B	128.0.0.0～191.255.255.255	E	240.0.0.0～247.255.255.255
C	192.0.0.0～223.255.255.255		

表 2-2 中，主机号或者网络号的二进制位全部为 0 或者全部为 1 的地址是不能用于作为实际主机的，这种地址留作特殊用途。下面说明一些比较特殊的 IP 地址。

2. 特殊 IP 地址

（1）主机号位全为 1 的 IP 地址。称为广播地址，或叫作直接广播地址。在每一个网络中都有一个广播地址。例如 192.168.1.255 就是网络号 192.168.1.0 中的广播地址。发向这个地址的数据包，同一个网络中的所有主机都能收到。

（2）主机号位全为 0 的 IP 地址。也就是 IP 地址中只保留了网络号，主机号为 0，因此这种地址就代表本网络，例如上面的 192.168.1.0。

（3）网络号位全为 0 的 IP 地址，表示本网络中的某主机。这种情况通常是在不知道本网络的网络号的情况下使用。

（4）网络号位全为 1，一般表示掩码。

（5）全部位都为 1 的地址，即 255.255.255.255，也是一个广播地址，用于在本局域网内发送广播数据包。

（6）全部位都为 0 的 IP 地址，即 0.0.0.0，表示 "不清楚"。

（7）以 127. 开头的 IP 地址，表示本地回环，即表示本机地址，常用的是 127.0.0.1 这个地址。发给这种地址的数据根本没有发送到网络上，而是直接回送给本主机上的相应进程。

3. 私有 IP 地址

还有一些 IP 地址是作为私有地址使用的，只能在内部网中使用，因此也叫内网 IP 地址。A、B、C 三类中都有一部分地址是私有地址。任何单位都可以在本单位内部自行使用这些地址，地址在单位之间可以互相重复，互不干扰。路由器是不对这些目标地址进行转发的。三类私有地址的范围列于表 2-2 中。

表 2-2　　　　　　　　　　　　　　各类私有 IP 地址的范围

类　　型	地　址　范　围	类　　型	地　址　范　围
A	10.0.0.0～10.255.255.255	C	192.168.0.0～192.168.255.255
B	172.16.0.0～172.31.255.255		

4. 网络地址转换 NAT

大多数单位都没有足够的外网 IP 地址，无法让单位内部的每台计算机都配置外网 IP 地址。甚至有的单位只有一个外网 IP 地址。这时候，单位内部的局域网就采用私有 IP 地址，每个计算机都可以分配一个私有 IP 地址。但在这种情况下，单位内部的计算机如何与外部计算机通信？岂不是连上 Internet 都不可以了？事实告诉我们，显然不是这样。单位内部的计算机可以通过网络地址转换（Network Address Translation，NAT）的方式与外部网络交换信息。

单位内部至少有一台计算机具备外网 IP 地址，它可以直接连接到 Internet。那些仅仅拥有内部 IP 的计算机如果想与 Internet 上的其他计算机通信，则通过这台计算机"代理"进行。这样的计算机或者路由器称为"代理服务器"或者"边界路由器"。NAT 是最为广泛使用的一种"代理"方法，它实际上是一种地址变换过程。当内网 IP 想向外网某 IP 发送数据时，它是发送给 NAT，NAT 收到后将数据包中的源 IP 地址更改为一个合法的外网 IP 地址，然后转发给目标 IP 地址；而 NAT 收到外网发来的数据后，再把数据包中的目标地址重新更改为内部 IP 地址，然后转发给内网 IP 地址。整个局域网在外部看来只有一个 IP 地址，这个地址就是 NAT 的外部地址。

通常每个内部 IP 地址都有与外网通信的需求。这里就有一个问题：发出去的过程很容易理解，因为目标 IP 地址是外网的、明确的 IP 地址，可是外边回应来数据时，NAT 怎么知道要转发给内部的哪个 IP 地址呢？NAT 是采用转换表的方式对来往关系作记录的，在表中这种转换关系由 IP 地址和端口号来进行识别。表中至少有 5 项信息，即内部 IP 地址、内部端口号、外部 IP 地址、外部端口号及协议类型，见表 2-3。

例如，如图 2-18 所示，局域网电脑的内部 IP 地址分别为 192.168.1.2 和 192.168.1.3，NAT 的内部端口 IP 地址为 192.168.1.1，外部端口 IP 地址为 1.1.1.1，而外部目标 IP 地址为 2.2.2.2。

图 2-18　网络地址转换应用示例

（1）NAT（Network Address Translation）。NAT 是原始的地址转换方法。这种直接替换地址的方法中，如果两个内部 IP 都是用相同的端口（例如 2012）访问同一个服务器程序，收到回应数据后，由于外部服务器回应的数据都是回应给 1.1.1.1:2012 的，NAT 不知道应该发给哪个内网 IP。

例如：

192.168.1.2:2012→2.2.2.2:21　NAT 将其转换成　1.1.1.1:2012→2.2.2.2:21
192.168.1.3:2012→2.2.2.2:21　NAT 将其转换成　1.1.1.1:2012→2.2.2.2:21

（2）NAPT（Network Address/Port Translation）。NAPT 不但替换地址，还为每个用户进程分配一个端口号。如果两个内部 IP 都是用相同的端口访问同一个服务器程序，NAT 会给来自不同内网 IP 的数据包分配不同的对外端口，例如 6001 和 6002。外部服务器回应的数据会分别送给 NAT 的不同端口，NAT 据此确认转发给哪个内网 IP。

例如：

192.168.1.2:2012→2.2.2.2:21　NAT 将其转换成　1.1.1.1:6001→2.2.2.2:21
192.168.1.3:2012→2.2.2.2:21　NAT 将其转换成　1.1.1.1:6002→2.2.2.2:21

表 2-3　　　　　　　　　　　　　　NAPT 转换表示例

内部 IP	内部端口	对外端口	目标 IP	目标端口	协议类型
192.168.1.2	2012	6001	2.2.2.2	21	UDP
192.168.1.3	2012	6002	2.2.2.2	21	UDP
192.168.1.3	2015	6002	3.3.3.3	80	TCP

更进一步，NAPT 又分为对称型（Symmetric NAT）和克隆型（Clone NAT）。它们的区别在于，当同一内部进程与不同外部服务器通信时，NAT 为它分配的端口号是不是相同。对称型是不同的，而克隆型是相同的。基于克隆型 NAT，分别处于不同局域网的两个内网主机之间可以通过"打洞"的方法实现端到端（P2P）的通信。

2.4.4　子网

划分子网的意思是将同一个网号内部的主机做进一步划分，这种再次划分以后的更小的网络范围称为"子网"。"子网"就成为一个独立局域网，和普通的局域网没有什么差别。子网可以分配给不同的部门，使得部门之间互相隔离，从而提高系统的安全性。

对于某一类（A，B，C）的任何一个 IP 地址，都可以分为网络号和主机号两部分，例如 C 类地址，网络号占 24 位，而主机号占 8 位。划分子网的方法，本质上就是在主机号的比特位中，划出最左边的几个位作为内部的网络号，剩余的位作为主机号。我们需要将这个划分信息告诉 IP 协议栈，采用的方法就是告诉 IP 协议栈我的 IP 地址中前面多少位属于网络号，通常用二进制比特串来描述，例如 11111111 11111111 11111111 00000000（写成 4 段 10 进制数为 255.255.255.0）表示 IP 地址中前 24 位为网络号，后 8 位为主机号，这种二进制串称为"掩码"（当然也可以写成其他进制的形式）。A、B、C 类地址的掩码分别是 255.0.0.0，255.255.0.0，255.255.255.0。如果在现有的网络中又划分了子网，依然可以采用掩码的形式来描述每个 IP 地址中网络号的位数（位数不再是 8 的整数倍），这时称为"子网掩码"。

要想划分子网，你必须首先拥有多个 IP 地址，它们本来属于同一个局域网。例如我们采用内部 C 类 IP，网络号 192.168.1.0。这个网络原有的 IP 地址范围是 192.168.1.0～192.168.1.255（当然，其中有些地址是特殊地址），用十进制表示的网络掩码是 255.255.255.0。假定我们将主机号的最高两比特位划出作为子网号，则可以形成 00，01，10，11 四个子网，每个子网中主机号的位减小为 6 位（可形成 64 个主机号）。如表 2-4 所示，其中 x 表示任意比特值（0 或者 1）。

表 2-4　　　　　　　　　　　　　子 网 划 分 示 例

		十进制	二进制
划分前	网络掩码	255.255.255.0	11111111 11111111 11111111 00000000
	IP 地址范围	192.168.1.0～255	11000000 10101000 00000001 xxxxxxx
	全部 IP 地址属于同一个局域网，共 256 个 IP 地址。		
划分后	子网掩码	255.255.255.192	11111111 11111111 11111111 11000000
	主机位分割		11000000 10101000 00000001 nnxxxxxx
	子网 0	192.168.1.0～63	11000000 10101000 00000001 00xxxxxx
	子网 1	192.168.1.64～127	11000000 10101000 00000001 01xxxxxx
	子网 2	192.168.1.128～191	11000000 10101000 00000001 10xxxxxx
	子网 3	192.168.1.192～255	11000000 10101000 00000001 11xxxxxx
	4 段 IP 地址分属于 4 个子网，每个段中 64 个 IP 地址，共 256 个 IP 地址		

2.4.5　超网

对于比较大的单位，一个 C 类网络中的 IP 地址数量为 256 个（其中部分还是特殊地址），显得不够用，而 A 类和 B 类又显得太大或者申请不到，这时候可用若干个 C 类网络组合成一个较大的网络，这样的网络叫作超网。

本质上，超网组合是子网划分的反过程。超网是把 IP 地址中的网络号部分的最后若干位借用过来，归属为主机号位的一部分，从而增加主机号的位数。超网也需要用掩码来表示，称为"超网掩码"。显然，超网掩码中的"1"要比组合之前少若干位。

2.4.6　无分类域间路由

1993 年，IETF 提出了一种新的 IP 地址分配和使用的方法，称为无分类域间路由（Classless Inter-Domain Routing，CIDR）。它不再采用 IP 地址"类"的概念，而是直接将全部 C 类地址看作一个大的连续的地址池，用户申请时从这个地址池中切出连续的一小块分配给用户，切出的数量不受 C 类网络主机地址数量的限制。

就好像班级的同学，原来是分好的小组，只能以小组作为调遣的最小单位，而现在要把整个班级看作一个整体，需要几位同学就派出几位（学号连续的）同学。实际上，有大量的 C 类地址已经被分配出去，因此只能将尚未分配出去的 C 类地址利用起来，组成断断续续的地址池，然后在这些地址池中进行无类分配。

2.4.7　ARP

由于 IP 地址是网络层以上的概念，链路层软件并不知道 IP 地址的存在。因此在链路层实际传送数据时，必须依据物理地址（即 MAC 地址），这就需要把 IP 地址转换为 MAC 地址，ARP（Address Resolution Protocol，地址解析协议）就是做这个工作的。例如本机 IP 地址是 192.168.1.2，数据发送的目标主机 IP 地址为 192.168.1.3，目标主机的 MAC 地址未知。

（1）IP 层软件在向下面的链路层提交一个待发送的链路"帧"之前，必须获得目标 IP 的 MAC 地址。于是它就采用 ARP 协议在本网络中发送呼叫："谁的 IP 地址是 192.168.1.3？请把你的 MAC 地址告诉我。"这个呼叫会广播到局域网中的所有主机。

（2）拥有这个 IP 地址的主机收到后会发出回应："我的 IP 地址是 192.168.1.3，我的 MAC

地址是 AA:BB:CC:DD:EE:33"。

（3）于是，发送端就得到了目标主机的 MAC 地址，并以它为目标 MAC 地址创建链路层数据帧，然后递交给链路层软件。

> 链路层只负责一段物理线路的传输，因此在每一段物理线路上传输数据时，链路层"帧"中的源 MAC 地址和目标 MAC 地址都是不同的。而源 IP 地址和目标 IP 地址在一个数据包的传递过程中是一直不改变的。

每次都这样解析是比较浪费时间的，因此在每个主机的内存中都动态维护着一张（IP-MAC）对应表，这个表会不断更新。主机需要获得 MAC 地址时首先查表，表中没有时才发起 ARP 协议过程。

ARP 协议也用来进行地址冲突的检测，一台主机启动后，它首先把自己的 IP 地址作为解析对象，发出广播呼叫，如果有人回应说"我的 IP 地址是这个"，那就说明别人的 IP 地址和主机的一样，发生了冲突。

2.4.8　RARP 和 DHCP

RARP（Reverse Address Resolution Protocol，反向地址解析协议）。它的作用是根据指定的 MAC 地址找到对应的 IP 地址，与 ARP 正好相反。实际上，一台主机的 IP 地址通常是预先配置好并存储在磁盘文件中的，主机一启动就会自动读取配置文件并得知自己的 IP 地址。因此，RARP 主要用在没有磁盘的计算机上，这种主机叫作"无盘工作站"，它启动后通过网络获取所需要的一切，包括操作系统和 IP 地址等。

在局域网中，设置一个 RARP 服务器，负责反向地址解析。当一个主机启动后，假若它还不知道自己的 IP 地址（当然，它知道自己的 MAC 地址），它就会在局域网中广播一个消息"我的 MAC 地址是什么什么，有人知道我的 IP 地址吗？"，RARP 服务器收到这一请求之后，就在自己的数据库中查找这个主机的 IP 地址，然后单独发送给它。

RARP 请求消息采用广播方式，路由器不会转发，因此每个网段中都要设置一个 RARP 服务器。后来，出现了另一种类似的协议，即引导协议 BOOTP（Bootstrap Protocol）。但是 BOOTP 需要手工输入静态的映射表。于是出现了 BOOTP 的改进版，即目前广泛使用的 DHCP（Dynamic Host Configuration Protocol，动态主机配置协议）。

DHCP 服务器可以管理一个 IP 地址池，并动态地从池中取出一个 IP 地址分配给需要的用户。工作原理与 PARP 类似。但是 DHCP 分配的 IP 地址有一定的使用期限，默认为 8 天。

2.4.9　域名和 DNS

由于 IP 地址不方便记忆，于是人们用字符串表示主机地址，叫作"域名"（Domain Name，DN），如 www.shiep.edu.cn。但是计算机在实际通信的时候又必须采用 IP 地址，因此需要采用一定的方法在 IP 地址和域名之间做转换。这样一整套方案称为域名系统 DNS（Domain Name System）。DNS 采用服务器/客户端模式，以分布式数据库的方式进行管理。

域名是一种具有层次结构的命名方法，一般的格式为"主机名 . 二级域 . 子域 . 顶级域"。

目前，Internet 有 200 多个顶级域名，顶级域名下面又可以分为子域，子域下面又可以分为二级域名，依次类推，直到主机名。域的分级结构可以用树的形式来形象地表示，如图 2-19 所示。

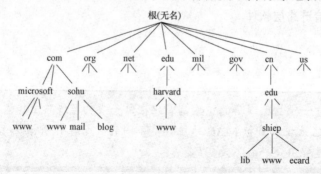

图 2-19　域的分级结构

这棵树的每一个非叶子节点是一个某一级的域，其中包括若干主机或子域。而叶子节点则是一个具体的主机，这一级名称往往代表了这个主机的功能，例如 www 表示 Web 服务器，mail 表示邮件服务器，而 blog 则表示博客服务器等。美国的大学多以 edu 作为顶级域名，而其他国家的大学通常以国家（例如中国 cn）作为顶级域名，并以 edu 作为二级域名。

（1）域名不区分大小写。

（2）各个组成部分的长度最多 63 个字符，总长度不超过 255 个字符。

（3）每个域自己控制如何分配它下面的域，每个域都知道它下面有哪些子域。

　　创建一个域，需要获得上级域的许可。一旦创建了一个域，这个域就可以自行创建它下面的子域，无需征求上级域的许可。

任何一级的一个域都代表了一类主机的集合，域中设置 DNS 服务器来负责本域中的域名解析。DNS 服务器只需要记录上级域服务器、本级域中的主机及它的子域服务器即可，而无须记录子域中的主机信息。如果需要查询子域中的主机，需要向子域 DNS 服务器提出查询请求。也就是说可以下级请求上级，也可以上级请求下级。具体查询方式有两种：迭代查询和递归查询。

（1）迭代查询：DNS 服务器接收一个查询请求后，如果在本域数据库中能够查询到域名的记录，则返回给客户一个正确的结果；如果在本域中查不到，则将更高一级的 DNS 服务器告诉客户，让客户重新到这个服务器上去请求查询。

（2）递归查询：与迭代查询不同的是，如果 DNS 服务器在本域数据库查不到，DNS 自己到更高一级的 DNS 服务器去查询（而不是让客户去再次请求），最终给客户一个正确的结果或者返回一个错误。

另外，需要注意如下几点：

（1）为了提高效率，域名服务器会将查询的结果保存在本机的缓存中，下次查询时首先在缓存中查询。

（2）DNS 服务器不仅可以由域名查 IP，也可以由 IP 查域名。

（3）域名记录并不是在某一台计算机上存储的一个大的表格，而是分散存储在各级域名服务器中。

2.5　IPv6

2.5.1　IPv6 地址

由于 IPv4 自身存在的问题及新的应用带来的新需求，使得 IPv4 面临着一些难以解决的问题。为此，Internet 工程特别任务组（IETF）开发出了新的 IP 协议版本 IPv6。IPv6 也称为下一代 Internet 协议，用来替代 IPv4。

IPv6 采用 128 位的地址（而 IPv4 地址为 32 位），占 16 字节，比 IPv4 位数多很多，因此可以提供数量极大的地址空间，即 2^{128} 个地址。有人形象地说，IPv6 可以给地球上的每一粒沙子提供一个地址。

从二进制比特的功能分配上看，IPv6 的地址分为 6 个部分，如图 2-20 所示。

3位	13位	8位	24位	16位	64位
FP	TLAID	Res	NLAID	SLAID	Interface ID

图 2-20　IPv6 地址

FP 为地址前缀，用于区别其他地址类型。TLAID（顶级聚集体 ID）、NLAID（次级聚集体 ID）、SLAID（节点 ID）组成了 3 个网络层次。最后是 Interface ID，即主机接口号。Res 为保留备用。

为了便于书写和阅读，IPv6 地址在书写时采用十六进制数字的形式，每 4 个十六进制字符作为一组（对应于 2 字节），叫作一个字段。字段之间用冒号"："隔开，而不是 IPv4 中的"."号，例如：

AD80:0000:0000:0000:ABAA:0000:00C2:0002

AD80::ABAA:0:C2:2

每段前面的 0 可以省略，如果整个字段为 0 也可以省略不写（但在一个地址中只能用一次）。上面的两个地址是同一个地址。

IPv6 定义了 3 种不同的地址类型，即单点传送地址、多点传送地址、任一点传送地址。在 IPv6 的概念中，地址属于接口而不是主机。

2.5.2　IPv6 的数据包格式

IPv6 的 IP 数据包格式如图 2-21 所示，可见比 IPv4 数据包格式简化了不少。

（1）版本（Version），4 位，IPv6 为 6。

（2）流标号，28 位，可对数据包做特殊处理标记。

（3）有效负荷长度（Payload Length），16 位，除去首部之后的有效数据的长度。

（4）下一个首部（Next Header），8 位，表示紧接在数据包首部后面下一个首部的类型。

（5）跳数限制（Hop Limit），8 位，转发够这个跳数还没到达目标主机的话，该数据包就会被丢弃。

（6）源地址和目标地址，各占 128 位。

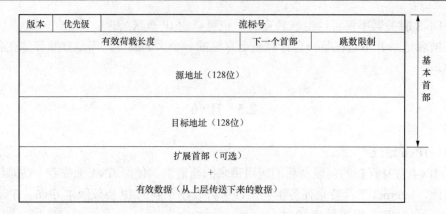

图 2-21　IPv6 的 IP 数据包格式

2.5.3　从 IPv4 到 IPv6

基于 IPv4 的网络和服务已经很成熟，在日常生活中正在时刻发挥着作用。从 IPv4 到 IPv6 的过渡是一个逐步实现的过程，不可能一下全部改为 IPv6，而会是在相当长的时间内 IPv4 与 IPv6 共存，需要一定的技术实现 IPv6 网络与 IPv4 网络的互通。

1. 双协议栈技术

很多应用程序还是基于 IPv4 协议，在这些程序退出市场或者被升级之前，IPv4 还会在主机上存在，而新的应用程序会更多地支持 IPv6。因此主机上会出现双协议栈共存的情况。

IPv6 和 IPv4 是功能相近的网络层协议，两者都基于相同的物理平台，而且加载于其上的传输层协议 TCP 和 UDP 又没有任何区别，因此只需要在网络层同时运行两种版本的 IP 协议即可。

2. 隧道技术

随着 IPv6 网络的发展，出现了许多局部的 IPv6 网络，但是这些 IPv6 网络需要通过 IPv4 骨干网络相连。使用隧道技术可通过 IPv4 网络将这些孤立的"IPv6 孤岛"相互联通，是 IPv4 向 IPv6 过渡的初期最易于采用的技术。具体做法是：路由器将 IPv6 的数据分组封装入 IPv4，然后用 IPv4 的方式在 IPv4 网络（即隧道）上传输，分组的源地址和目的地址分别是隧道入口和出口的 IPv4 地址。在隧道的出口处，再将 IPv6 分组取出转发给目的 IPv6 站点。隧道技术只要求在隧道的入口和出口处进行修改，对其他部分没有要求，因而非常容易实现。

3. 网络地址转换/协议转换技术

网络地址转换/协议转换技术 NAT-PT（Network Address Translation-Protocol Translation）通过将 SIIT 协议转换与传统的 IPv4 下的网络地址翻译（NAT）及适当的应用层网关（ALG）相结合，实现了 IPv6 的主机和 IPv4 主机的大部分应用的互通。

2.6　传 输 层 协 议

传输层协议主要包括 TCP 和 UDP 两个，它们都基于 IP 进行数据传输，其数据被封装在 IP 数据包中。然而这两个协议的特点却相差很大，以便于用户在不同的场合分别选择使用。

2.6.1　端口号

实际上一个主机上通常会同时运行多个程序（为了便于叙述，我们假定一个程序拥有一个进程），要想实现程序与程序之间的通信，需要借助传输层协议，并通过"IP（或者域名）＋端口号"来确定一个应用程序。例如，你用 IE 浏览器访问 www.sohu.com 上的网页，实际上就是你的计算机上的 IE 浏览器程序与 www.sohu.com 上的 Web 服务器程序（其工作端口号为 80）的通信过程。

　　每个通信连接的两端都必须各自拥有一个端口号，这样才可以互相发送数据（发送到对方的端口）。端口号是 2 字节（16 位）的整数，最多有 2^{16}（64K）个端口。端口号分为三类。

　　（1）公认端口。0～1023，即前 1K 个端口，它们已经被用于一些特定的服务程序，用户自己编写的其他程序最好不要使用。例如 21 用于 FTP 服务器程序，80 用于 Web 服务器程序等。

　　（2）注册端口。1024～49151。它们松散地绑定于一些服务程序，也就是说大家常常这样用，但是也可以用于其他功能的程序。如 8080 端口就要经常用于 Web 服务器代理程序。

　　（3）动态端口。49152～65535，用户可以自行使用于自己编写的程序中。

　　TCP/IP 协议栈中，传输层有 TCP 和 UDP 两个协议，它们都是基于 IP 实现的，具备不同的功能特点，可被用户选择用于不同的场合。图 2-22 展示了部分常用的公认端口所对应的服务功能。可以看到，TCP 和 UDP 是两个独立的协议模块，可以同时使用相同的端口。例如 HTTP 协议（即 Web 服务器程序）就可能同时提供 TCP 80 号端口和 UDP 80 号端口，用户随意选择访问（当然，有些服务器可能仅仅提供 TCP 80 号端口）。于是，一个完整的通信链路可以用一个 5 元组来描述：{协议，本地 IP，本地端口，远程 IP，远程端口}，其中协议指 TCP 或者 UDP。

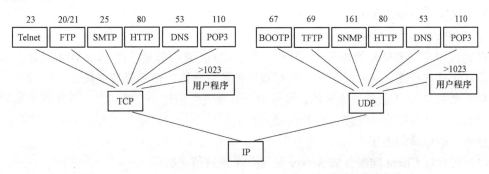

图 2-22　TCP 和 UDP 常用公认端口所对应的服务功能

注意：

SNMP-Simple Network Management Protocol，简单网络管理协议。

SMTP-Simple Mail Transfer Protocol，简单邮件传送协议。

2.6.2　UDP

UDP（User Datagram Protocol，用户数据包协议）是一种无连接的传输层协议。UDP 只在 IP 协议基础上增加了很少一些功能。它的特点如下：

　　（1）不需要建立连接和释放连接，随时可以发送数据包。

　　（2）由于没有连接，可以随时向任何主机发送数据，可用于组播、广播等情况。

　　（3）UDP 不做超时检测和数据重传，没有拥塞控制机制，因此数据传输速度快。

　　（4）UDP 只有 8 字节的头部（TCP 要至少 20 字节），数据效率高。

（5）UDP 不保证数据的安全性，数据包可能会丢失。

（6）UDP 不保证数据包的次序，后发的可能先到，需要接受者去重新排列。

UDP 常用在数据量较小或者实时性要求比较高的场所，如域名服务、PING、TFTP，以及多媒体通信。

2.6.3　TCP

1. TCP 的特点

TCP（Transmission Control Protocol，传输控制协议）提供面向连接的、可靠的数据传输。TCP 的特点如下：

（1）数据传输之前必须建立连接。就好像皇帝出行时预先通知沿路驿站做好接待一样。

（2）所有报文都在这个连接上传输，走的路径是完全相同的。

（3）保证数据的正确性。接收端收到数据后会给发送端应答确认。发送端在一定时间内没有收到确认的话会自动重新发送。

（4）保证数据的次序，先发的先到，后发的后到。

（5）流量控制。TCP 提供滑动窗口机制，支持端到端的流量控制。

（6）全部数据发送后需要拆除连接。

TCP 是一种面向"数据流"的服务，而不是数据包。它只保证数据按照次序正确地送到目的端口，而不保证一次性收到完整的数据块。比如你发送 100 字节，然后再发送 40 字节，在接收端可能是先收到 50 字节，然后又收到 90 字节，也可能一下子收到 140 字节。这一点与 UDP 不同，在 UDP 中你发送 50 字节的数据包，收到的要么是完整的 50 字节，要么就什么都收不到（丢包发生了）。

2. TCP 连接的建立和释放

TCP 是一个面向链接的协议，每一次完整的 TCP 通信都要经历 TCP 连接的建立和释放过程。首先建立连接，然后基于连接进行双向的数据传输，最后释放连接。

TCP 通信是客户/服务器模式的，服务器一方预先会创建一个端口号，并在这个端口上侦听，随时准备接收用户的连接。TCP 连接过程要经历三次"握手"过程，防止在连接过程中出现意外，造成虚假连接。

（1）客户端 Client 向服务器 Server 发送一个连接请求数据包。

（2）Server 收到数据包后，给出回应：同意连接，或者予以拒绝。

（3）客户端收到服务器的回应后，确认连接成功。同时要给服务器再回应一下。服务器收到客户的回应后，也确认连接成功。

在断开连接时，客户和服务器任何一方均可以主动提出断开连接的请求。释放 TCP 连接的过程需要 4 次信息传递，称为"四次挥手"过程。

3. TCP 应用举例

网页的传输采用 HTTP 协议，而 HTTP 消息的传递则是基于 TCP 的，其过程描述如下，如图 2-23 所示。

（1）Web 服务器程序一直等候在服务器主机的 80 号 TCP 端口上，该主机的域名为 www.wolfvideo.cn。

（2）在 IE 浏览器中输入地址，如 http：//www.wolfvideo.cn/download/index.html，按 Enter 键。

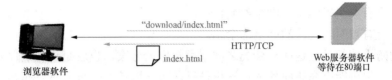

图 2-23　网页浏览过程

（3）IE 建立与服务器的 TCP 连接（依据主机地址和端口号，例如：www.wolfvideo.cn:80）。http 协议默认的端口为 80。

（4）在 TCP 连接上，IE 向服务器发出页面请求，请求目录下的文件（例如：download/index.html）。

（5）服务器收到请求后，取出文件内容，并回传。

（6）IE 收到文件（即页面）内容，解析并显示出来。（页面中又包含很多新的连接 http://……）。

（7）IE 断开 TCP 连接。

（8）用户观看，单击鼠标（取得被单击位置的 http://……），再从（3）开始……

2.7　网　络　安　全

由于 Internet 网络具有开放性，任何人都很容易接入 Internet 来发布信息或者获取资料，这也给"黑客"们提供了可乘之机。他们可能采用各种攻击手段，侵入用户的计算机系统，窃取用户的账号密码，进而获取其他重要信息，例如用户的银行账号和密码。或者在用户计算机上植入病毒和木马程序，长期监视用户的活动，随时窃取用户信息。还有的可能修改用户的网站内容，甚至损坏用户的硬件系统。

因此，网络安全至关重要，它贯穿于网络协议的各个层次，采用的主要技术有数据加密、防火墙、虚拟私有网、入侵检测和防病毒技术等。这里简要介绍防火墙和虚拟私有网。

2.7.1　防火墙

防火墙是一种防御外来攻击的技术手段，是目前用得最多的"访问控制"技术。它被设置在一个网络的入口处，能够根据企业的安全控制策略来控制（允许、拒绝、检测）出入网络的信息流，且本身具有较强的抗攻击能力，如图 2-24 所示。

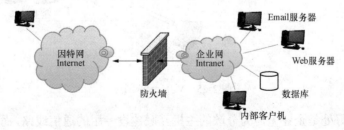

图 2-24　防火墙的位置

防火墙实际上是一种数据包的转发过滤的软件模块，它一方面需要在内部主机和外部主机之间完成顺畅的通信；另一方面又需要阻止有害或恶意的访问，尽可能隐蔽内部网络有关信息。两种极端的情况是：

（1）凡是没有被明确禁止的则全部允许；

（2）凡是没有被明确允许的则全部禁止。

大部分的防火墙都是在这两种情况之间采用折中的方案，也就是说在确保安全或者比较安全的前提下，尽可能提高访问效率，这也是目前防火墙技术的研究热点和难点。

根据其工作模式和侧重点的不同，防火墙可分为分组过滤、应用级网关和代理服务器几大类。

（1）分组过滤型（Packet Filtering）。是在网络层对 IP 分组进行转发和过滤。设置访问控制表（Access Control Table）及控制逻辑，作为分组过滤的依据。通过源地址、目标地址、端口号、协议类型等因素来对分组进行转发或者过滤处理。

（2）应用级网关型（Application Level Gateway）。工作在应用层上，针对特定的应用系统（如 FTP 文件服务、HTTP 网页服务、SMTP 邮件服务等）进行数据的转发和过滤处理，通常安装在专用的系统上。同样是根据管理员设置的控制逻辑来判断的。另外还对过往数据进行分析、登记和统计，形成报告。

（3）代理服务型（Proxy Service）。在分组过滤和应用级防火墙中，一旦外部某主机满足防火墙的控制规则，则它可以与内部主机建立直接的通信，从而容易暴露内部网络的结构和运行状态。而代理服务器型防火墙则是将内外通信链路分为两段，由代理服务器进行数据包的转发，并进行分析、登记和统计，必要时向管理员报警。

2.7.2　虚拟私有网

虚拟私有网（Virtual Private Network，VPN），也称为虚拟专用网，是指通过一定的安全通信手段，将分布在公共网络（Internet）中的部分主机连接起来，使它们像企业内部网络一样具有可靠的数据安全性，形成一个分布式的、虚拟的企业"内部网络"，如图 2-25 所示。VPN 解决了企业主机的分散互联问题。"隧道"（Tunneling）技术是一种常用的手段，它利用数据加密技术和 Qos 措施，在公共网络中建立安全、机密、顺畅和专用的链路。

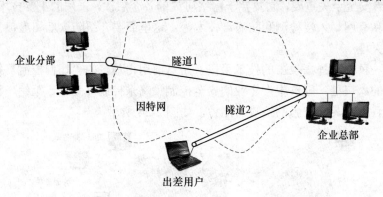

图 2-25　VPN 示意图

使用 VPN 的好处是企业无需为分散的主机互联建设专用的通信线路，而只需租用廉价的公共网络，从而可以快速、低成本地建立跨地域的企业网络，并且很容易进行扩展。VPN 提供如下功能：

（1）数据加密：保证在公共网络中传输的信息不会被他人破解；

（2）身份认证：保证信息的完整性、合法性，并能鉴别用户的身份；

（3）访问控制：不同的用户有不同的访问权限。

目前，构造虚拟私有网的国际安全标准是 IPSec 和 L2TP。IPSec 是 IETF 正式制定的开放性 IP 安全标准，是虚拟专用网的基础，已经相当成熟可靠。而 L2TP 是虚拟专用拨号网络协议，它必须以 IPSec 为安全基础。另外支持 IPSec 的厂家很多，因此最好采用 IPSec 来构建VPN。

练 习 题

1．计算机网络分为哪些类型？

2．资源子网和通信子网分别包含哪些组成部分？

3．通信过程为什么分层描述？

4．OSI 网络模型包含哪些层次，分别解释说明。

5．计算机局域网有何特点，有哪些类型？

6．为什么局域网不能做得很大？

7．路由器在网络中起什么作用？

8．OSPF 与 RIP 有什么区别？

9．什么是 TCP/IP？

10．IPv4 地址分为哪些类，各类有什么特点？

11．有哪些特殊 IP 地址和私有 IP 地址？

12．什么是 NAT，它分为哪些类型？

13．子网掩码有什么作用？

14．简述 ARP 和 DHCP 的作用。

15．DNS 是如何工作的？

16．说明 IPv6 的特点。

17．比较说明 UDP 和 TCP 的特点。

18．哪些措施可用于保障或提高网络安全性？

第3章 光 纤 通 信

📢 内容提要

本章介绍光纤通信的基本理论。光纤通信是一种利用光导纤维进行信息传输的通信方式。本章将全面介绍光纤通信的基本概念和系统组成、光纤的传输原理和特性、通信用光器件、光端机的组成和特性、常见的光纤通信系统及光纤通信常用测量仪器。

📖 导 读

本章的重点是光纤和光纤通信器件。主要介绍了光纤的结构和分类，光纤的传输特性，并说明了光纤产品的常用型号。光纤通信器件可以分为有源光器件和无源光器件。有源光器件包括光源和光电检测器，是光纤通信系统的关键器件。无源光器件包括光纤连接器、耦合器和隔离器，对光纤通信系统的构成和性能的提高非常重要。

3.1 光纤通信的基本概念

现代通信一般是指电信（Telecommunication），主要包括电通信（Electrical Communication）和光通信（Optical Communication）。电通信是指利用电波作为载体传送信息的通信方式，可分为有线电通信和无线电通信。与电通信类似，光通信是指运用光波作为载体传送信息的通信方式，包括利用大气进行的无线光通信和利用光导纤维传输的有线光通信。人们通常把运用光导纤维传输光波信号的有线光通信方式称为"光纤通信"。

3.1.1 光纤通信的发展史

早在公元前两千多年前，我们的祖先就通过"光"来传递信息。比如，通过烽火、夜间的信号灯、水面上的航标灯等方式向远方传送信息。

1876 年，美国人贝尔（Bell）发明了光电话，他利用太阳光作为光源，大气作为传输介质，硒管作为接收器，进行语音传送。1880 年，使用这种光电话传输的最远距离仅 213m。虽然光电话的传输距离很短，没有实际应用价值，但是它证明了用光波作为载波传送信息的可行性。

在激光器出现之前，光学中使用的是相干性较差的普通光。这种光源谱线很宽，无法进行通信。1960 年，美国人梅曼（Maiman）发明了第一台红宝石激光器。与普通光相比，激光是一种理想的相干光载波，激光谱线窄、方向性好。之后，氦-氖（He-Ne）气体激光器、二氧化碳（CO_2）激光器和砷化镓半导体激光器也相继出现，并作为光源投入使用，使光通信进入了一个崭新的阶段。

与此同时，光纤通信的理论也有了革命性的突破。1966 年 7 月，英籍华人高锟（Charles Kuen Kao）发表了《光频率的介质纤维表面波导》论文，开创性地提出了光导纤维在通信上应用的基本原理，并预言只要能设法降低玻璃纤维的杂质，就可能使光纤损耗从 1000dB/km 降低到 20dB/km，从而高效传输信息。这一设想提出之后，有人觉得匪夷所思，也有人对此大加褒扬。但在争论中，高锟的设想逐步变成现实：利用石英玻璃制成的光纤应用越来越广泛，全世界掀起了一场光纤通信的革命。因此，高锟（见图 3-1）被称为"光纤通信之父"（Father of Fiber Optic Communications），他曾任香港中文大学校长。2009 年，他与威拉德·博伊尔和乔治·埃尔伍德·史密斯共享"诺贝尔物理学奖"。

1970 年，美国康宁（Corning）公司成功研制出损耗 20dB/km 的石英光纤，把光纤通信的研究开发推向一个新阶段。1973 年，美国贝尔（Bell）实验室的光纤损耗降低到 2.5dB/km。1974 年降低到 1.1dB/km。1976 年，日本电报电话（NTT）公司将光纤损耗降低到 0.47dB/km（波长 1.2μm）。在以后的 10 年中，波长为 1.55μm 的光纤损耗进一步下降，由 0.20dB/km（1979 年）到 0.154dB/km（1986 年），接近了光纤传输损耗的理论极限值。

图 3-1　光纤通信之父——高锟

20 世纪 70 年代，通信用光源也取得了实质性的进展。美国、日本和苏联先后成功研制出在室温下连续振荡的双异质结镓铝砷（GaAlAs）半导体激光器。激光器和低损耗光纤的问世，在全世界范围内掀起了发展光纤通信的高潮。

1977 年，美国芝加哥开通了第一代商用光纤通信系统，传输距离是 7km，采用多模光纤，传输速率是 44.736Mb/s。1976 年和 1978 年，日本先后进行了速率为 34Mb/s 的突变型多模光纤通信系统，以及速率为 100Mb/s 的渐变型多模光纤通信系统的试验。1983 年铺设了纵贯日本南北的光缆长途干线。随后，由美国、日本、英国、法国发起的第一条横跨大西洋 TAT-8 海底光缆通信系统于 1988 年建成。第一条横跨太平洋 TPC-3/HAW-4 海底光缆通信系统于 1989 年建成。从此，海底光缆通信系统的建设得到了全面展开，促进了全球通信网的发展。

20 世纪 80 年代，波分复用系统、相干光通信、光纤放大器等技术广泛受到重视，并投入使用。1985 年，英国南安普敦大学首先研制成功了掺铒光纤放大器（EDFA），它是光纤通信中最伟大的发明之一。通过在石英光纤中掺入了少量的稀土元素铒（Er）离子构成了掺铒光纤放大器。EDFA 的放大区域正好与光纤的低损耗区域相一致，且具有高增益、宽频带、低噪声等优良特性，因此，EDFA 成为当前光纤通信中应用最广的光放大器件。

从 20 世纪 90 年代开始，光传送网（OTN）成为研究热点。OTN 提高了整个网络的传输容量，减轻了电交换节点的压力，成为网络升级的可选方案。

进入 21 世纪，IP 业务爆发式增长，具有高度智能化的自动交换光网络（ASON）成为光网络发展的主要方向。ASON 可以动态地实施按需连接，提供可靠的保护恢复机制，使网络具有自动选路和指配功能。

在爆炸式增长的数据业务驱动下，光纤通信继续朝着大容量、超长距离、智能化传输的方向发展，支持大容量 WDM 长距离传输的各种技术（群速度色散和偏振模色散的补偿、非线性光学效应的抑制、新型调制格式和纠错编码等）成为新的研究热点。

3.1.2　光纤通信的优点

光波属于电磁波的范畴，作为载波的光波频率比电波频率高得多。因此，相对于电通信来说，光纤通信具有很多独特的优点。

1. 传输频带宽，通信容量大

光纤具有极宽的带宽，传输容量极大。在零色散波长窗口，单模光纤具有几十吉赫·千米的带宽；此外，也可以采用复用技术增加传输容量。如，对于单波长光纤通信系统的传输速率为 10Gb/s，132 个信道波长复用后，传输容量为 10Gb/s×132＝1320Gb/s。

2. 传输损耗小、中继距离长

电缆的传输损耗通常在几分贝到几十分贝，而损耗窗口在 1.55μm 的单模光纤损耗通常只有 0.2dB/km。显然，光纤的中继距离要比电缆的中继距离长得多。目前，波长为 1.55μm 的色散移位单模光纤通信系统，若其传输速率为 2.5Gb/s，则其中继距离可达 150km。

3. 抗电磁干扰的能力强、泄露小、保密性好

光纤的基础材料是与电绝缘的石英（SiO_2）材料制成的，因此，光纤通信线路不受各种电磁场的干扰。且由于光纤传输中光波能量限制在光纤纤芯中进行传输，光泄漏非常微弱，无法窃听，保密性能很好。

4. 光纤重量轻，制作光纤的材料资源丰富

制作电缆需要消耗大量的铜和铅等有色金属。而制作光纤的材料是石英（SiO_2），在地球上储备丰富。光纤直径小、重量轻。在芯数相同的条件下，光缆的重量比电缆轻很多，在军事、航空和宇宙飞船等领域有特别重要的意义。

3.1.3　光纤通信系统组成

光纤通信系统可以传输数字信号，也可以传输模拟信号。如图 3-2 所示，光纤通信系统主要由电发射机、光发射机、光纤、光接收机、电接收机及长途干线上必须设置的光中继器等组成。

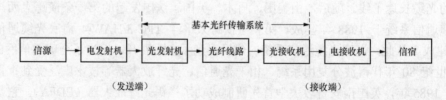

图 3-2　光纤通信系统的组成

在整个通信阶段，在光发射机之前和光接收机之后的电信号段，光纤通信所用的技术和设备与电通信类似，不同的是由光发射机、光纤线路和光接收机所组成的基本光纤传输系统代替了电缆传输。

基本的光纤传输系统通常由光发射机、光纤线路、光接收机组成，信号的传输过程如下：

1. 光发射机

光发射机的主要作用是将输入电信号转换成光信号耦合进光纤。光发射机由光源、驱动器和调制器组成。光源是光发射机的核心部件，目前主要采用半导体激光器（LD）或半导体发光二极管（LED）等材料。

光发射机将电信号转换为光信号的过程（简称为 E/O 转换），是通过电信号对光的调制而实现的，在大多数情况下采用直接对半导体光源的输入电流进行调制，也可以使用外调制器。

2. 光纤线路

光纤作为光纤通信的信道，它的作用是将光信号从发射机不失真地传送到接收机。光纤有两个重要的参数：损耗和色散。光纤的损耗直接决定着光纤通信系统的中继距离；而色散会造成光脉冲的展宽，形成码间干扰。

3. 光接收机

光接收机的主要作用是将光纤送过来的光信号转换成电信号，然后经过对电信号的处理以后，使其恢复为原来的脉码调制信号送入电接收机。它主要由光电检测器、耦合器和解调电路构成。

光电检测器是光接收机的核心部件，完成光/电转换任务，目前广泛采用光电二极管（PIN）和雪崩光电二极管（APD）。

3.2 光 纤

光纤（Optical Fiber）是光纤通信的物理传输媒质，具有传输容量大、中继距离长、保密性能好等优点。

3.2.1 光纤的结构和类型

1. 光纤结构

通信用的光纤绝大多数是用石英材料做成，由中心的纤芯和外围的包层同轴组成。为了保护光纤，外围还增加了涂覆层，如图 3-3 所示。

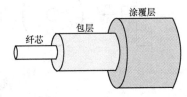

图 3-3 光纤的一般结构

折射率高的中心部分叫纤芯，其折射率为 n_1，半径为 a。纤芯的材料主要是二氧化硅（SiO_2），纯度比较高，达到 99.999%。折射率低的外围部分叫包层，其折射率为 n_2，半径为 b。包层的材料一般也为二氧化硅，但是包层的折射率比内层低。光在纤芯和包层的界面处界面上发生全反射，因此包层提供了反射面，并起到了一定的机械保护作用。为了增强光纤的机械强度和柔韧性，还在包层外面增加了涂覆层。

2. 光纤类型

（1）按照光纤横截面折射率分布不同，可将光纤分为阶跃型光纤和渐变型光纤。

1）纤芯折射率 n_1 沿半径方向保持一定，包层折射率 n_2 沿半径方向也保持一定，而且纤芯和包层的折射率在边界处呈阶梯形变化的光纤称为阶跃型光纤（Step-Index Fiber，SIF），又称为突变型光纤、均匀光纤。阶跃型光纤的光线以折线形状沿着纤芯中心轴线方向传播，信号畸变较大。

2）如果纤芯折射率 n_1 在纤芯中心最大，随着半径加大而逐渐减小直到包层变为 n_2，包层中折射率 n_2 是均匀的，这种光纤称为渐变型光纤（Graded-Index Fiber，GIF），又称为非均匀光纤。渐变型光纤的光线以正弦形状沿着纤芯中心轴线方向传播，信号畸变较小。

（2）按照在纤芯中传输模式的数量，光纤可分为多模光纤和单模光纤。

1）在一定的工作波长下，当有多个模式在光纤中传输时，这种光纤称为多模光纤（Multi-Mode Fiber，MMF），如图 3-4（a）和图 3-4（b）所示。多模光纤可以采用阶跃折射率分布，也可以采用渐变折射率分布。多模光纤的纤芯半径约为 $25\sim40\mu m$。

2）光纤中只传输一种模式时，叫单模光纤（Single Mode Fiber，SMF），如图 3-4（c）所示。单模光纤的纤芯半径较小，约为 $4\sim5\mu m$。单模光纤的光线以直线形状沿纤芯中心轴线方向传播，只能传输基模（最低阶模），不存在时延差，信号畸变小，适用于大容量、长距离的光纤通信。

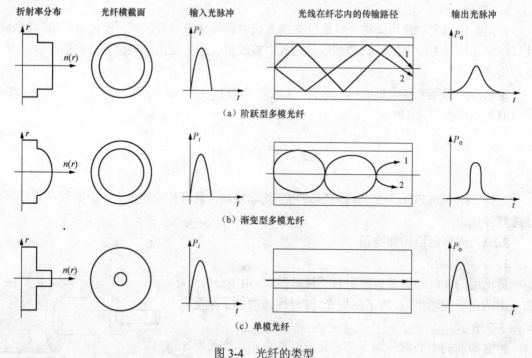

折射率分布　　光纤横截面　　输入光脉冲　　　　光线在纤芯内的传输路径　　　　输出光脉冲

（a）阶跃型多模光纤

（b）渐变型多模光纤

（c）单模光纤

图 3-4　光纤的类型

3.2.2　光纤的传输理论

光具有粒子性和波动性，因此分析光纤导光原理有两种基本的研究方法：几何光学法（又称射线理论法）和波动理论法（又称波动光学法）。

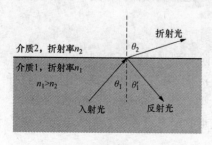

图 3-5　光的反射和折射

1.　几何光学法

当光波的波长λ远小于纤芯半径 a 时，可以用一根代表传播方向的光线来代替光波作近似分析。几何光学法主要适用于多模光纤的传光原理分析。

（1）阶跃型多模光纤。当光波从折射率较大的介质入射到折射率较小的介质时，会发生折射和反射现象，如图 3-5 所示。n 代表介质的折射率，定义为光在真空中的传播速度与在介质中的传播速度之比。n 越大的介质，光波在其中传播的速度越慢。

从几何光学的角度，由图 3-5 可以得到斯奈耳（Snell）定律：

反射定律 $\qquad\qquad\qquad\qquad \theta_1 = \theta_1' \qquad\qquad\qquad\qquad\qquad$ （3-1）

折射定律 $\qquad\qquad\qquad\qquad n_1 \sin\theta_1 = n_2 \sin\theta_2 \qquad\qquad\qquad$ （3-2）

斯奈耳定律说明反射波、折射波与入射波方向之间的关系。当折射角θ_2达到 90°时，入射光会沿着交界面向前传播，此时的入射角称为临界角θ_c。

如图 3-6 所示，光线在光纤端面以小角度θ从空气入射到纤芯，经过折射后的光线在纤芯和包层的界面处以角度ϕ入射到包层。根据全反射原理，必定存在一个临界角θ_c。当入射角θ小于临界角θ_c时（如光线 1），光线会在纤芯和包层的界面上发生全反射现象，并以折线的形状向前传播，这就是光纤传光的基本原理。当入射角 θ 大于临界角 θ_c 时，进入纤芯的光线会在交界面折射进入包层并逐渐消失，如光线 2。因此，并不是所有进入纤芯的光线都能在光纤中传播的。

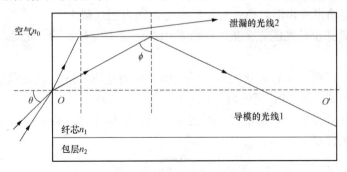

图 3-6　阶跃型多模光纤的导光原理

光纤的纤芯和包层采用相同的基础材料 SiO_2，由于掺入不同的杂质，使得纤芯的折射指数 n_1 略高于包层中的折射指数 n_2，它们的差极小。用相对折射率差（Δ）来表示 n_1 和 n_2 的相差程度。定义纤芯和包层的相对折射率差

$$\Delta = \frac{n_1 - n_2}{n_1} \tag{3-3}$$

定义光纤能够捕捉光射线能力的物理量为光纤的数值孔径，用 NA 表示

$$NA = n_0 \sin \theta_c = \sqrt{n_1^2 - n_2^2} \approx n_1 \sqrt{2\Delta} \tag{3-4}$$

数值孔径越大，就表示光纤捕捉射线的能力越强。由于弱导波光纤的相对折射率差 Δ 很小，因此其数值孔径也不大。

（2）渐变型多模光纤。渐变型多模光纤的纤芯折射率不是一个常数，而是由纤芯中心的最大值 n_1，逐渐减小到纤芯与包层界面上的 n_2，其折射率分布为

$$n(r) = \begin{cases} n_1 \left[1 - \Delta \left(\dfrac{r}{a} \right)^{\alpha} \right], & r < a \\ \\ n_2, & r \geqslant a \end{cases} \tag{3-5}$$

式中：r 和 a 分别为径向坐标和纤芯半径；α 为折射率的分布指数。当 $\alpha \to \infty$ 时，式（3-5）表示的就是阶跃型多模光纤。

在渐变型多模光纤中，由于折射率的变化，光线传播的速度会根据传播路径发生变化。沿着光纤中心轴线传播的光线所经过的路径较短，但是传播速度较慢；而离轴线远的光线，虽然经过的路径长，但是传播速度较快。因此，可以通过选择合适的折射率分布使所有的光线同时达到某一点。这种不同入射角的光线会聚在同一点的现象称为自聚焦效应。

2. 波动理论法

用几何光学法分析导光原理简单直观，但是无法对单模光纤进行分析。因此，波动理论法利用光的波动性，通过分析电磁场的传输模式，来准确地获得光纤的传光特性。

麦克斯韦在 1867 年证实了光是电波和磁波的结合。它的传播是通过电场、磁场随时间变化的规律表现出来的。麦克斯韦波动方程组有效地解释了光波在光纤中的传输。光纤传输模式的电磁场分布和性质取决于纤芯和包层的横向电磁场分布，以及纵向传输常数。

对于光纤传输，有两种模式非常重要：模式截止和模式远离截止。

所谓模式截止是当光纤中出现了辐射模时，即认为导波截止。此时，纵坐标的传输常数 $\beta = n_2 k$，介于传输模式和辐射模式的临界状态，认为模式截止。

所谓模式远离截止是光能完全集中在纤芯中，包层中没有能量。此时，归一化截止频率 $V \to \infty$。

在导波系统中，截止波长最长的模是最低模，称为基模。LP_{01} 模是最低工作模式，LP_{11} 模是第一个高次模式，而 LP_{11} 模的归一化截止频率为 2.405。

单模光纤只能传输单一基模模式。而要保证只传输单模时，必须抑制第一个高次模。因此，单模传输的条件是

$$V = \frac{2\pi a}{\lambda} \sqrt{n_1^2 - n_2^2} \leqslant 2.405 \tag{3-6}$$

对应的归一化截止频率波长，$V = 2.405 \dfrac{\lambda_c}{\lambda}$。

3.2.3 光纤的传输特性

损耗、色散是光纤最重要的传输特性。损耗会导致光信号能量损失，色散会导致光脉冲展宽，限制着通信的传输速率和中继距离。

1. 光纤的损耗特性

一般来说，光纤内光功率 P 随着传输距离 z 的衰减，可以表示为 $\mathrm{d}P/\mathrm{d}z = -\alpha P$。其中 α 代表光纤的损耗系数。

若 P_{in} 是入射光纤的功率，则传输长度为 L 的光纤输出端功率 P_{out} 为 $P_{out} = P_{in}\exp(-\alpha L)$。习惯上，光纤的损耗系数 α 表示为

$$\alpha = -\frac{10}{L} \log_{10}\left(\frac{P_{out}}{P_{in}}\right) \tag{3-7}$$

损耗系数 α 以 dB/km 为单位，与波长有关。在谱线上，损耗值较高的地方叫吸收峰，较低损耗值对应的波长，叫光纤的工作波长或工作窗口。如图 3-7 所示，光纤通信常用的工作波长有三个，即 $\lambda_1 = 850nm$，$\lambda_2 = 1310nm$，$\lambda_3 = 1550nm$。

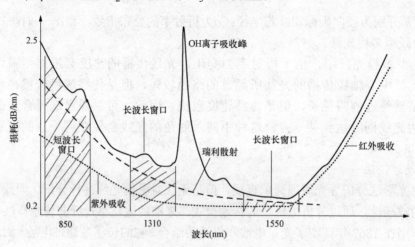

图 3-7 光纤损耗谱特性

引起损耗的原因主要有吸收损耗、散射损耗和辐射损耗。

（1）吸收损耗。吸收损耗主要由 SiO_2 引起的紫外吸收、红外吸收和由杂质引起的吸收构成。这些损耗都是由光纤材料的特征引起的，所以也称为本征损耗。其中，杂质吸收损耗包括 OH^- 离子吸收、过渡金属（如 Fe^{2+}、Co^{2+}、Cu^{2+}）离子吸收损耗。这些吸收峰之间的低损耗区域构成了光纤通信的三个低损耗窗口。

（2）散射损耗。散射损耗主要由材料内部结构不均匀引起的瑞利散射和光纤结构缺陷引起的散射构成。瑞利散射属于本征损耗，与光波长的四次方成反比，它决定着光纤损耗的最低理论极限值；结构缺陷引起的散射损耗与波长无关。

（3）辐射损耗。光纤在使用过程中，不可避免地会发生弯曲。当光线进入到弯曲部分时，入射角增大，破坏全反射条件产生折射，造成光线的泄漏，形成辐射损耗。

目前光纤通信所采用的三个低损耗窗口，即 850nm、1310nm 和 1550nm。在三个光传输窗口中，850nm 窗口损耗比较大，只用于多模传输；1310nm 和 1550nm 两个窗口损耗较小，用于单模传输。

2. 光纤的色散特性

光纤色散（Fiber Dispersion）是指不同成分的光在光纤中传输的时间延迟不同而产生的一种物理效应。由于光源发出的光不是单色光，不同波长的光脉冲在光纤中具有不同的传播速度，导致达到光纤末端的时间延迟不同，产生色散现象。色散将引起光脉冲展宽和码间串扰，最终影响通信距离和容量。色散通常用 3dB 光带宽 f_{3dB} 或输出光脉冲对输入光脉冲的脉冲展宽 $\Delta\tau$ 来表示。

光纤色散主要包括模式色散、色度色散和偏振模色散。

（1）模式色散。模式色散是指不同模式的光，由于其传播速度不同而引起脉冲时间展宽。模式色散也称为模间色散，与光纤材料的折射率分布有关。

（2）色度色散（Chromatic dispersion，CD）。色度色散主要是光谱中不同成分的光在传输过程中发生群延时现象，引起脉冲时间展宽。它主要包括材料色散和波导色散。材料色散由材料的折射率随频率变化而引起；波导色散由传播常数随频率变化而引起。

（3）偏振模色散（PMD）。如图 3-8 所示，由于光纤 x 轴和 y 轴方向的折射率分布不同，导致两个方向的偏振模的传输时延不同，从而产生了偏振模色散。

在多模光纤中，模式色散占主要地位；模式色散的大小，一般以光纤中传输的最高模式与最低模式之间的时延差来表示。在相同的条件下，渐变型多模光纤的色散比阶跃型多模光纤的色散小。在单模光纤中，其色度色散中的材料色散占主导地位。

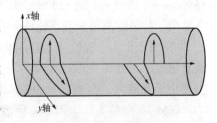

图 3-8　光纤偏振模色散

提 示

　　模式色散是指不同模式的光，由于其传播速度不同而引起脉冲时间展宽。因此，模式色散只存在于多模光纤中，在单模光纤中不存在。

3.2.4　光纤制作工艺和产品介绍

1. 光纤制作工艺

制造光纤时，需要先熔制出一根合适的光纤预制棒。预制棒，俗称光棒，一般直径为几毫米至几十毫米。光纤的内部结构就是在预制棒中形成的，因而预制棒的制作是光纤工艺中最重要的部分。

在制作纤芯玻璃棒时，要均匀地加入少量比 SiO_2 折射率高的材料（如锗）。在制作包层玻璃棒时，再均匀地加入少量比 SiO_2 折射率低的材料（如硼）。形成光棒之后，还需放入高温拉丝炉中加温软化。通过拉丝机拉来的裸纤就包括了纤芯和包层，其折射率分布与预制棒材料中的分布完全一样。同时，为了增强柔韧性和机械强度，在裸纤外覆盖了一层高分子材料涂覆层。

2. 光纤产品的常用型号

制定光纤标准的国际组织主要是 ITU-T（国际电信联盟）。光纤类别按 ITU-T 的规定可分为 G.651、G.652、G.653、G.654、G.655 和 G.656 六大类和若干子类。国际电工委员会（IEC）的分类方法与 ITU-T 有所不同，我国的相关标准主要采纳了 IEC 分类方法。

G.651：渐变型多模光纤。这种光纤在光纤通信初期广泛应用于中小容量、中短距离的通信系统。随着向城域网的推进和光纤进大楼、进家庭等应用，多模光纤还会有用武之地。

G.652：常规单模光纤，是目前应用最广泛的光纤，目前世界上已敷设的光纤线路 90% 采用这种光纤。G.652 主要特点是：在 1310nm 工作波长上，具有较低的衰减和零色散；在 1550nm 工作波长上，具有最低衰减但有较大的正色散。

G.653：色散位移光纤。G.653 光纤把 1310nm 处的零色散移到了 1550nm 处，使低衰减和零色散同时出现并与光放大器的工作波长匹配。G.653 光纤非常适合于点对点的长距离、高速率的单通道系统。但是，1550nm 处的零色散会造成四波混频等非线性效应，使波分复用很困难。

G.654：截止波长位移光纤，也称为 1550nm 性能最佳光纤。G.654 把截止波长移到靠近 1550nm（工作波长）的 1530nm 处，因此它在 1310nm 处是多模状态。这种光纤目前价格较高，主要用于传输距离很长且不能插入有源器件，对衰减要求特别高的无中继海底光缆通信系统。

G.655：非零色散位移光纤，也是一种复杂折射率剖面的色散位移光纤。G.655 在 1550nm 波长附近不再是零色散而是维持一定量的低色散，以抑制四波混频等非线性效应。此类光纤主要用于光放大、高速率（10Gb/s 以上）、大容量、密集波分复用（DWDM）传输系统。

G.656：宽带光传输用非零色散单模光纤。G.656 与 G.655 类都是非零色散位移光纤，但 G.655 类光纤通常用于 C＋L（1530～1625nm）波段或 S＋C（1460～1565nm），而新提出的 G.656 光纤可用于 S＋C＋L（1460～1625nm）波段。G.656 光纤既可适用于长途骨干网，又可适用于城域网，可见这种光纤在未来的光传送网中具有广阔的前景。

3.3　光纤通信器件

光纤通信器件可以分为有源光器件和无源光器件两大类。若发生光电转换，则称为有源光器件，主要包括光源和光电检测器。若未发生光电转换，则称为无源光器件，主要包括光纤连接器、光耦合器、光隔离器等。

3.3.1　光源

光源是光纤通信系统中光发射机的重要组成部件，其主要作用是将电信号转换为光信号送入光纤。目前用于光纤通信的光源包括半导体激光器（Laser Diode，LD）和半导体发光二极管（Light Emitting Diode，LED）。

1. 光源的工作原理

光可以被物质吸收，物质也可以发光。当光与物质的相互作用时，存在着三种不同的基本过程，即自发辐射、受激吸收及受激辐射。

处于高能级 E_2 的电子不稳定，在没有外界影响的条件下，自发地从高能级 E_2 跃迁到低能级 E_1，这个过程称为自发辐射，如图 3-9（a）所示。自发辐射释放能量，发光过程是自发的，辐射的光子频率、相位和方向都是随机的，输出的光是非相干光。半导体发光二极管是按照这种原理工作的。

物质在外来光子的激发下，低能级 E_1 上的电子吸收了外来光子的能量，而跃迁到高能级 E_2 上，这个过程称为受激吸收，如图 3-9（b）所示。半导体光电检测器是按照这种原理工作的。受激吸收必须在外来光子的激励下才会产生。

处于高能级 E_2 的电子，当受到外来光子的激发而跃迁到低能级 E_1 时，放出一个能量为 hf 的光子，这个过程称为受激辐射，如图 3-9（c）所示。受激辐射过程必须要在外来光子的激发下产生，发射出来的光子与外来光子不仅频率相同，而且相位、偏振方向和传播方向都相同，因此称它们是全同光子。受激辐射可实现光放大，输出的光是相干光。半导体激光器是按照这种原理工作的。

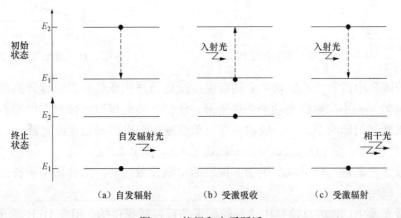

（a）自发辐射　　　（b）受激吸收　　　（c）受激辐射

图 3-9　能级和电子跃迁

在热平衡状态下，高能级的电子数 N_2 总是比低能级的电子数 N_1 少，这种电子数的分布状态为粒子数的正常分布状态。而要想物质能够产生光的放大，就必须使受激辐射作用大于受激吸收作用，也就是必须使 $N_2 > N_1$。这种粒子数反常态的分布，称为粒子数反转分布。粒子数反转分布状态是使物质产生光放大的必要条件。将处于粒子数反转分布状态的物质称为增益物质或激活物质。

2. 激光器的构成和特性

粒子数反转分布是产生受激辐射的必要条件，但是还不能产生激光。只有把激活物质放置在光学谐振腔内，才能获得连续的光放大。

光学谐振腔是一个谐振系统。在增益物质两端适当的位置处，放置两个互相平行的反射镜 M_1 和 M_2，就构成了最简单的光学谐振腔，如图 3-10 所示。

如果反射镜是平面镜，称为平面腔；如果反射镜是球面镜，则称为球面腔。对于两个反射镜，要求其中一个能全反射，如 M_1 的反射系数 $r=1$；另一个为部分反射，如 M_2 的反射系数 $r<1$，产生的激光由此射出。

要构成一个激光器，必须具备以下三个组成部分：工作物质、泵浦源和光学谐振腔。工作物质在泵浦源的作用下发生粒子数反转分布，成为激活物质，从而有光的放大作用。因此，激活物质和光学谐振腔是产生激光振荡的必要条件。

用半导体材料作为激活物质的激光器，称为半导体激光器。在半导体激光器中，从光振荡的形式上来看，主要有两种方式构成的激光器，一种是用天然解理面形成的 F-P 腔（法布里—珀罗谐振腔），这种激光器称为 F-P 腔激光器；另一种是分布反馈型（DFB）激光器。

对于半导体激光器，当外加正向电流达到某一值时，输出光功率将急剧增加，这时将产生激光振荡，这个电流值称为阈值电流，用 I_{th} 表示。当 $I<I_{th}$ 时，激光器发出的是自发辐射光；当 $I>I_{th}$ 时，激光器发出的是受激辐射光，输出光功率随着驱动电流的增加而迅速增加。如图 3-11 所示，P 为激光器的输出光功率，I 是驱动电流。

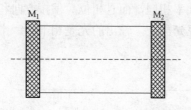

图 3-10　光学谐振腔的结构

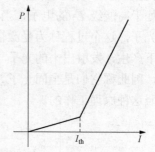

图 3-11　激光器的 P-I 特性曲线

激光器的阈值电流和光输出功率会随着温度变化而发生变化。当温度升高时，阈值电流 I_{th} 增大，转换效率减小，输出光功率明显下降，达到一定温度时，激光器就不再发光了。可见，温度对激光器的影响很大，一般都采用自动温度控制电路来稳定激光器。

3. 分布反馈激光器（Distributed Feedback Laser，DFB-LD）

分布反馈激光器是一种可以产生动态控制的单纵模激光器，主要适用于长距离、大容量的光纤通信系统中。

在普通激光器中，光的反馈是由谐振腔两端的反射镜提供的。但在 DFB 激光器内，在具有光放大作用的有源层附近增加了一层波纹状的布拉格周期光栅。光的反馈不仅在端面上，而且分布在整个腔体长度上，如图 3-12 所示。

由有源层发射的光，一部分在光栅波纹峰反射，而另一部分继续向前传播，在邻近的光栅波纹峰反射。如果这两个光线正好匹配，相互叠加，则产生更强的反馈，而其他波长的光将相互抵消。

4. 发光二极管的特性

发光二极管（Light Emitting Diode，LED）在光纤通信中也是一种常用的光源。LED 没有光学谐振腔，发射的是自发辐射光，因而是一种非相干光源。

由于 LED 是一种无阈值器件，注入电流后，即有光功率输出；且随着注入电流的增大，输出光功率近似呈线性增加。当电流增加到一定的值，会出现饱和现象，如图 3-13 所示。

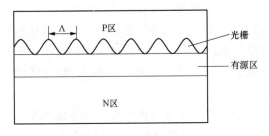

图 3-12　分布反馈激光器的结构

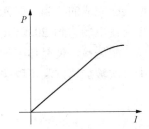

图 3-13　发光二极管的 P-I 特性曲线

与 LD 相比，LED 发射光的谱线较宽、方向性较差，本身的响应速度较慢，所以更适用于小容量、短距离的光纤通信系统。

3.3.2 光电检测器

光电检测器是光纤通信系统中接收端机中的第一个部件，由光纤传输来的光信号通过它转换为电信号。它是利用材料的光电效应实现光电转换的。

目前在光纤通信系统中，常用的半导体光电检测器有两种，一种是 PIN 光电二极管，另一种是 APD 雪崩光电二极管。PIN 光电二极管主要应用于短距离、小容量的光纤通信系统；APD 雪崩光电二极管主要应用于长距离、大容量的光纤通信系统。

1. 半导体的光电效应

当入射光照射到半导体的 P-N 结上时，若光子能量 hf 大于或等于禁带带隙 E_g，则半导体材料中价带的电子吸收光子的能量，从价带越过禁带到达导带。这样，在导带中出现光电子，在价带中出现光空穴，这种情况称为半导体材料的光电效应。所产生的光电子—空穴对，称为光生载流子。

这种由 P-N 结构成，在入射光的作用下，由于受激吸收产生电子—空穴对的运动，在闭合电路中形成光电流的器件，就是最简单的光电二极管（PD）。

2. PIN 光电二极管

PIN 光电二极管是在 P-N 结中间插入一层轻掺杂近似为本征的半导体材料（N 型材料），称为 I（Intrinsic）区，如图 3-14 所示。I 区的存在，增大了耗尽区宽度 w，达到减小扩散运动的影响，提高响应度的要求。

PIN 光电二极管的主要特性包括量子效率和响应度。量子效率是指一次光生电子—空穴对和入射总光子数的比值。响应度是指一次光生电流和入射光功率的比值。在光电二极管中，耗

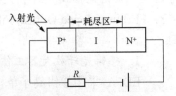

图 3-14　PIN 光电二极管结构

尽区宽，能获得较高的量子效率，会使光生载流子的渡越时间变长，响应速度变慢，所以需

要考虑耗尽区的宽度。

3. 雪崩光电二极管（APD）

在长途光纤通信系统中，经过几十千米的光纤衰减，到达光接收机处的信号已经变得十分微弱了，但放大信号的同时会引入噪声。因此，最好能使电信号进入放大器之前，先在光电二极管内部进行放大，这就引出了一种另外类型的光电二极管，即雪崩光电二极管，又称APD（Avalanche Photo Diode）。

APD 不但具有光/电转换作用，而且具有内部放大作用，其内部放大作用是靠管子内部的雪崩倍增效应完成的。当入射光进入 P-N 结时，由于受激吸收作用产生电子—空穴对。如果电压增加到使电场达到 200kV/cm 以上时，初始电子在高电场获得足够能量而高速运动，与晶体的原子相碰撞，使晶体中的原子电离而释放出新的电子—空穴对。新的电子—空穴对在高电场中再次被加速，又可以碰撞产生二次电子—空穴对。如此多次碰撞，致使载流子雪崩式倍增。

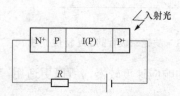

图 3-15　APD 光电二极管结构

由图 3-15 可知，雪崩光电二极管仍为 P-N 结构形式，只不过其中的 P 型材料是由三个部分组成：重掺杂的 P^+ 区、轻掺杂的 I 区和普通掺杂的 P 区。

定义雪崩倍增因子 g 为 APD 输出光电流和一次光生电流的比值。倍增因子与电离系数及增益区厚度有关。一般 APD 的倍增因子 g 在 40～100。PIN 光电管因无雪崩倍增作用，所以 $g=1$。

APD 检测器与 PIN 检测器相比，具有载流子倍增效应，其探测灵敏度特别高，但需要较高的偏置电压和温度补偿电路。具体选择哪种要视具体应用场合而选定。

> PIN 光电二极管一般用于短距离通信；雪崩光电二极管一般用于长距离通信。

3.3.3　光放大器

光放大器是一种可对微弱光信号直接进行放大的器件。在此之前，光信号的放大都需要经过光电转换及电光转换，即 O/E/O。有了光放大器后就可直接实现光信号放大。光放大器的发明大大地促进了光复用技术、光孤子通信及全光网络的发展。

光纤放大器大体有三种类型：半导体光放大器、非线性光纤放大器和掺铒光纤放大器。这里主要讨论掺铒光纤放大器。1985 年，英国南安普顿大学首先研制成功了掺铒光纤放大器（Erbium-doped Optical Fiber Amplifer，EDFA），它是光纤通信发展历史中最伟大的发明之一。

1. 掺铒光纤放大器工作原理

EDFA 采用掺铒离子单模光纤为增益介质，在泵浦光作用下产生粒子数反转，在信号光诱导下实现受激辐射放大。

铒（Er^{3+}）离子在未受到任何激励的情况下，处在最低能级 E_1 上。当用泵浦光对掺铒光纤不断激发时，处于基态的粒子就会吸收能量并向高能级 E_3 跃迁。E_3 是激发态，极不稳定，

Er^{3+}离子将迅速以无辐射的形式跃迁到亚稳态 E_2 上。这样 E_2 上的粒子数不断增加，而 E_1 上的粒子数不断减少，形成了粒子数反转分布，因而信号光得以放大。图 3-16 给出了 EDFA 的工作原理。

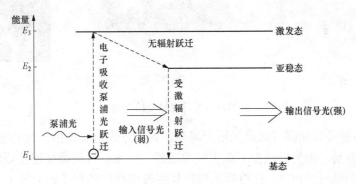

图 3-16　EDFA 的工作原理

2. 掺铒光纤放大器的构成和特性

EDFA 主要由掺铒光纤，泵浦激光器，光耦合器和光隔离器等几个部分组成，如图 3-17 所示。

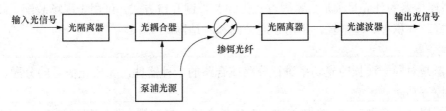

图 3-17　EDFA 的结构

掺铒光纤是一段长度为 10～100m 的掺铒石英光纤，通过在石英光纤中掺入了少量的稀土元素铒（Er^{3+}）离子形成。它是掺铒光纤放大器的核心。光耦合器是一种将输入光信号和泵浦光源输出的光波混合起来的无源光器件，一般采用波分复用（WDM）。为了防止反射光影响光放大器的工作稳定性，保证光信号只能正向传输，采用了光隔离器。泵浦光源是半导体激光器，工作波长约为 0.98μm 或 1.48μm，输出光功率为 10m～100mW。光滤波器用来滤除光放大器的噪声，提高信噪比。

3.3.4　光无源器件

构成一个完整的光纤传输系统，除了光纤、光源和光检测器外，还需要众多的无源光器件，如连接器、耦合器、隔离器和调制器等。它们在系统中起着光学连接、光功率分配、光信息的衰减、隔离和调制等作用。

1. 连接器

连接器是把两端光纤端面结合在一起，以实现光纤之间、设备之间、设备与光纤之间的活动连接的器件。

连接器是光纤通信领域最基本、应用最为广泛的无源器件。对连接器的要求是插入损耗小、多次插拔重复性好、性能稳定且有足够的机械强度。

连接器的类型主要有 FC 型、SC 型和 ST 型，如图 3-18 所示。

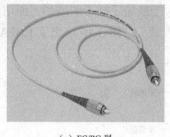
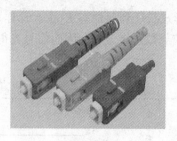

（a）FC/PC 型　　　　　　　（b）SC 型　　　　　　　（c）ST 型

图 3-18　光纤连接器的类型

FC 型连接器的外部加强方式是采用金属套，紧固方式为螺丝扣。此类连接器结构简单，操作方便，制作容易，但光纤端面对微尘较为敏感。后来，对该类型连接器做了改进，采用对接端面呈球面的插针（PC），使得插入损耗和回波损耗性能有了较大幅度的提高，主要用于干线系统。

SC 型连接器的外壳呈矩形，由高强度工程塑料压制而成，紧固方式为插拔销闩式，不需旋转。此类连接器价格低廉，插拔操作方便，抗压强度较高，安装密度高，主要用于光纤局域网、CATV 和用户网。

ST 型连接器的外壳呈圆形，紧固方式为弹簧带键开口方式，可用于现场装配。此类连接器重复性好、体积小、重量轻，常用于通信网和本地网。

2. 耦合器

耦合器是对同一波长的光功率进行分路或合路的一种器件，完成光信号的分配、合成、提取、监控等功能。

常用的耦合器类型有 X 型耦合器、Y 型耦合器、星型耦合器、树型耦合器，如图 3-19 所示。

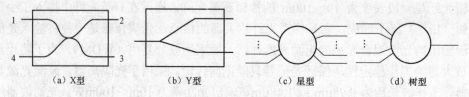

（a）X型　　　　　　（b）Y型　　　　　　（c）星型　　　　　　（d）树型

图 3-19　常用的耦合器类型

如 X 型耦合器有四个端口，其功能是分别取出光纤中向不同方向传输的光信号，如图 3-19（a）所示。光信号从端口 1 输入向端口 2 方向传输，一部分由端口 3 输出，端口 4 无输出；光信号从端口 2 输入向端口 1 方向传输，一部分由端口 4 输出，端口 3 无输出。此外，由端口 1 和端口 4 输入的光信号，可合并为一种光信号，由端口 2 或端口 3 输出。

3. 隔离器

光隔离器是一种保证光信号正向传输的器件。它放置在激光器及光放大器前面，防止系统中的反射光对器件性能的影响甚至损伤，即只允许光单向传输，如图 3-20 所示。

光隔离器一般由起偏器、检偏器和法拉第旋转器组成。起偏器与检偏器的透光轴呈 45°角，旋光器使通过的光发生 45°旋转。当垂直偏振光入射时，全部通过起偏器。经旋光器后，光轴旋转 45°，恰与检偏器透光轴一致而获得低损耗传输。如果有反射光出现且反向进入隔离器的只是与检偏器光轴一致的那一部分光，经旋光器被旋转 45°，变成水平线偏振光，正好与起偏器透光轴垂直，所以光隔离器能阻止反射光的通过。

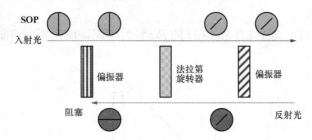

图 3-20　隔离器的工作原理

主要的指标包括对正向入射光，要求插入损耗低（小于 1dB）；对反向反射光，要求隔离度高（40～50dB）。

3.4　光　端　机

在光纤通信系统中，光发射机和光接收机统称为光端机。光端机是光纤传输终端设备，它位于电端机和光纤传输线路之间。

3.4.1　光发射机

光发射机的功能是将携带有信息的电信号转换为光信号，并利用耦合技术将光信号送入光纤线路中，即进行 E/O 变换。

在光纤通信系统中，光发射机的基本组成电路如图 3-21 所示，包括输入电信号的接口电路、线路编码电路、光源、光源的驱动电路和控制保护电路。

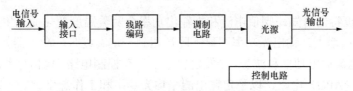

图 3-21　光发射机的基本组成电路图

1．光源

发射的光波长应落在光纤的三个低损耗窗口，即 850、1310nm 和 1550nm。电/光转换效率要高，且调制速率高、响应速度快，能在常温下连续工作。目前，不同类型的半导体激光器和发光二极管可以满足不同应用场合的要求。

2．线路编码

在光纤通信系统中，从电端机输出的是适合于电缆传输的双极性码。而光源不可能发射负光脉冲，因此必须在光发射机内进行码型变换，将双极性码变换为单极性码，以适合于数字光纤通信系统传输的要求。

简单的二电平码由于具有直流和低频分量，不利于判决和误码监测。因此，在实际的光纤通信系统中，需要对扰码之后的码流进行线路编码。常用的编码方法有扰码、mBnB 码和插入码。

3. 驱动电路（调制电路）

驱动电路又称为调制电路，它用经过编码以后的数字信号来调制发光器件的发光强度，完成电光变换的任务。

当使用不同光源时，由于 LD 和 LED 的 *P-I* 特性不同，所采用的调制方式也不同，如图 3-22 所示。

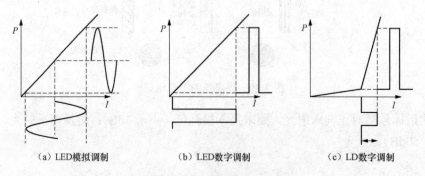

（a）LED模拟调制　　　　（b）LED数字调制　　　　（c）LD数字调制

图 3-22　LD 和 LED 的调制原理

调制分为直接调制和间接调制。

直接调制是将带有信息的数字电信号通过调制电路注入光源，获得相应的光信号输出，是一种光强度调制（IM），又称为内调制。传统的 PDH 和速率 2.5Gbit/s 的 SDH 系统的 LED 或 LD 基本采用直接调制的方式。

间接调制是在激光器等光源发光后再对光束进行调制，利用调制器的电光、声光等物理效应使其输出光的强度等参数随信号而变，又称为外调制。间接调制的方式一般在高速光纤通信系统或相干光纤通信系统中使用。

4. 控制保护电路

由 LD 的温度特性可知，阈值电流和光输出功率会随着温度变化而发生变化。当温度升高时，阈值电流 I_{th} 增大，输出光功率明显下降，达到一定温度时，激光器就不再发光了。

因此，为了稳定输出功率和波长，光发射机需要加有控制电路，包括自动温度控制（ATC）和自动功率控制（APC）电路，以稳定输出的平均光功率和工作温度。

3.4.2　光接收机

光接收机是光纤通信系统的重要组成部分，其作用是将光信号转换回电信号，恢复光载波所携带的原信号。光接收机的基本组成包括光检测器、前置放大器、主放大器、均衡器、时钟提取电路、取样判决器和自动增益（AGC）电路，如图 3-23 所示。

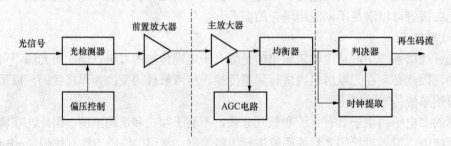

图 3-23　光接收机组成框图

1. 光接收机的基本组成

光检测器是实现光/电转换的关键器件，其功能是将经光纤传输过来的光信号转换成电信号，并送入前置放大器。要求光检测器的响应度高、噪声低、体积小及可靠性高。目前主要采用 PIN 光电二极管和雪崩光电二极管（APD）。

放大器包括前置放大器和主放大器。经过光电检测器输出的光电流十分微弱，为了使光接收机判决电路能正常工作，必须将微弱的电信号在前置放大器中进行放大。前置放大器中输出信号比较弱，需要主放大器提供足够的增益。且主放大器的增益可调，通过自动增益控制（AGC）电路，使接收机具有一定的动态范围。

自动增益控制（AGC）的作用是增加光接收机的动态范围，使光接收机的输出保持恒定。AGC 一般采用接收信号强度检测及直流运算放大器构成的反馈控制电路来实现。对于雪崩光电二极管构成的光接收，AGC 控制光检测器的偏压和电放大器的增益；对于 PIN 光电二极管构成的光接收，AGC 只控制电放大器的增益。

2. 光接收机的特性

（1）噪声。光接收机的噪声主要来自光电检测器噪声及前置放大器的噪声。在前置放大器中，噪声对输出信噪比的影响很大；而主放大器输入的是经过前置放大器放大的信号，只要前置放大器的增益足够大，主放大器引入的噪声就可以忽略。

（2）灵敏度。灵敏度是光接收机的重要指标，是指在保证通信质量（限定误码率或信噪比）条件下，光接收机所需的最小平均接收光功率$\langle P \rangle_{min}$，可定义为

$$P_r = 10\lg \left[\frac{\langle P \rangle_{min}}{10^{-3}} \right] \quad \text{（dBm）} \tag{3-8}$$

灵敏度表示光接收机调整到最佳状态时，能接受微弱信号的能力。描述了光接收机准确检测光信号的能力。

（3）动态范围和自动增益控制。光接收机能适应的输入光功率的变化范围，称为数字光接收机的动态范围。动态范围（DR）的定义是在限定的误码率条件下，光接收机所能承受的最大平均接收光功率和所需最小平均接收光功率的比值，其表达式为

$$DR = 10\lg \frac{\langle P \rangle_{max}}{\langle P \rangle_{min}} \quad \text{（dB）} \tag{3-9}$$

动态范围表示光接收机接收强光的能力。一般来说，要求光接收机的动态范围大一点较好。在 APD 光电二极管中，可以通过对 APD 倍增因子的控制来扩大光接收机的动态范围，也可以通过控制放大器的放大倍数 K 来扩大。

3.5　光纤通信系统

3.5.1　SDH 光纤传输系统

1. SDH 的产生

传输系统是通信网的重要组成部分，传输系统性能的好坏直接影响着通信网的发展。目前光纤大容量数字传输都采用同步时分复用（TDM）技术，先后经历了两种传输体制：准同步数字系列（PDH）和同步数字系列（SDH）。

准同步数字系列 PDH 应用了三十多年，有两种基础速率：一种是以 1.544Mb/s 为第一级（一次群，或称基群）基础速率的，采用的国家有北美各国和日本；另一种是以 2.048Mb/s 为第一级（一次群）基础速率的，采用的国家有西欧各国和中国。但是 PDH 体系的固有缺点也逐渐暴露出来，如没有标准光接口、复接/分接复杂。这些缺点制约了电信网的发展。

于是，美国贝尔通信研究所提出了一个更为先进灵活的体制——同步数字体系（SDH）。SDH 不仅适合于点对点传输，而且适合于多点之间的网络传输。它由 SDH 终接设备（或称 SDH 终端复用器 TM）、分插复用设备 ADM、数字交叉连接设备 DXC 等网络单元及连接它们的光纤物理链路构成。SDH 终端的主要功能是复接/分接和提供业务适配。

2. SDH 的帧结构

一个 STM-N 帧有 9 行，每行由 270×N 字节组成。这样每帧共有 9×270×N 字节，每字节为 8 位。若帧周期为 125μs，即每秒传输 8000 帧。对于 STM-1 而言，传输速率为 9×270×8×8000＝155.520Mb/s。图 3-24 给出了 SDH 帧的一般结构。字节发送顺序为由上往下逐行发送，每行先左后右。

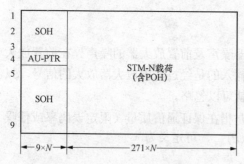

图 3-24　SDH 帧的一般结构

（1）段开销（SOH）。段开销是在 SDH 帧中为保证信息正常传输所必需的附加字节，主要用于运行、维护和管理。段开销又细分为再生段开销（SOH）和复接段开销（LOH）。前者占前 3 行，后者占 5～9 行。

对于 STM-1 而言，SOH 共使用 9×8（第 4 行除外）＝72 字节，576 位。由于每秒传输 8000 帧，所以 SOH 的容量为 576×8000＝4.608Mb/s。

（2）信息载荷。信息载荷是 SDH 帧内用于承载各种业务信息的部分。对于 STM-1 而言，Payload 有 9×261＝2349 字节，相当于 2349×8×8000＝150.336Mb/s 的容量。在 Payload 中包含少量字节用于通道的运行、维护和管理，这些字节称为通道开销（POH）。

（3）管理单元指针。管理单元指针是一种指示符，主要用于指示 Payload 第一个字节在帧内的准确位置（相对于指针位置的偏移量）。

对于 STM-1 而言，AU-PTR 有 9 字节（第 4 行），相当于 9×8×8000＝0.576Mb/s。采用指针技术是 SDH 的创新，结合虚容器（VC）的概念，解决了低速信号复接成高速信号时，由于小的频率误差所造成的载荷相对位置漂移的问题。

3. SDH 的复用方法

对于 SDH 而言，把几个相同等级的支路单元（TU）、支路单元组（TUG）、管理单元（AU）、管理单元组（AUG）按照一定规则复用成更高等级速率的支路单元组（TUG）、虚容器（VC）或同步传送模块（STM-N）等。

SDH 的复用方法采用了净负荷指针技术，可从高速率信号中直接提取或接入低速支路信号。

3.5.2　波分复用系统

1. WDM 的基本概念

光波分复用（Wavelength Division Multiplexing，WDM）技术是指将两种或多种各自携带有大量信息的不同波长的光载波信号，在发射端经复用器汇合，并将其耦合到同一根光纤中进行传输，在接收端通过解复用器对各种波长的光载波进行分离，然后由光接收机进一步处理，使原信号复原。其原理框图如图 3-25 所示。如果光纤的低损耗传输窗口合计 30THz，对于频率间隔为 10GHz 的信道，一般一根光纤可以容纳 3000 个信道。

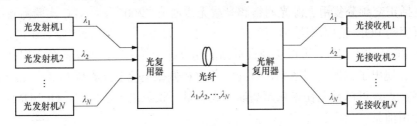

图 3-25　WDM 系统原理框图

人们通常把光信道间隔较大（甚至在光纤不同窗口上）的复用称为光波分复用，而把在同一窗口中间隔较小的 WDM 称为密集波分复用（Dense Wavelength Division Multiplexing，DWDM）。

2. WDM 系统的基本结构

WDM 系统由五部分组成：光发射机、光中继放大、光接收机、光监控信道和网络管理系统。

光发射机位于 WDM 传输系统的发射端，利用光转发器将非特定波长的光信号转换成具有特定波长的光信号；同时，利用光波分复用器合成多路光信号，并通过光功率放大器放大输出多路光信号。线路中的 EDFA 对经过长距离传输的微弱光信号进行中继放大。由于 EDFA 采用增益平坦技术，不同波长的光信号具有相同的增益。

在接收端，光解复用器从多路光信号中分出特定波长的光信号。光监控信道主要负责监控系统内各信道的传输情况，通过插入光监控信号来实现。监控信号所传信息包括帧同步字节、公务字节和网管所用的开销字节等。在 WDM 网络管理系统中，通过传送开销字节，实现配置管理、故障管理等功能。

3.5.3　光正交频分复用（O-OFDM）光纤传输系统

正交频分复用技术已经在宽带无线通信领域中得到广泛应用。近年来，随着对光纤通信数据传输率要求的提高和 DSP 技术的发展，基于正交频分复用的光通信系统也成为研究热点之一。

1. O-OFDM 技术的发展历程

1996 年，Pan 等人首次提出了将 OFDM 技术应用于光纤通信系统的设想。2001 年，Dixon 等人指出多模光纤通道类似于无线信道存在多径衰落现象，可以使用 OFDM 技术来减轻模式色散的影响。这时，OFDM 技术才被重新考虑用于光无线系统。此时的光无线系统与适用于长距离、大容量光纤通信的光 OFDM 技术有本质的区别。直到 2005 年，Jolley 等人提出将无线通信的 OFDM 技术应用到高速光纤传输领域，人们才开始考虑将 OFDM 技术用于光通信，即光正交频分复用系统。

近年来，许多专家和学者从理论和实验中对 OFDM 技术在干线光通信系统中的应用进行了研究，包括超长距离光纤通信干线和超大容量光纤通信干线。2008 年，Jansen 等人利用相位噪声补偿方法，使 25.8Gb/s 相干光 OFDM 信号在单模光纤上传输 4160km。2009 年，William

等人提出利用多模光纤传输相干光 OFDM 技术使以太网的速率提高到 1Tb/s。2011 年，Salas 等人首次用实验验证了采用强度调制/直接检测的方式，在单模光纤上使 64QAM 的光 OFDM 信号传输了 25km，速率可达 11.25Gb/s。OFDM 技术在光通信中的另一重要应用是下一代光接入网，包括正交频分复用无源光网络和光载无线通信。2007 年，NEC 实验室首次提出基于 OFDMA 原理的 PON 结构，速率可达 10Gb/s。到了 2009 年，NEC 实验室还进行了 108Gb/s 的 OFDMA-PON 技术实验，可以实现很灵活的超高速光接入。光正交频分复用技术作为一种新技术，已表现出了频谱利用率高，抗光纤色散和偏振模色散能力强，减小光纤非线性效应明显等诸多优点。可以预见在未来超高速、大容量、长距离光通信中，OOFDM 技术具有非常广阔的应用前景。

2. O-OFDM 系统的基本原理

从表 3-1 可以看出，在射频 OFDM 系统中，信号是具有正负值的双极性信号。发送端的信息在电域上进行调制，接收端通过本地振荡器对信号进行相干检测。而在传统的强度调制/直接检测（Intensity Modulated/Direct Detection，IM/DD）光纤通信系统中，由于信息通过光强调制，输入的电信号只能是正值的单极性实数信号，在接收端采用直接光强检测。

表 3-1 射频 OFDM 系统和光 OFDM 通信系统比较

通信系统类型	信 号 特 点	发 送 端	接 收 端
射频 OFDM 系统	双极性信号	电域调制	相干接收
光 OFDM 通信系统	单极性信号	光强调制	直接检测

一个典型的光 OFDM 系统可以分成射频 OFDM 发射机、射频至光（Radio to Optical，RTO）的上变换器、光纤链路、光至射频（Optical to Radio，OTR）的下变换器和射频 OFDM 接收机五个部分。射频 OFDM 发射机/接收机用于生成和恢复 OFDM 基带或射频信号。上变换器和下变换器的功能分别是电光转换和光电检测。光纤链路由光纤和光放大器组成。光纤的传输特性主要包括损耗特性、色散特性和非线性效应。一般假设信道为线性光纤信道，不考虑光纤信道中的非线性。

根据接收端的实现方式不同，可以分为相干检测光 OFDM（Coherent Optical OFDM，CO-OFDM）系统和直接检测光 OFDM（Direct Detection Optical OFDM，DDO-OFDM）系统两种方式。相干检测光 OFDM 系统可以通过子载波频谱的重叠实现高频谱效率，同时使用相干检测和信号集合的正交性来避免干扰。在 RTO 上变换器，通过将马赫—曾德尔调制器（Mach-Zehnder Modulator，MZM）偏置于零点，实现电信号和光信号之间的线性转换。在 OTR 下变换器，通过使用相干检测，实现从光信号到电信号的线性转换。CO-OFDM 系统具有接收灵敏度高、偏振色散鲁棒性强等特点，但是提高了光收发机的复杂度，成本较高。

直接检测光 OFDM 系统利用一个简单的光电检测器，直接将光域信号恢复成电信号。按照光 OFDM 信号的产生方式，可以将 DDO-OFDM 系统分为线性映射 DDO-OFDM 和非线性映射 DDO-OFDM。线性映射 DDO-OFDM 的光频谱是基带 OFDM 频谱的简单复制。直接检测光 OFDM 技术由于实现简单、成本较低，得到了较为广泛的研究和应用。本文以 IM/DD 光纤通信系统为模型展开研究，具体框图如图 3-26 所示。

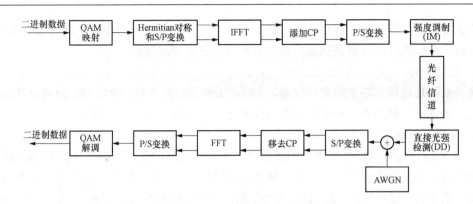

图 3-26　IM/DD 光纤通信系统框图

与射频 OFDM 系统不同，在 IM/DD-OOFDM 系统中，由于接收端采用直接光强检测，产生的光信号强度与输入的电信号有关。因此，输入光纤信道的电信号要求为实信号。可以利用厄米特（Hermitian）对称算法，通过添加共轭数据，保证 IFFT 输出的基带 OFDM 信号为实信号。

厄米特矩阵是一种实对称矩阵，具体算法是要求 IFFT 的输入数据中第 1 点至 $N/2-1$ 点与第 $N/2+1$ 点至 $N-1$ 点关于 $N/2$ 点共轭对称，即

$$X_0', X_1', \cdots, X_{N-1}' = X_0, X_1, \cdots, X_n, \cdots, X_{N/2-1}, X_{N/2}, X_{N/2-1}^*, \cdots, X_n^*, \cdots, X_1^* \tag{3-10}$$

式中：X_n 是第 n 个 OFDM 子载波的调制数据信息；X_n^* 表示 X_n 的共轭复数。输入的 X_0 和 $X_{N/2}$ 分别对应的是直流和奈奎斯特频率分量，一般设置为 0。

在光 OFDM 系统中，仍然保留了循环前缀技术。加入 CP 使得 OOFDM 系统对色散有更好的容忍性，同时也降低了该系统对定时同步的要求。添加循环前缀、并/串变换后，通过激光器进行光强调制，将电信号转化为光强信号，耦合入光纤信道进行传输。

在接收端，采用和发送端相应的反变化。首先光检测器把接收到的光信号转化为射频电信号，光电检测器可由平方律检测器来建模。此时光接收机中会引入检测器的散粒噪声，因此用高斯加性白噪声（Additive White Gaussian Noise，AWGN）来表示噪声信号模型。再从射频信号上解调出 OFDM 基带信号，然后再通过模数转换、串/并转换、移去循环前缀、FFT 变换和并/串转换，得到频域信号。最后进行频域均衡和星座逆映射，恢复出原始的二进制数据信号。

3.6　光纤通信常用仪器

为了更好地理解光纤通信系统，对光纤通信的常用仪器进行简要介绍，它包括光时域反射仪、光纤熔接机、光功率计和误码分析仪。

1. 光时域反射仪

光时域反射仪（OTDR），是利用光纤通道存在的瑞利散射和菲涅尔反射特性，通过被测光纤中产生的反向散射信号来工作的。不仅可以测量光纤长度、损耗系数和接头损耗，而且可以观察光纤故障点。OTDR 采用单端输入和输出，不破坏光纤，使用方便。

2. 光纤熔接机

光纤熔接机是一种用熔接法（电弧放电式）连接光纤的设备，是光纤光缆施工和维护工

作中的主要工具之一。根据被连接光纤的类型，光纤熔接机可分为多模光纤熔接机和单模光纤熔接机。单模光纤熔接机在机械结构和分辨能力方面要求较高。

3. 光功率计

光功率计是测量光功率的重要仪器，主要用于测量线路损耗、输出功率和接收灵敏度等。它是光通信领域中最基本、最重要的测量仪表之一，像电子学中的万用表。

4. 误码分析仪

PCM 通信设备传输特性中重要的指标是误码和抖动，因此有不少型号的 PCM 误码和抖动测试仪表，而且两者往往装在一起，统称为 PCM 传输特性分析仪，有时也简称为误码仪。误码仪一般都有"误码率""误码计数""误码秒""不误码秒"等多项测试功能，有的还可自动计算出被测设备或系统的"利用率"和"可靠度"。

练 习 题

1. 光纤通信的优缺点各是什么？
2. 光纤通信系统由哪几部分组成？简述各部分作用。
3. 简述光纤的结构。
4. 根据光纤横截面上折射率的分布，光纤可以分为哪几类？
5. 常用的单模光纤有哪些？
6. 通常光纤用哪几个参数描述其特性？
7. 光与物质的相互作用过程有哪些？
8. 什么是粒子数反转？什么情况下能实现光放大？
9. 什么是雪崩倍增效应？
10. 在 LD 的驱动电路中，为什么要设定温度自动控制电路和功率自动控制电路？
11. 简述光隔离器的工作原理。
12. 已测得某光接收机的灵敏度为 $10\mu m$，求对应的 dBm 值。
13. 掺铒光纤放大器的工作原理是什么？
14. 简述 SDH 帧结构及其各部分的功能。
15. 阐述波分复用的基本概念。
16. 什么是光正交频分复用传输系统？

第4章 移动通信，边走边说

🔊 **内容提要**

本章介绍移动通信的基本理论。移动通信是什么？如何有效且可靠地实现移动通信？目前移动通信的发展情况如何？为了使读者对移动通信技术和通信系统有个初步的了解与认识，本章将概况地介绍移动通信的基本概念、基本技术，以及第二、第三、第四代移动通信的发展情况。

📖 **导　读**

移动通信（Mobile communication）是移动体之间的通信，或移动体与固定体之间的通信。移动体可以是人，也可以是汽车、火车、轮船、收音机等在移动状态中的物体。通信双方有一方或两方处于运动中，包括陆、海、空移动通信。采用的频段遍及低频、中频、高频、甚高频和特高频。移动通信系统由移动台、基台、移动交换局组成。若要同某移动台通信，移动交换局通过各基台向全网发出呼叫，被叫台收到后发出应答信号，移动交换局收到应答后分配一个信道给该移动台并从此话路信道中传送一信令使其振铃，从而实现移动通信。

本章的重点是了解移动通信的基本技术。从移动通信的组成、特点、分类、工作方式等介绍了移动通信的概况。第二节介绍了实现移动通信的基本技术。然后分别介绍了三代移动通信系统的基本知识、技术、业务和发展情况。

4.1　移动通信概述

4.1.1　移动通信系统的组成

移动通信系统按其经营方式或用户性质可分为专用移动通信系统（专网）和公共移动通信系统（公网）。公共移动通信系统，即蜂窝移动通信系统，其基本系统结构主要是由交换网路子系统（NSS）、无线基站子系统（BSS）和移动台（MS）三大部分组成，如图4-1所示。

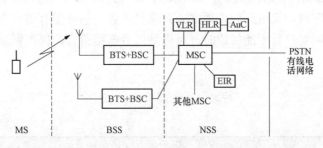

图 4-1　移动通信系统的组成

移动通信网络由若干交换区组成，而一个交换区由一个移动交换中心 MSC（Mobile Switching Centre）、一个或若干个归属位置寄存器 HLR（Home Location Register）和访问者位置寄存器 VLR（Visitor Location Register，有时几个 MSC 合用一个 VLR）、设备识别寄存器

EIR（Equipment Identity Register）、鉴权中心 AuC（Authentication Centre）、操作维护中心 OMC（Operation and Maintenance Centre）、基站 BS（Base Station）和移动台 MS（Mobile Station）等功能实体组成。

交换网路子系统（NSS）主要完成交换功能和客户数据与移动性管理、安全性管理所需的数据库功能。NSS 由一系列功能实体所构成，各功能实体介绍如下。

MSC：MSC 是 GSM 系统的核心，是对位于它所覆盖区域中的移动台进行控制和完成话路交换的功能实体，也是移动通信系统与其他公用通信网之间的接口。它可完成网路接口、公共信道信令系统和计费等功能，还可完成 BSS、MSC 之间的切换和辅助性的无线资源管理、移动性管理等。

VLR：VLR 是一个动态数据库，为 MSC 存储外来 MS（统称拜访客户）的来话、去话呼叫所需检索的信息，例如客户的号码，所处位置区域的识别，向客户提供的服务等参数。

HLR：HLR 也是一个数据库，用于存储本地注册用户的数据。每个移动客户都应在其归属位置寄存器（HLR）注册登记，它主要存储两类信息：一是有关客户的参数；二是有关客户目前所处位置的信息，以便建立至移动台的呼叫路由，例如 MSC、VLR 地址等。

AUC：AUC 用于产生为确定移动客户的身份和对呼叫保密所需鉴权、加密的三参数（随机号码 RAND，符合响应 SRES，密钥 Kc）的功能实体。

EIR：EIR 也是一个数据库，存储有关移动台设备参数。主要完成对移动设备的识别、监视、闭锁等功能，以防止非法移动台的使用。

无线基站子系统 BSS 是在一定的无线覆盖区中由 MSC 控制，与 MS 进行通信的系统设备，它主要负责完成无线发送接收和无线资源管理等功能。功能实体可分为基站控制器（BSC）和基站收发信台（BTS）。

移动台就是移动客户设备部分，它由两部分组成：移动终端（MS）和客户识别卡（SIM）。移动终端就是"机"，它可完成话音编码、信道编码、信息加密、信息的调制和解调、信息的发射和接收。SIM 卡就是"身份卡"，它类似于我们现在所用的 IC 卡，因此也称作智能卡，存有认证客户身份所需的所有信息，并能执行一些与安全保密有关的重要功能，以防止非法客户进入网路。SIM 卡还存储与网路和客户有关的管理数据，只有插入 SIM 后移动终端才能接入进网，但 SIM 卡本身不是代金卡。

在 GSM 网上还配有短信息业务中心（SC），即可开放点对点的短信息业务，类似数字寻呼业务，实现全国联网，又可开放广播式公共信息业务。另外配有语音信箱，可开放语音留言业务，当移动被叫客户暂不能接通时，可接到语音信箱留言，提高网路接通率，给运营部门增加收入。

移动通信系统主要由移动终端、无线基站子系统和交换网路子系统三大部分组成。

4.1.2 移动通信的特点

由于移动通信系统允许在移动状态（甚至很快速度、很大范围）下通信，所以，系统与用户之间的信号传输一定得采用无线方式，且系统相当复杂。移动通信的主要特点如下。

移动性：物体在移动状态中通信，因而是无线通信；电波传播条件复杂，信道特性差；噪声和干扰严重；具有多普勒效应；有限的频谱资源；系统和网络结构复杂；用户终端设备（移动台）要求高；要求有效的管理和控制。

4.1.3　移动通信的分类

移动通信的种类繁多。按使用要求和工作场合不同可以分为以下几种。

集群移动通信，也称大区制移动通信。它的特点是只有一个基站，天线高度为几十米至百余米，覆盖半径为 30km，发射机功率可高达 200W。用户数约为几十至几百，可以是车载台，也可是以手持台。它们可以与基站通信，也可通过基站与其他移动台及市话用户通信，基站与市站采用有线网连接。

蜂窝移动通信，也称小区制移动通信。它的特点是把整个大范围的服务区划分成许多小区，每个小区设置一个基站，负责本小区各个移动台的联络与控制，各个基站通过移动交换中心相互联系，并与市话局连接。利用超短波电波传播距离有限的特点，离开一定距离的小区可以重复使用频率，使频率资源可以充分利用。每个小区的用户在 1000 以上，全部覆盖区最终的容量可达 100 万用户。

卫星移动通信，利用卫星转发信号实现移动通信，对于车载移动通信可采用赤道固定卫星，而对手持终端，采用中低轨道的多星（星座）移动通信系统较为有利。

无绳电话，对于室内外慢速移动的手持终端的通信，则采用小功率、通信距离近的、轻便的无绳电话机。它们可以经过通信点与市话用户进行单向或双方向的通信。

4.1.4　移动通信的技术发展

在过去的十多年中，世界电信发生了巨大的变化，移动通信特别是蜂窝小区的迅速发展，使用户彻底摆脱终端设备的束缚，实现完整的个人移动性，可靠的传输手段和接续方式。进入 21 世纪，移动通信将逐渐演变成社会发展和进步的必不可少的工具。

蜂窝移动通信的发展历程，可以包括四个阶段，第一阶段主要为模拟蜂窝移动通信系统，称为第一代移动通信系统 1G，第二阶段为 2G 数字蜂窝移动通信系统，第三阶段为 3G 数字蜂窝移动通信系统，最后是第四代移动通信技术，其发展历程如图 4-2 所示。

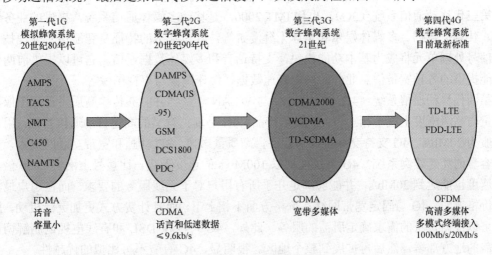

图 4-2　蜂窝移动通信的发展历程

第一代移动通信系统（1G），是在 20 世纪 80 年代初提出的，它完成于 20 世纪 90 年代初，如 NMT 和 AMPS，NMT 于 1981 年投入运营。AMPS 是美国推出的世界上第一个 1G 移动通信系统，充分利用了 FDMA 技术实现国内范围的语音通信，得益于 20 世纪 70 年代的两项关键突破：微处理器的发明和交换及控制链路的数字化。1G 直接采用频分多址（FDMA）的模拟调制方式，基于蜂窝结构组网，传输速率约 2.4kb/s。其缺点是频谱利用率低，信令干扰话音业务，另外业务量小、质量差、安全性差、没有加密和速度低。不同国家采用不同的工作系统。

第二代移动通信系统（2G），起源于 20 世纪 90 年代初期，主要采用时分多址（TDMA）的数字调制方式，并采用独立信道传送信令，使系统性能大为改善，但 TDMA 的系统容量仍然有限，越区切换性能仍不完善，如 GSM/DCS1800、D-AMPS（IS-136）、CDMA（IS-95）等。

欧洲电信标准协会在 1996 年提出了 GSM Phase 2＋，目的在于扩展和改进 GSM Phase 1 及 Phase 2 中原定的业务和性能。它主要包括 CMAEL（客户化应用移动网络增强逻辑），S0（支持最佳路由）、立即计费、GSM900/1800 双频段工作等内容，也包含了与全速率完全兼容的增强型话音编解码技术，使得话音质量得到质的改进；半速率编解码器可使 GSM 系统的容量提高近一倍。在 GSM Phase 2＋阶段中，采用更密集的频率复用、多复用、多重复用结构技术，引入智能天线技术、双频段等技术，有效地克服了随着业务量剧增所引发的 GSM 系统容量不足的缺陷；自适应语音编码（AMR）技术的应用，极大提高了系统通话质量；GPRS/EDGE 技术的引入，使 GSM 与计算机通信/Internet 有机相结合，数据传送速率可达 115/384kb/s，从而使 GSM 功能得到不断增强，初步具备了支持多媒体业务的能力。尽管 2G 技术在发展中不断得到完善，但随着用户规模和网络规模的不断扩大，频率资源已接近枯竭，语音质量不能达到用户满意的标准，数据通信速率太低，无法在真正意义上满足移动多媒体业务的需求。

由于技术和其他方面的因素，自 2G 系统发展以后，3G 的大规模使用尚需要一段时间，而人们在日常生活中，对于移动通信的数据等功能提出了更高的要求，于是，作为从第二代向第三代的过渡，出现了两种新的技术：一种叫 GPRS 技术，另一种叫 CDMA1X 技术，这两种技术一般称为 2.5G 移动通信系统。2.5G 在 2G 基础上提供增强业务，如 WAP。

第三代移动通信系统（3G），也称 IMT 2000，是移动多媒体通信系统，提供的业务包括语音、传真、数据、多媒体娱乐和全球无缝漫游等，其最基本的特征是智能信号处理技术，智能信号处理单元将成为基本功能模块，支持话音和多媒体数据通信。它可以提供前两代产品不能提供的各种宽带信息业务，例如高速数据、慢速图像与电视图像等。

第四代移动通信系统（4G），是集 3G 与 WLAN 于一体并能够传输高质量视频图像（图像质量与高清晰度电视不相上下）的技术产品。4G 是真正意义的高速移动通信系统，用户速率一般为 20Mb/s。4G 支持交互多媒体业务，高质量影像，3D 动画和宽带互联网接入，是宽带大容量的高速蜂窝系统。4G 系统能够以 100Mb/s 的速度下载，比拨号上网快 2000 倍，上传的速度也能达到 20Mb/s，并能够满足几乎所有用户对于无线服务的要求。而在用户最为关注的价格方面，4G 与固定宽带网络在价格方面不相上下，而且计费方式更加灵活机动，用户完全可以根据自身的需求确定所需的服务。此外，4G 可以在 DSL 和有线电视调制解调器没有覆盖的地方部署，然后再扩展到整个地区。很明显，4G 有着不可比拟的优越性。

第四代移动通信系统主要是以正交频分复用（OFDM）为技术核心。OFDM 技术的特点是网络结构高度可扩展，具有良好的抗噪声性能和抗多信道干扰能力，可以提供无线数据技术质量更高（速率高、时延小）的服务和更好的性能价格比，能为 4G 无线网提供更好的方案。

移动通信系统的发展可以归纳为：第一代移动通信系统（1G）、第二代移动通信系统（2G）、第三代移动通信系统（3G），目前正在大力发展第四代移动通信系统（4G）。

4.2 移动通信基本技术

4.2.1 蜂窝组网技术

1. 大区制和小区制

移动通信按照服务区域的覆盖方式，可以分为小容量的大区制和大容量的小区制即蜂窝系统。大区制就是在一个服务区域（如一个城市）内只有一个或少数几个基站（Base Station，BS），并由它负责移动通信的联络和控制，如图 4-3（a）所示。通常为了扩大服务区域的范围，基站天线架设得都很高，发射机输出功率也较大（一般在 200W 左右），其覆盖半径大约为 30~50km。

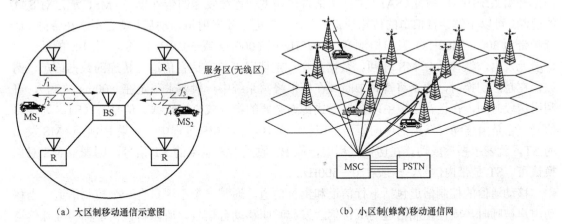

（a）大区制移动通信示意图   （b）小区制（蜂窝）移动通信网

图 4-3 大区制和小区制

小区制就是把整个服务区域划分为若干个无线小区（Cell），每个小区分别设置一个基站，负责本区移动通信的联络和控制，如图 4-3（b）所示。在实际应用中，用小区分裂（Cell Splitting）、小区扇形化（Sectoring）和覆盖区域逼近（Coverage Zone Approaches）等技术来增大蜂窝系统容量。小区分裂是将拥塞的小区分成更小的小区，每个小区都有自己的基站并相应地降低天线高度和减小发射机功率。由于小区分裂提高了信道的复用次数，因而使系统容量有了明显提高。假设系统中所有小区都按小区半径的一半来分裂，如图 4-4 所示，理论上，系统容量增长接近 4 倍。小区扇形化依靠基站的方向性天线来减少同频干扰以提高系

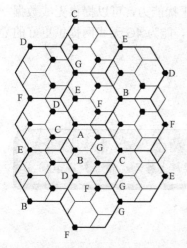

图 4-4　按小区半径的一半进行
小区分裂示意图

统容量，通常一个小区划分为 3 个 120°的扇区或是 6 个 60°的扇区。

采用小区制不仅提高了频率的利用率，而且由于基站功率减小，也使相互间的干扰减少了。此外，无线小区的范围还可根据实际用户数的多少灵活确定，具有组网的灵活性。采用小区制最大的优点是有效地解决了频道数量有限和用户数增大之间的矛盾。所以，公用移动电话网均采用这种体制。但是这种体制的问题是，在移动台通话过程中，从一个小区转入另一个小区时，移动台需要经常地更换工作频道。无线小区的范围越小，通话中切换频道的次数就越多，这样对控制交换功能的要求就提高了，再加上基站数量的增加，建网的成本就提高了，所以无线小区的范围也不宜过小。通常需根据用户密度或业务量的大小来确定无线小区半径，目前，宏小区半径一般为 1～5km。

常见的蜂窝移动通信系统按照功能的不同可以分为三类，分别是宏蜂窝、微蜂窝及智能蜂窝。

2. 信道

移动通信信道包括无线信道和 PSTN 有线信道，无线信道包括业务信道和控制信道。业务信道即话音信道，除了传输话音信息外，还包括检测音（SAT）、数据和信号音（ST）。在模拟蜂窝系统中，检测音（SAT）是指在话音传输期间连续发送的带外单音。MSC 通过对 SAT 的检测，可以了解话音信道的传输质量。当话音信道单元发射机启动后，就会不断在带外（话音频带为 300～3400Hz）发出检测音（5970Hz 或 6000Hz 或 6030Hz）。SAT 由 BS 的话音信道单元发出，经移动台 MS 环回。数据是在一定情况下，在话音信道上传递的数据信息。例如，在越区切换时，通话将暂时中断（在模拟蜂窝系统中一般要求限定在 800ms 之内），可利用这段时间，在话音信道中以数据形式传递必要的指令或交换数据。信号音（ST）为线路信号，它是由移动台发出的单向信号。例如，在 BS 寻呼 MS 过程中，如果 BS 收到 MS 发来的 ST，就表示振铃成功。在切换过程中，原 BS 收到 MS 发来的 ST 信号，则表示 MS 对切换认可。ST 是带内信号，一般在 0～300Hz。

移动通信的控制信道包括下行信道和上行信道。通常一个小区只有一个控制信道。当移动用户被呼时，就在控制信道的下行信道发起呼叫移动台信号，所以将该信道称为寻呼信道（PC）。当移动用户主呼时，就在控制信道的上行信道发起主呼信号，所以将该信道称为接入信道（AC）。在控制信道中，不仅传递寻呼和接入信号，还传递大量的其他数据，如系统的常用报文、指定通话信道、重试（重新试呼）等信号。

3. 频率分配

我国无线电委员会分配给蜂窝移动通信系统的频率如表 4-1 所示。对于频分双工（FDD）蜂窝移动通信系统，900MHz 频段收发频差为 45MHz，1800MHz 频段收发频差为 95MHz，2000MHz 频段收发频差为 90MHz。

注意：对于 450MHz FDD 专用移动通信系统，收发频差为 10MHz；对于 150MHz FDD 专用移动通信系统，收发频差为 5.7MHz。以中国联通 GSM900 为例，6MHz 带宽，收发频差为 45MHz，载波间隔为 200kHz，即 200kHz 一个载波频点，共 30 个载波频点，除去工作频点首尾各一个保护频点，共 28 个频点。

表 4-1 　　　　　　　　　　我国无线电委员会分配给蜂窝移动通信系统的频率

系统或使用部门	上行频率（带宽）（MHz）	下行频率（上下行频率间隔）（MHz）
中国联通 CDMA	825～835（10M）	870～880（45M）
中国移动 GSM 室内分布系统	885～890（5M）	930～935（45M）
中国移动 GSM900	890～909（19M）	935～954（45M）
中国联通 GSM900	909～915（6M）	954～960（45M）
中国移动 DCS1800	1710～1720（10M）	1805～1815（95M）
中国联通 DCS1800	1745～1755（10M）	1840～1850（95M）
中国电信 CDMA2000	1920～1935（15M）	2110～2125（190M）
中国联通 WCDMA	1940～1955（15M）	2130～2145（190M）
中国移动 TD-SCDMA	1880～1900；2010～2025（20M）；（15M）	

蜂窝移动通信网络的频率规划一般有等频距分配法、固定的信道分配策略和动态的信道分配策略。等频距分配法按频率等间隔分配信道，这样可以有效地避免邻道干扰。固定的信道分配策略指每个小区分配给一组预先确定好的话音信道。其控制方便，投资少，但信道的利用率较低。目前在移动通信系统中采用了动态信道分配方法。它不是将信道固定地分配给某个基站，而是实现信道动态分配，其频谱的利用率大约可提高 20%。动态信道分配需要智能控制，以便于及时收集和处理大量的数据，并实时给出结果并进行控制。动态信道分配可以做到按业务量的大小，合理地在不同基站之间按需分配信道，避免了小区忙闲不均的情况。

4. 干扰

移动通信环境下的干扰主要有同频道干扰、邻频道干扰、互调干扰、阻塞干扰、近端对远端的干扰等。

同频道干扰指所有落在收信机带宽内的与有用信号频率相同或相近的干扰信号。通常用同频道干扰保护比及同频道复用保护距离系数 D/r 指标来表示。接收机输出端有用信号达到规定质量的情况下，在接收机输入端测得有用射频信号与同频无用射频信号之比的最小值，称为同频道干扰保护比。GSM 规范中规定：同频道干扰保护比为 9dB。

邻频道干扰指工作在 k 频道的接收机受到工作于 k±1 频道的信号的干扰，即邻道（k±1 频道）信号功率落入工作频道的接收机通带内造成的干扰称为邻频道干扰。解决邻频道干扰的措施主要有：降低发射机落入相邻频道的干扰功率，即减小发射机带外辐射；提高接收机的邻频道选择性；在网络设计中，避免相邻频道在同一小区或相邻小区内使用，以增加同频道防护比。

互调干扰指非线性调制（如高频非线性放大器、混频器）引起的频率组合等于信号频率的情况。主要有两种方式，即三阶互调和五阶互调，其他互调由于高次谐波的能量很小，可忽略。

阻塞干扰指当外界存在一个离接收机工作频率较远，但能进入接收机并作用于其前端电路的强干扰信号时，由于接收机前端电路的非线性而造成对有用信号增益降低或噪声增高，使接收机灵敏度下降的现象称为阻塞干扰。这种干扰与干扰信号的幅度有关，幅度越大，干扰越严重。当干扰电压幅度非常强时，可导致接收机收不到有用信号而使通信中断。

近端对远端的干扰指当基站同时接收从两个距离不同的移动台发来的信号时，距基站近的移动台到达基站的功率明显要大于距离基站远的移动台的到达功率，若二者频率相近，则距基站近的移动台就会造成对远移动台有用信号的干扰或抑制，甚至将移动台的有用信号淹没。这种现象称为近端对远端干扰。克服近端对远端干扰的措施主要有两个：一是使两个移动台所用频道拉开必要间隔；二是移动台端加自动（发射）功率控制（APC），使所有工作的移动台到达基站功率基本一致。由于频率资源紧张，几乎所有的移动通信系统对基站和移动终端都采用 APC 工作方式。

5. 多信道共用

多信道共用的移动通信系统，在基站控制的小区内有多个无线信道提供给移动用户共用。由若干无线信道组成的移动通信系统，为大量的用户共同使用并且仍能满足服务质量的信道利用技术，称为多信道共用技术。多信道共用技术利用信道占用的间断性，使许多用户能够任意地、合理地选择信道，以提高信道的使用效率，这与市话用户共同享有中继线相类似。多信道共用可以大大提高信道的利用率，它支撑着移动网的呼损率、中断率、系统容量等指标。

4.2.2　多址方式

在移动通信中，许多用户同时通话，以不同的移动信道分隔，防止相互干扰的技术方式称为多址方式。根据特征，有四种多址方式，即频分多址（FDMA）、时分多址（TDMA）、码分多址（CDMA）、空分多址（SDMA）等方式，如图 4-5 所示。

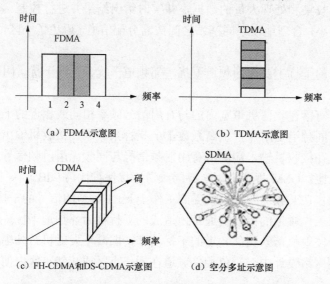

图 4-5　多址方式示意图

FDMA 是频分多址，当前应用这种多址方式的主要蜂窝系统有北美的 AMPS 和英国的 TACS。在我国 AMPS 和 TACS 这两种制式都有应用，但 TACS 占绝大多数。所谓 FDMA，就是在频域中一个相对窄带信道里，信号功率被集中起来传输，不同信号被分配到不同频率的信道里，发往和来自邻近信道的干扰用带通滤波器限制，这样在规定的窄带里只能通过有用信号的能量，而任何其他频率的信号被排斥在外。模拟的 FM 蜂窝系统都采用了 FDMA。

TDMA 是时分多址，当前应用这种多址方式的主要蜂窝系统有北美的 DAMPS 和欧洲的 GSM，在我国这两种制式也都有应用，但 GSM 占绝大多数。所谓 TDMA，就是一个信道由一连串周期性的时隙构成。不同信号的能量被分配到不同的时隙里，利用定时选通来限制邻近信道的干扰，从而只让在规定时隙中有用的信号能量通过。实际上，现在使用的 TDMA 蜂窝系统都是 FDMA 和 TDMA 的组合，如美国 TIA 建议的 DAMPS 数字蜂窝系统就是先使用了 30kHz 的频分信道，再把它分成 6 个时隙进行 TDMA 传输。

CDMA 是码分多址，当前应用这种多址方式的主要蜂窝系统有北美的 IS-95 CDMA 系统。所谓 CDMA，就是每一个信号被分配一个伪随机二进制序列进行扩频，不同信号的能量被分配到不同的伪随机序列里。在接收机里，信号用相关器加以分离，这种相关器只接收选定的二进制序列并压缩其频谱，凡不符合该用户二进制序列的信号，其带宽就不被压缩。结果只有有用信号的信息才被识别和提取出来。

SDMA 是空分多址，它是一种较新的多址技术，在由中国提出的第三代移动通信（3G）标准 TD-SCDMA 中就应用了 SDMA 技术。空分多址的原理如图 4-5（d）所示。SDMA 实现的核心技术是智能天线的应用，理想情况下它要求天线给每个用户分配一个点波束，这样根据用户的空间位置就可以区分每个用户的无线信号。换句话说，处于不同位置的用户可以在同一时间使用同一频率和同一码型，而不会相互干扰。实际上，SDMA 通常都不是独立使用的，而是与其他多址方式（如 FDMA、TDMA 和 CDMA 等）结合使用。

4.2.3　调制技术

目前的移动通信采用数字调制，数字调制一般指调制信号是离散的，而载波是连续波的调制方式。数字调制的优点是抗干扰能力强，中继时噪声及色散的影响不积累，因此可实现长距离传输。它的缺点是需要较宽的频带，设备也较复杂。数字调制有四种基本调制电路形式：振幅键控、移频键控、移相键控和差分移相键控。

数字调制要求采用抗干扰能力较强的调制方式（采用恒包络角调制方式以抵抗严重得多径衰落影响），尽可能提高频谱利用率，即占用频带要窄，带外辐射要小（如采用 FDMA、TDMA 调制方式），或者占用频带尽可能宽，但单位频谱所容纳的用户数多（如采用 CDMA 调制方式）；需具有良好的误码性能。数字调制方式应考虑如下因素：抗扰性，抗多径衰落的能力，已调信号的带宽，以及使用、成本等因素。

2G 的 GSM 系统使用高斯滤波最小移频键控 GMSK，即在 MSK 基础上增加一个高斯滤波器。实现 GMSK 信号调制的关键是设计性能良好的高斯低通滤波器，它具有如下特性：

（1）有良好的窄带和尖锐的截止特性，以滤除基带信号中的高频成分。

（2）脉冲响应过冲量应尽可能小，防止已调波瞬时频偏过大。

（3）输出脉冲响应曲线的面积对应的相位为 $\pi/2$，使调制系数为 1/2。

3G 移动通信系统主要采用扩频调制。扩频调制包括直接序列扩频（DS-SS）和跳频扩频（FH-SS），这两种方式均使用 PN 伪随机码序列。PN 序列在一定的周期内具有自相关特性。它的自相关特性和白噪声的自相关特性相似。虽然它是预先可知的，但和那些随机序列具有相同的性质。直接序列扩频（DS-SS）通过直接用伪随机信号产生的随机序列对多个基带信号脉冲进行直接相乘。PN 码中的每一个脉冲或符号位称为码片（Chip）。图 4-6 说明了用二进制进行调制的 DS-SS 系统功能框图。同步数据符号位有可能是信息位也有可能是二进制编码符号位。在相位调制前进行模 2 运算。在接收端可能会采用相干或差分 PSK 解调。

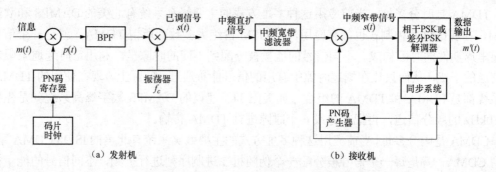

图 4-6　二进制调制的 DS-SS 系统功能框图

　　跳频扩频技术（FH-SS）通过看似随机的载波跳频达到传输数据的目的，而这只有相应的接收机知道。在每一信道上，发射机再次跳频之前一小串的传输数据在窄带内依据传统的调制技术进行传输。一串可能的跳跃序列被称为跳跃集（Hopset）。跳跃发生在频带上并跨越一系列的信道。每一个信道由具有中心频点的频带区域构成。在这个频带内足以进行窄带编码调制（通常为 FSK）。跳跃集中的信道带宽通常称为瞬时带宽（Instantaneous Band width）。在跳频中所跨越的频谱称为跳频总带宽（Total Hopping Band width）。

　　4G 移动通信系统主要采用正交频分复用 OFDM。OFDM 的原理是采用并行系统可以减小串行传输所遇到的上述困难。这种系统把整个可用信道频带 B 划分为 N 个带宽为 Δf 的子信道。把 N 个串行码元变换为 N 个并行的码元，分别调制这 N 个子信道载波进行同步传输，这就是频分复用。通常 Δf 很窄，若子信道的码元速率 $1/Ts \leqslant \Delta f$，各子信道可以看作是平坦性衰落的信道，从而避免严重的码间干扰。另外，若频谱允许重叠，还可以节省带宽而获得更高的频带效率，如图 4-7 所示。

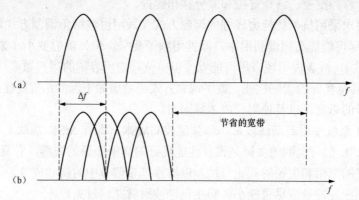

图 4-7　FDM（a）、OFDM（b）带宽的比较

　　OFDM 系统具有许多优点，具体内容如下：

　　（1）高速率数据流通过串/并转换，使得每个子载波上的数据符号持续长度相对增加，从而有效地减少了无线信道的时间弥散所带来的符号间干扰（Inter Symbol Interference，ISI），这样就减小了接收机内均衡的复杂度。

（2）传统的频分多路传输方法，将频带分为若干个不相交的子频带来传输并行数据流，子信道之间要保留足够的保护频带。而 OFDM 系统由于各个子载波之间存在正交性，允许子信道的频谱相互重叠，因此与常规的频分复用系统相比，OFDM 系统可以最大限度地利用频谱资源。当子载波个数很大时，系统的频谱利用率趋于 2Baud/Hz。

（3）各个子信道中的正交调制和解调可以通过采用反离散傅里叶变换（IDFT）和离散傅里叶变换（DFT）的方法来实现。对于子载波数目较大的系统，可以通过采用快速傅里叶变换（FFT）来实现。而随着大规模集成电路技术与 DSP 技术的发展，IFFT 与 FFT 都是非常容易实现的。

（4）无线数据业务一般存在非对称性，即下行链路中传输的数据量要大于上行链路中的数据传输量，这就要求物理层支持非对称高速率数据传输。OFDM 系统可以通过使用不同数量的子信道来实现上行和下行链路中不同的传输速率。

（5）OFDM 较容易与其他多种接入方式结合使用，构成各种系统，其中包括多载波码分多址 MC-CDMA、跳频 OFDM 及 OFDM-TDMA 等，这使多个用户可以同时利用 OFDM 技术进行信息的传输。

但是由于 OFDM 系统内存在多个正交的子载波，而且其输出信号是多个子信道的叠加，因此与单载波系统相比，存在以下缺点：

（1）易受频率偏差的影响。由于子信道的频谱相互覆盖，这就对它们之间的正交性提出了严格的要求。由于无线信道的时变性，在传输过程中出现无线信号的频谱偏移，或发射机与接收机本地振荡器之间存在的频率偏差，都会使 OFDM 系统子载波之间的正交性遭到破坏，导致子信道的信号相互干扰（ISI）。这种对频率偏差的敏感是 OFDM 系统的主要缺点之一。

（2）存在较高的峰值平均功率比。多载波系统的输出是多个子信道信号的叠加，因此如果多个信号的相位一致，所得到的叠加信号的瞬时功率就会远远高于信号的平均功率，导致出现较大的峰值平均功率比（Peak-to-Average Power Ratio，PAPR），这可能带来信号畸变，使信号的频谱发生变化，从而导致各个子信道间的正交性遭到破坏，产生干扰，使系统的性能恶化，这就对发射机内的功率放大器提出了很高的要求。

4.2.4　语音编码技术

在通信系统中，语音编码是相当重要的，因为在很大程度上，语音编码决定了接收到的语音质量和系统容量。在移动通信系统中，宽带是十分宝贵的。低比特率语音编码提供了解决该问题的一种方法。在编码器能够传送高质量语音的前提下，比特率越低，可在一定宽带内传更多的高质量语音。

语音编码为信源编码，是将模拟语音信号转变为数字信号以便在信道中传输。语音编码的目的是在保持一定的复杂程度和通信时延的前提下，占用尽可能少的通信容量，传送尽可能高质量的语音。语音编码技术又可分为波形编码、参量编码和混合编码三大类。

混合编码是基于参量编码和波形编码发展的一类新的编码技术。在混合编码的信号中，既含有若干语音特征参量又含有部分波形编码信息，其编码速率一般在 4～16Kb/s。当编码速率在 8～16Kb/s 范围时，其语音质量可达商用语音通信标准的要求，因此混合编码技术在数字移动通信中得到了广泛应用。混合编码包括规则脉冲激励—长时预测—线性预测编码（RPE-LTP-LPC）、矢量和激励线性预测编码（VSELP）和码激励线性预测编码（CELP）等。

4.2.5　交织技术

在陆地移动通信这种变参信道上，持续较长的深衰落谷点会影响到相继一串的比特，使比特差错常常成串发生。然而，信道编码仅能检测和校正单个差错和不太长的差错串。为了解决成串的比特差错问题，采用了交织技术：把一条消息中的相继比特分散开的方法，即一条信息中的相继比特以非相继方式发送，这样即使在传输过程中发生了成串差错，恢复成一条相继比特串的消息时，差错也就变成单个（或者长度很短）的错误比特，这时再用信道纠正随机差错的编码技术（FEC）消除随机差错。

交织技术在移动通信中被广泛地采用。有人将其归为抗衰落技术，有人将其归为抗干扰技术，有的教材将其列为是信道编码技术。不论如何，交织的作用就是改造信道。将信道中的突发的成串差错变为随机的独立差错，其原理如图 4-8 所示。交织技术的实现可以通过存储器来完成，在信道的输入端将信息按列写入交织存储器，按行读出；在信道的输出端，按行写入去交织存储器，按列读出。

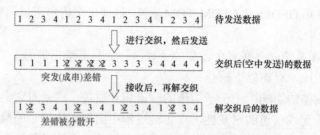

图 4-8　交织码的实现框图

4.2.6　分集技术

根据信号论原理，若有其他衰减程度的原发送信号副本提供给接收机，则有助于接收信号的正确判决。这种通过提供传送信号多个副本来提高接收信号正确判决率的方法被称为分集。分集技术是用来补偿衰落信道损耗的，它通常利用无线传播环境中同一信号的独立样本之间不相关的特点，使用一定的信号合并技术改善接收信号，来抵抗衰落引起的不良影响。

分集就是指通过两条或两条以上途径传输同一信息，以减轻衰落影响的一种技术措施。分集技术包括分集发送技术和分集接收技术，从分集的类型来看，使用较多的是空间分集和频率分集。

4.2.7　自适应均衡技术

数字通信系统中，由于多径传输、信道衰落等的影响，在接收端会产生严重的码间干扰（Inter Symbol Interference，ISI），增大误码率。为了克服码间干扰，提高通信系统的性能，在接收端需采用均衡技术。均衡是指对信道特性的均衡，即接收端的均衡器产生与信道特性相反的特性，用来减小或消除因信道的时变多径传播特性引起的码间干扰。理论和实践证明，在数字通信系统中插入一种可调滤波器可以校正和补偿系统特性，减少码间干扰的影响。这种起补偿作用的滤波器称为均衡器。

均衡器通常是用滤波器来实现的，使用滤波器来补偿失真的脉冲，判决器得到的解调输出样本，是经过均衡器修正过的或者清除了码间干扰之后的样本。自适应均衡器直接从传输的实际数字信号中根据某种算法不断调整增益，因而能适应信道的随机变化，使均衡器总是保持最佳的状态，从而有更好的失真补偿性能。

4.3 GSM 系 统

20 世纪 70 年代末到 80 年代初，欧洲经历了无线通信的飞速发展，每天都有大量用户加入无线网络，网络覆盖面积不断扩大。无线网络的爆炸性扩大虽然给营运者带来了赢利，但同时由于各网络增长情况不同，使用的频段也不同，技术上又互不兼容，并缺乏一个中心组织来协调发展，而且全都是模拟的，欧洲的营运商意识到这些模拟网容量已接近极限，因此 1982 年欧洲成立了"移动通信特别小组"（Group of Special Mobile，GSM），提出了数字蜂窝移动通信系统。1986 年，法国、意大利、英国和德国签署联合开发 GSM 合同，欧盟（EU）各国首脑同意为 GSM 安排 900MHz 频段，1989 年决定将 GSM 作为全球数字蜂窝系统标准，1990 年第一阶段 GSM900 规范（1987～1990 年制定）被冻结，开始 DCS1800 的修改。

4.3.1 GSM 结构与接口

GSM 有着标准化接口的模块化网络结构，如图 4-9 所示，这样就允许运营商混合使用或配合使用任何供货商的设备进入系统。在实际的蜂窝网络中，根据网络规模、所在地域及其他因素，各实体可有各种配置方式。通常将 MSC 和 VLR 设置在一起，而将 HLR、EIR 和 AUC 合设于另一个物理实体中。

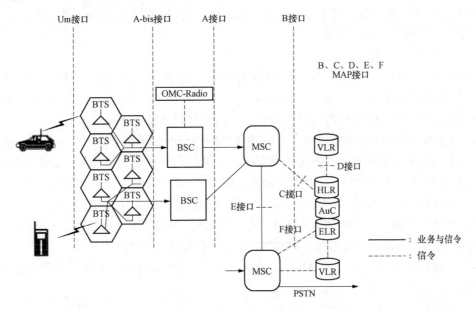

图 4-9 GSM 网络结构

GSM 网络接口主要有以下几种：

（1）空中接口（Um）：基站收发信机 BTS 和移动台间的无线接口被称为空中接口（User interface mobile，Um）。空中接口使用 RF 信令作为第一层，将 ISDN 协议的改进型作为第二层和第三层。空中接口中每一个 RF 信道分成 8 个时隙，即 8 个用户/RF 信道。因此 GSM 所采用的方案称为频分双工（FDD）时分多址接入（TDMA）。

（2）A-bis 接口：A-bis 接口是基站收发信机 BTS 和基站控制器 BSC 之间的接口。物理接口是 E1。

（3）A 接口：A 接口出现在移动交换中心 MSC 和基站控制器 BSC 之间。A 接口 CCITT7 号信令系统（CCS7）的低三层传输改进的 ISDN 呼叫控制信令。

（4）PSTN 接口：GSM 结构是建立在 ISDN 接入的基础上的，为了充分利用 ISDN 业务的优点，MSC 通过以 CCS7 为基础的协议连接公共交换电话网 PSTN。

（5）移动应用部分（MAP）：GSM 中所有与非呼叫有关的部分称为移动应用部分（MAP）。与非呼叫有关的信令包括所有处理移动性管理信息、保密激活/去活等。所有 MAP 协议使用 CCS7 低三层（即 MTP1、MTP2、MTP3，SCCP 层和 TCAP 层）。这些协议优先用于数据库排队和响应。MAP-B 是 MSC 和与它相关的访问者位置寄存器 VLR 的接口，MAP-C 是 MSC 和 HLR 之间的接口，MAP-D 是 HLR 和 VLR 之间的接口，MAP-E 接口支持完成切换功能所需的信令，MAP-F 是 MSC 和设备识别寄存器（EIR）之间的接口。

4.3.2　GSM 业务类型

GSM 基于 ISDN 基础上发展，与 ISDN 使用相同的信令方案和信号特性。ISDN 支持 64Kb/s 的话音作为基本服务，GSM 由于空中接口达不到这么高的速率而不可能做到。由 GSM 支持的电信业务包含有线 ISDN 及现有模拟蜂窝系统和无线寻呼系统提供的一切业务，包括承载业务、电信业务和补充业务。承载业务能够发送和接收速率高达 9600b/s 的数据；电信业务包括电话和紧急呼叫，话音编码采用 13Kb/s（全速）和 6.5Kb/s（半速）进行，以及短信息业务（SMS）；补充业务必须和基本电信业务一起提供给用户，如前向呼叫、号码识别、无条件转移、呼叫保持等待、多方业务等。

4.3.3　GSM 的编号

GSM 为每个移动台分配了多个编号用于标识用户身份、路由识别及鉴权、加密等。

（1）移动用户 ISDN 号（MSISDN）：MSISDN 是用户为找到 GSM 用户所拨的号码。MSISDN 包含国家代码（CC）、国家目的代码（NDC）和用户号码（SN）。

（2）国际移动用户识别码（IMSI）：在 GSM 系统中分配给每个移动用户一个唯一的代码，在国际上它可以唯一识别每一个独立的移动用户。这个码驻留在 SIM 卡中，它用于识别用户与用户和用户与网络的预约关系。使用 IMSI 是 GSM 网络的内部需求（如处理、识别和计费）。IMSI 在 GSM 网中承担非常关键的作用，并且保证不被复制或盗用。

（3）移动用户漫游号（MSRN）：移动用户在作为被叫的时候，需要知道被叫移动用户所在的 MSC/VLR，移动用户漫游号（MSRN）就是提供这个功能的。

（4）临时移动用户识别码（TMSI）：为了防止用户发送的 IMSI 被空中拦截，GSM 使用 IMSI 的空中混淆码（即 TMSI）。

（5）国际移动台设备识别码（IMEI）：是一个 15 位的十进制数字，是唯一地识别一个移动台设备的编码。

4.3.4　鉴权与加密

鉴权是为了防止未授权或非法用户使用网络，加密是为了用户通信保密。

在 GSM 中，鉴权过程是建立在被称为唯一询问响应方案的基础上的。一旦网络要对移动用户进行鉴权，它需做几件事：它需有用户的密钥（K_i），有鉴权算法（A3）和一系列询问响应对。询问是一个由网络产生的随机数（RAND）与 K_i 一起作为 A3 算法的输入，算法的输出作为响应，这个 A3 算法的输出响应在 GSM 定义中称为签名响应（SRES）。移动台同样有一个唯一的 K_i 和所有移动台一样的算法 A3。网络为了对移动台鉴权，从一张与该用户有关的表中取出一个随机数（RAND）送给移动台。移动台在收到随机数（询问）后，计算签名响应值（SRES），并送给网络。网络用计算的 SRES 与收到的 SRES 进行比较，如果它们匹配就允许提供业务给用户，否则予以拒绝。图 4-10 描述了 GSM 的鉴权过程图。

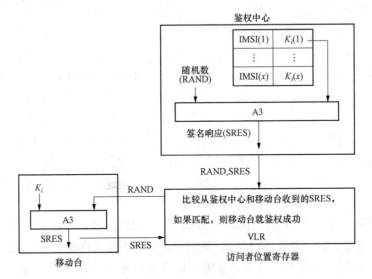

图 4-10 GSM 的鉴权过程

图 4-11 描述了 GSM 通信密钥 K_c 的产生过程。GSM 支持 MS 和 BTS 之间空中接口上的加密。用于鉴权的 RAND 与 K_i 一起作为 A8 算法的输入。输出 K_c 和帧数一起作为另一个 A5 算法的输入，实现对通信内容的加密。密钥的管理与鉴权密钥相同，在网络侧 BTS 使用密钥，对每次传输进行加密并将数据送给 BSC。

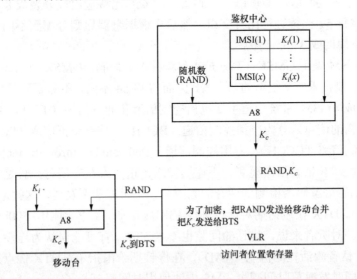

图 4-11 GSM 通信密钥产生过程

4.3.5 GSM 的信道传输

GSM 的信道传输包括以下内容。

（1）频率安排。GSM 是 TDMA/FDMA 系统。GSM900 系统使用 900MHz 频段，收发频

差为 45MHz。每个射频（RF）信道频道宽度为 200kHz，共有 8 个时隙信道。每个 RF 信道由一个上行（up link）和一个下行（down link）频率对组成，这种方式称为频分双工（FDD）。由于各基站（BTS）会占用频段中任何一组频率，移动台必须有在整个频段上发送和接收信号的能力。

（2）时隙与帧。GSM 将每一个无线信道分成 8 个不同时隙，每个时隙支持一个用户，这样一个无线信道能够支持 8 个用户。每个用户被安排在无线信道的一个时隙中并只能在该时隙发送。时隙从 0～7 编码，这相同频率的 8 个时隙被称为一个 TDMA 帧。用户在某一时隙发送被称为突发时隙（burst）。一个突发时隙长度为 577μs，一帧为 4.615ms。若用户在上行频率的 0 时隙发送，则将在下行频率的 0 时隙接收。时隙 0 的上行发射出现在接收下行时隙的三个时隙之后。这样带来一个好处是移动台不需要双工器。但它需要同步发射和接收。在移动台中去掉双工器，可使 GSM 手机更轻，功耗更小，制造价格更便宜。

（3）语音编码。GSM 支持各种语音编解码器，包括全速语音编解码及半速编解码。全速编码器输出 13kb/s，半速编码输出 6.5Kb/s。

（4）信道编码。从语音编解码器来的 260 比特数据块按照重要性和作用被分成三类 I_a、I_b 和 II。I_a 类是最重要的，包含 50 比特，受到信道编码的最大保护；它首先进行提供检错的分组编码，该过程增加 3 比特；这些分组编码比特然后进行具有检错纠错能力的半速卷积编码，半速卷积编码使比特数加倍。I_b 类第二重要，也受到一些保护，共 132 比特，与 I_a 类 53 比特及 4 比特尾码共同进行半速卷积编码，因此比特数从 50＋132 变成（50＋3＋132＋4）× 2＝378 比特。II 类不重要（78 比特）未受到任何保护。信道编码增加了数据速率，使其比特数从 260 变为 378＋78＝456，速率从 13Kb/s 增加到 22.8Kb/s。

（5）交织。GSM 所采用的交织是一种既有块交织又有比特交织的交织技术。全速语音的时块被交织成 8 个突发时隙，即从语音编码器来的 456 比特输出被分裂成 8 个时块，每个子块 57 比特，再将每 57 比特进行比特交织，然后再根据奇偶原则分配到不同的突发块口，交织造成 65 个突发周期或 37.5ms 滞后。

（6）调制。GSM 采用 GMSK（高斯最小移频键控）调制。GMSK 具有每符号 1 比特的有效性，由于这种调制技术有个很窄的功率谱，因而与 IS-54 不同，不需要采用线性功率放大器。

（7）信道组成。GSM 系统信道主要包括控制信道和业务信道（TCH）。控制信道携带系统正常运行所必需的信息，分为广播控制信道（BCCH）、频率校正信道（FCCH）、同步信道（SCH）、公共控制信道（CCCH）、专用控制信道（Dedicated Control Channels）。

（8）不连续发送和话音激活检测。不连续发送是指两人在交谈时，总是一方讲，另一方听，当 GSM 的话音编解码器检测到话音的间隙后，在间隙期不发送，这就是所谓的 GSM 不连续发送（DTX）。DTX 在通话期对话音进行 13Kb/s 编码，在停顿期用 500b/s 对讲话者的背景噪声进行编码。对听者来说，讲话的间隙也不太安静，有可能误认为连接已中断。为了实现 DTX，使用了话音激活检测机制（VAD），在停顿期给出指示。DTX 优点是减少干扰，提高系统有效性，同时发射总时间减少，MS 电池使用时间就延长了。

（9）定时前置（Timing Advance）。GSM 具有非常严格的时间同步系统，处理传输时延变化的方法是考虑可能的最大传输时延。在每个时隙片的结尾要留有足够的保护时间作补偿。MS 在保护期内不能发送用户数据，即使两个时间出现重叠只能在保护时间内重叠。由于在该时间内无用户信息发送，就无数据丢失。这一方案虽然具有简单及信令要求最小的优点，但降低了系统的频谱利用率。GSM 选择了小的保护周期和对各时隙的定时进行动态控制的方案。定时前置允许对每个时隙的上行发送时间独立控制，远离 BTS 的 MS 要求比离 BTS 近的 MS 发射早。在 GSM 中最大的定时前置限制小区尺寸在 35km 左右。

（10）功率控制。为了补偿小区的不同距离造成的衰落，BTS 能够指导 MS 改变它的发射功率，以使到达 BTS 接收机的功率在每个时隙相同。这样可以减少整个系统的干扰电平，提高频谱效率。BTS 能够独立控制每一条上行和下行链路时隙的功率电平，即在 GSM 系统中，上行和下行链路的功率控制是彼此独立的。功率电平控制方案由 BSC 完成。BSC 计算功率电平的增长或下降，并通知给 BTS。功率电平控制算法与过境切换算法十分相似。当 MS 离 BTS 渐远时 BSC 将试图增加 MS 的功率电平；当它得知通过提高 MS 的发射功率电平，通信链路的质量不再提高时，它就开始切换过程。

4.3.6　GSM 的接续过程

（1）移动台开机后的工作。MS 开机后进行初始化，从网络中获得自身的位置、小区配置、网络情况、接入条件等。因此 MS 首先确定 BCCH 频率，以获得操作必需的系统参数。GSM 所有的 BCCH 均满功率工作，BTS 在 BCCH 信道上所有的空闲时隙发空闲标志，这两点保证了 BCCH 频率比小区其他频率有更大的功率密度。在找到无线频点以后，MS 再确定 FCCH。由于 FCCH 功率密度大于 BCCH 频率，在找到 FCCH 之后，MS 通过解码使自身与系统的主频同步。一旦 MS 确定了 FCCH 并同步后，它可以正确地确定时隙和帧的边界，由此取得时间同步。

（2）小区选择。MS 首先选择有效的 GSM 网，然后就可以选择登录的小区。MS 按照收到的信号强度、位置区域和 MS 的功率等级，进行小区选择算法，确定最好的有效小区。

（3）位置登记和位置更新。MS 选择好工作小区后，确定 MS 是位置登记还是位置更新。如果是位置登记，则 MS 以它的 IMSI 等数据向 GSM 网络请求位置登记，网络经过验证后会分配一个 TMSI 给 MS。MS 得到 TMSI 后，会将 TMSI 存储在 SIM 卡中，以后不论是手机关机还是重新开启，TMSI 都存储在手机的 SIM 卡中。如果位置区不一致，那么它将通知网络数据库存放的该 MS 的位置信息不再正确需要更新。期间任何对该 MS 的呼叫都不会获得成功。MS 应立即进行位置更新。在位置登记中，MS 是以 IMSI 向网络更新位置；而在位置更新中，MS 是以 TMSI 向网络汇报信息。

（4）建立通信链路。在 MS 进行位置登记之前，首先必须建立与网络的通信链路。在建立过程中 MS 会得知该信道的定时前置、起始发射功率电平大小等参数。

（5）初始化信息过程。MS 在接收到信道分配信息后，调谐到分配信道上发送一个业务请求信息，这信息指明 MS 从网络请求什么业务，包括有关移动识别码的信息、功率等级、频率容量、MS 支持的保密算法等。

（6）鉴权。VLR 成功收到 MS 的位置更新，呼叫建立等的起始信息后，启动鉴权和加密程序。鉴权程序的目的有两个：第一是容许网络检查 MS 提供的识别号是否可接收，第二是提供让 MS 计算新密钥。鉴权过程总是由网络发起。

（7）加密。VLR 开始加密过程时，先通知 MSC，接着 MSC 按所使用的密钥送一个信息给 BSC。BSC 通过 BTS 通知 MS 在以后的传输过程中开始加密。在这之前，BTS 同样被通知使用加密的信息并得到密钥，这样它能对信息进行解密。BTS 将信息进行解密后送给 BSC，并送一个指令通知 VLR 加密过程已经开始。

（8）通信链路的释放。一旦位置更新过程成功完成，移动台、BTS、BSC 和 MSC 的通信链路也将结束，移动台返回空闲模式等待用户发生主叫及等待来自网络的寻呼。

（9）移动台主叫。移动台主叫过程与位置更新过程相似，首先进行通信链路建立过程、原始信息过程、鉴权和加密过程，然后在建立的链路上发送启动信息，这一信息包括被叫用户号码和其他的网络建立与公共交换电话网 PSTN 联系所需的信息。

（10）移动台被呼。移动台被呼是指从无线移动电话或有线电话系统拨号呼叫 GSM 手机。拨号时都只有输入 GSM 手机用户的 MSISDN 号码。MSISDN 号码并不包含目前手机用户的位置信息，因此 GSM 网络必须询问 HLR 有关手机的 MSRN 代码，才能得知手机用户目前所在的位置区域与负责该区域的交换机 MSC。MSRN 代码是当手机在进行位置更新时由当地的 VLR 负责产生的。当拨号者输入手机的 MSISDN 号码时，有线电话 PSTN 的交换机从 MSISDN 号码中标识出呼叫移动电话的手机后，依照 MSISDN 上的 CC 及 NDC 将信号传递到负责该手机服务区域内的关口 MSC（GMSC）。

（11）切换。切换是当 MS 变换小区时保持呼叫的过程。"Handover" 是在 GSM 中定义的，在北美蜂窝系统中相同的过程被称为 "Handoff"。在 MS 变换小区时，切换是避免呼叫损失所必不可少的步骤。如果一个 MS 打算变换小区，它已处于小区的边缘，此时无线信号电平必然不十分好，这是要切换的主要原因。它包括四个部分，即预切换、移动测量、切换执行和切换后处理。

4.3.7　通用分组无线业务 GPRS

GSM 网络采用线路交换的方式，主要用于语音通话，而因特网上的数据传递则采用分组交换的方式。由于这两种网络具有不同的交换体系，导致彼此间的网络几乎都是独立运行。制定 GPRS（General Packet Radio Service，通用分组无线业务）标准的目的，就是要改变这两种网络互相独立的现状。通过采用 GPRS 技术，可使现有 GSM 网络轻易地实现与高速数据分组的简便接入，从而使运营商能够对移动市场需求作出快速反应并获得竞争优势。GPRS 是 GSM 通向 3G 的一个重要里程碑，被认为是 2.5 代（2.5G）产品。

将 GSM 网络升级到 GPRS 网络，最主要的改变是在网络内加入 SGSN 及 GGSN 两个新的网络设备结点，如图 4-12 所示。

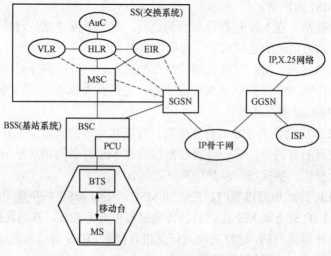

图 4-12　GPRS 网络

　　GGSN 与 SGSN 如同因特网上的 IP 路由器（Router），具备路由器的交换、过滤与传输数据（Data）分组等功能，也支持静态路由（StaticRouting）与动态路由（DynamicRouting）。多个 SGSN 与一个 GGSN 构成电信网络内的一个 IP 网络，由 GGSN 与外部的因特网相连接。

　　GPRS 网络采用的无线通信协议 WAP 具有分层结构，由上而下区分为 WAE（无线应用环境）、WSP（无线会话协议）、WTP（无线交易协议）、WTLS（无线传输安全层）、WDP（无线数据报协议）。当 MS 登录到 GPRS 网络并开启 PDPContext 后，代表 MS 完成了 GPRS 网络在底层通信协议必要的程序，此时 MS 必须选择 WAP 协议或是 WAP 网站的网页内容。

　　增强型 GPRS 采用了增强数据传输技术（EDGE）。EDGE 采用与 GSM 相同的突发结构，能在符号速率不变的情况下，通过采用 8-PSK 调制技术来替代原来的 GMSK 调制，从而将 GPRS 的传输速率提高到原来的 3 倍。

　　除了速率提高外，在增强型 GPRS 中还引进了"链路质量控制"的概念。通过对信道质量的估计，选择最合适的调制和编码方式；同时，通过逐步增加冗余度的方法来兼顾传输效率和可靠性。在传输开始时，先使用冗余度小的信道编码来传输信息。如果传输成功，则用该码率传输，以保证传输的有效性；如果传输失败，则增加冗余度，直到接收端成功接收。

4.4　CDMA 系 统

　　CDMA（码分多址）起初仅在抗干扰和保密性能等方面受到人们的注意，被用在军用抗干扰系统中。1989 年，美国高通（Qualcomm）公司最先提出 CDMA 蜂窝移动通信系统的设想。CDMA 码分多址移动通信技术以其容量大、频谱利用率高、保密性强、绿色环保等诸多优点，显示出强大的生命力，引起人们的广泛关注，成为第三代移动通信的核心技术。

　　码分多址蜂窝移动通信技术实际上包含两个基本技术，即码分多址技术和扩频通信技术。所谓扩频，简单地讲就是用某种技术将信号的频谱进行扩展，工程中常用直接序列对信号进行扩频，即用一个高速序列码去调制低速原始数据信息。码分多址（CDMA）与频分多址（FDMA）、时分多址（TDMA）一样，是多址技术的一种。

　　CDMA 系统中的每一个信号被分配一个正交序列或 PN（Pseudo Noise，伪随机噪声）序列用作扩频序列对其进行扩频，不同信号的能量被分配到不同的正交序列或 PN 序列里。在接收机，通过使用相关器只接受选定的正交序列或 PN 序列并压缩其频谱，凡不符合该用户正交序列的信号就不被压缩带宽，结果只有指定的信号才能被提取出来。

4.4.1　CDMA 基本原理

　　CDMA 即码分多址，是 Code Division Multiple Access 的缩写，其收发系统如图 4-13 所示，$d_1 \sim d_N$ 分别为用户的信息数据，各用户对应的地址码分别为 $W_1 \sim W_N$。用户信息数据与各自地址码送入乘法器相乘，乘法器输出的波形为 $S_1 \sim S_4$。$S_1 \sim S_4$ 在调制器中对载频 f_0 进行调制，已调信号经功率放大后发送出去。

　　接收端收到的信号经混频器变为中频已调信号，解调器输出端 S 的波形是 $S_1 \sim S_4$ 的叠加，如果欲接收某一用户（例如用户 k）的信息数据，收端产生的地址码应与发端该用户的地址码相同，并用此地址码与 S 端波形相乘，再送入积分电路，积分电路输出（以上过程称为相关检测）得到相应的波形用户 k 所发送的信息数据。

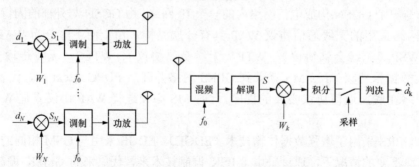

图 4-13　CDMA 收发系统示意图

在 CDMA 系统中，利用相关检测技术来识别不同用户的信息。相关检测采用自相关性很强（自相关值为 1 或近似为 1）而互相关值为 0（或很小）的码序列作为地址码，与用户信息相乘，调制后经无线信道传输，在接收端经相关检测，将发端地址码与收端地址码一致的信号选出，不一致的信号除掉。CDMA 系统容量比 GSM 大 4～5 倍。CDMA 系统的地址码只是近似正交，因而存在多址干扰。

设系统中有 4 个用户，其地址码分别为

$W_1 = \{1, 1, 1, 1\}$；$W_2 = \{1, -1, 1, -1\}$；$W_3 = \{1, 1, -1, -1\}$；$W_4 = \{1, -1, -1, 1\}$

用户信息数据分别为 $d_1 = \{1\}$；$d_2 = \{-1\}$；$d_3 = \{1\}$；$d_4 = \{-1\}$。则接收端检测结果如图 4-14 所示。

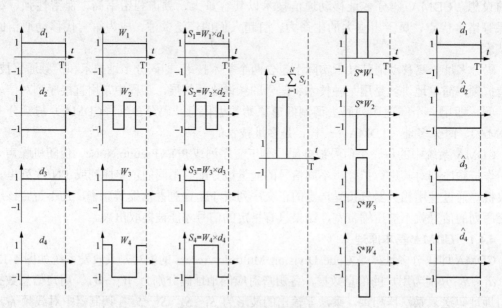

图 4-14　CDMA 原理波形图

4.4.2　CDMA 系统的优点及关键技术

CDMA 系统具有很大的优点，如系统容量大、通信质量好、频带利用率高、适用于多媒体通信系统、手机发射功率低、频率规划灵活等。CDMA 系统用户按不同的码序列区分，扇区按不同的导频码区分，相同的 CDMA 载波可以在相邻的小区内使用，因此网络频率规划灵活，扩展方便。

CDMA 系统具有功率控制、码技术、RAKE 接收、软切换、话音编码等关键技术。

功率控制技术是 CDMA 系统的核心技术。CDMA 系统是一个自干扰系统，所有移动用户都占用相同带宽和频率，因此需要某种机制使得各个移动台信号到达基站的功率基本处于同一水平上，否则离基站近的移动台发射的信号很容易盖过其他离基站较远的移动台的信号，造成所谓的"远近效应"。CDMA 功率控制的目的就是克服"远近效应"，使系统既能维护高质量通信，又能减轻对其他用户产生的干扰。功率控制分为前向功率控制和反向功率控制，反向功率控制又可分为仅由移动台参与的开环功率控制和移动台、基站同时参与的闭环功率控制。

PN 码的选择直接影响到 CDMA 系统的容量、抗干扰能力、接入和切换速度等性能。CDMA 信道的区分是靠 PN 码来进行的，因而要求 PN 码自相关性好，互相关性弱，实现和编码方案简单等。CDMA 系统就是采用一种基本的 PN 序列——m 序列作为地址码。基站识别码采用周期为 215-1 的 m 序列（称为短码），用户识别码采用周期为 242-1m 序列（称为长码）。

移动通信信道是一种多径衰落信道，RAKE 接收技术就是分别接收每一路的信号进行解调，然后叠加输出达到增强接收效果的目的。多径信号不仅不是一个不利因素，而且在 CDMA 系统变成一个可供利用的有利因素。

CDMA 系统工作在相同的频率和带宽上，移动台从 A 基站覆盖区域向 B 基站覆盖区域行进，在 A、B 两基站的边缘，移动台先与 B 基站建立连接，再将与 A 基站原来的连接断开，这些连接或断开通过码字来实现，不需修改频率，即软切换，软切换技术实现比 TDMA 或 FDMA 系统的硬切换要方便、容易得多。

4.4.3 CDMA 系统演进历程

作为第三代移动通信技术的一个主要代表，CDMA2000 是美国向 ITU-T 提交的第三代移动通信空中接口标准的建议，它由 CDMA IS-95 标准发展演化而来。

IS-95 标准于 1993 年 7 月发布，是 CDMAOne 系列标准中最先发布的一个标准，但真正在全球得到应用的第一个 CDMA 标准是美国 TIA（电信工业协会）于 1995 年 5 月正式颁布的窄带 CDMA 标准 IS-95A。IS-95A 是 CDMAOne 第二个标准，工作频段为 800MHz，兼容模拟和 CDMA 通信系统。在 IS-95A 的基础上，又分别出版了支持 13K 话音编码的 TSB-74 文件、支持 1900MHz 的 CDMAPCS 系统的 STD-008 标准和支持 64Kb/s 数据业务的 IS-95B 标准。

为了能进一步提升数据传输速率和系统容量，3GPP2 标准化组织制定并发布了 IS-2000，即 CDMA2000 标准。并且提出如果系统分别独立使用带宽为 1.25MHz 的载频，则被叫作 1x 系统；如果系统将 3 个载频捆绑使用，则叫作 3x 系统。对于 1x 系统，出现了两个分支，即 1xEV-DO 和 1xEV-DV。1xEV-DO 标准最早起源于 Qualcomm 公司于 1997 年向 CDG 提出的高速率技术。此后，经过不断完善，Qualcomm 公司于 2000 年 3 月以 CDMA20001 xEV-DO 的名称向 3GPP2 提交了正式的技术建议方案。"EV"是 Evolution 的缩写，"DO"则是"Data Only"或是"Data Optimized"的缩写，EV-DO 表示该技术是对 CDMA20001x 在提供数据业务方面的一种演进和增强。

4.4.4　CDMA 系统网络结构

CDMA 移动网络由移动终端（UE）、无线接入网（AN）和核心网（CN）三个部分构成。

移动终端是用户接入移动网络的设备。无线接入网实现移动终端接入到移动网络，主要逻辑实体包括 1x 基站、1x 基站控制器、HRPD 基站、HRPD 基站控制器和接入网鉴权、授权、计费服务器和分组控制功能。

核心网负责移动性管理、会话管理、认证鉴权、基本的电路和分组业务的提供、管理和维护等功能，包括核心网电路域和核心网分组域两个部分。核心网电路域分为两种，即 TDM 电路域和软交换电路域。在实际组网中，核心网可以采用这两种电路域中的一种，但软交换电路域是网络演进的方向。如果需要对原来是 TDM 电路域的核心网采用软交换电路域进行升级换代时，初期可以新建软交换电路域，并使两种电路域同时工作。

TDM 电路域采用 ANSI-41 标准，主要逻辑实体包括移动交换中心（MSC）、拜访位置寄存器（VLR）、归属位置寄存器（HLR）和鉴权中心（AuC）等。软交换电路域采用了控制与承载相分离的网络架构，控制平面负责呼叫控制和相应业务处理信息的传送，承载平面负责各种媒体资源的转换，主要网元包括移动软交换和媒体网关。

提示

　　第二代移动通信技术主要包括 GSM 数字蜂窝移动通信系统和 CDMA（IS-95）数字蜂窝移动通信系统。

4.5　第三代移动通信

4.5.1　第三代移动通信系统介绍

3G（3rd Generation）即第三代移动通信技术，最早由 ITU（国际电信联盟）在 1985 年提出，称为未来公众陆地移动通信系统（FPLMTS）。由于其工作频率在 2000MHz 左右，最高速率在 2000Kb/s，当时预期在 2000 年左右进入商用，因此 1996 年更名为国际移动通信 2000 即 IMT-2000（International MobileTelecomunication-2000）。

IMT-2000 系统的营运环境既有蜂窝移动通信系统，又有低轨道移动卫星通信系统，如图 4-15 所示，因此其主要特性包括以下几点：

（1）全球化。IMT-2000 是一个全球性的系统，它包括多种系统，在设计上具有高度的通用性，该系统中的业务及它与固定网之间的业务可以兼容，能提供全球漫游。

（2）多媒体化。提供高质量的多媒体业务，如话音、可变速率数据、视频和高清晰图像等多种业务。

（3）综合化。能把现存的各类移动通信系统综合在统一的系统中，以提供多种服务。

（4）智能化。主要表现在智能网的引入，移动终端和基站采用软件无线电技术。

（5）个人化。用户可用唯一个人电信号码（PTN）在终端上获取所需要的电信业务，这就超越了传统的终端移动性，真正实现了个人移动性。

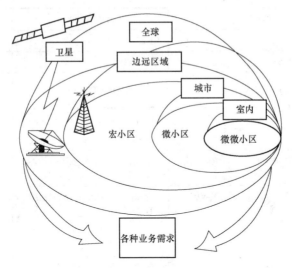

图 4-15　IMT-2000 系统的营运环境

　　第三代移动通信技术的主要特征是：可提供丰富多彩的移动多媒体业务，传输速率在高速移动环境中支持 144Kb/s，步行慢速移动环境中支持 384Kb/s，静止状态下支持 2Mb/s，其设计目标是系统容量大、通信质量好，全球无缝漫游及话音、数据及多媒体等多种业务，同时与已有第二代系统的良好兼容性。

　　国际电联接受的 3G 标准主要有以下三种：WCDMA、CDMA2000 与 TD-SCDMA。可见，CDMA 是第三代移动通信系统的技术基础，以其频率规划简单、系统容量大、频率复用系数高、抗多径能力强、通信质量好、软容量、软切换等特点显示出巨大的发展潜力。

　　（1）WCDMA。全称为 Wideband CDMA，这是基于 GSM 网发展出来的 3G 技术规范，是欧洲提出的宽带 CDMA 技术，它与日本提出的宽带 CDMA 技术基本相同，目前正在进一步融合。该标准提出了 GSM（2G）-GPRS-EDGE-WCDMA（3G）的演进策略。GPRS 是 General Packet Radio Service（通用分组无线业务）的简称，EDGE 是 Enhanced Data rate for GSM Evolution（增强数据速率的 GSM 演进）的简称，这两种技术被称为 2.5 代移动通信技术。

　　WCDMA 保留了 GSM 的 PS 和 CS 主要结构，兼容 GSM 原有的手机终端设备，使 GSM 网络平稳演进至 3G。

　　（2）CDMA2000。CDMA2000 是由窄带 CDMA（CDMA IS95）技术发展而来的宽带 CDMA 技术，由美国主推，该标准提出了从 CDMA IS95（2G）-CDMA20001x-CDMA20003x（3G）的演进策略。CDMA20001x 被称为 2.5 代移动通信技术。CDMA20003x 与 CDMA20001x 的主要区别在于应用了多路载波技术，通过采用三载波使带宽提高。

　　（3）TD-SCDMA。全称为"时分同步 CDMA"（Time Division-Synchronous CDMA），是由我国大唐移动公司提出的 3G 标准。与 WCDMA 类似，TD-SCDMA 保留了 GSM 的 PS 和 CS 主要结构，兼容 GSM 原有的手机终端设备。

　　目前广泛使用的 3G 标准即 WCDMA、CDMA2000 和 TD-SCDMA 的比较如表 4-2 所示。

表 4-2　　　　　　　　　　　　　　三种 3G 标准比较

参数\标准	WCDMA	CDMA2000	TD-SCDMA
信道带宽（MHz）	5/10/20	1.25/5/10/15/20	1.6
码片速率	3.84Mc/s	N*1.2288	1.28
多址方式	单载波 DS-CDMA	单载波 DS-CDMA	单载波 DS-CDMA ＋TD-SCDMA
双工方式	FDD	FDD	TDD
帧长	10ms	20ms	10ms
多速概念	可变扩频因子和多码 RI 检测；高速业务盲检测；低速业务	可变扩频因子和多码盲检测；低速业务	可变扩频因子和多时多码 RI 检测
FEC 编码	卷积码 R＝1/2，1/3，K＝9 RS 码数据	卷积码 R＝1/2，1/3，3/4，K＝9 Turbo 码数据	卷积码 R＝1～1/3，K＝9 Turbo RS 码数据
交织	卷积码：帧内 RS 码：帧间	块交织（20ms）	卷积码：帧内 Turbo RS 码：帧间
扩频	前向：Walsh＋Goid 218 反向：Walsh＋Gold241	前向：Walsh＋M 215 反向：Walsh＋M 241-1	前向：Walsh＋PN 反向：Walsh＋PN
调制	数据：QPSK/BPSK 扩频：QPSK	数据：QPSK/BPSK 扩频：QPSK/OQPSK	接入信道：DQPSK 接入信道：DQPSK/16QAM
相干解调	前向：专用导频信道（TDM）后向：专用导频信道（TDM）	前向：公共导频信道 后向：专用导频信道（TDM）	前向：专用导频信道（TDM）后向：专用导频信道（TDM）
语音编码	AMR	CELP	EFR（增强全速率）
数据率 Mb/s	0.384 室内 2.048	1x-EV-DO：2.4 1x-EV-DV：5	最高：2.048
功率控制	FDD：开环＋快速闭环（1.6kHz）TDD：开环＋慢速闭环	开环＋快速闭环（800kHz）	开环＋快速闭环（200kHz）
基站同步	异步（不需 GPS）可选同步（需 GPS）	同步（需 GPS）	同步（主从同步，需 GPS）
切换	移动台控制软切换	移动台控制软切换	移动台辅助硬切换

4.5.2　WCDMA

1. WCDMA 系统的网络结构

3GPP（第三代移动通信伙伴计划）制定了多个核心网（CN）网络结构的版本：R99、R4、R5、R6、R7 等。其第一个标准是 W-CDMA 系统的 R99 版本。R99 版采用全新的 W-CDMA 无线空中接口标准，支持 2Mb/s 的传输速率，核心网（CN）包括 PS 域和 CS 域两部分。在 R99 中，CN 的 CS 域与 GSM 的相同，PS 域采用 GPRS 的网络结构。

在 R4 和 R5 中，CS 域采用了基于 IP 的网络结构，原来的（G）MSC 被（G）MSC 服务器（Server）和电路交换媒体网关（CS-MGW）代替。（G）MSC 服务器用于处理信令，电路交换媒体网关用于处理用户数据。在 R5 版本中，核心网引入了多媒体子系统（IMS），定义了核心网结构、网元功能、接口和流程等内容，同时新增了漫游信令网关（R-SGW）和传输信令网关（T-SGW）。

同时在无线传输中引入高速下行链路分组接入（HSDPA），HSDPA 是 WCDMA 下行链路针对分组业务的优化和演进，支持高达 10Mb/s 的下行分组数据传输。与 HSDPA 类似，高速上行链路分组接入（HSUPA）是上行链路针对分组业务的优化和演进。HSUPA 是继 HSDPA 后，WCDMA 标准的又一次重要演进，具体体现在 R6 的规范中。

利用 HSUPA 技术，上行用户的峰值传输速率可以提高 2～5 倍，HSUPA 还可以使小区上行的吞吐量比 R99 的 WCDMA 多出 20%～50%。此外，R6 中引入了多媒体广播和组播业务，无线资源优化，实现 3G 与 WLAN 互联等。R7 版本加强了对固定、移动融合的标准化制定，要求 IMS 支持 XDSL、Cable 等固定接入方式。

2．WCDMA 空中接口的物理信道结构

WCDMA 空中接口的物理信道包括下行物理信道、上行物理信道和业务信道的复接。

下行物理信道分为下行专用物理信道（DPCH）和下行公共物理信道［包括公共下行导频信道（CPICH）、基本公共控制物理信道（PCCPCH）、辅助公共控制物理信道（SCCPCH）、同步信道（SCH）、捕获指示信道（AICH）和寻呼指示信道（PICH）］。

下行专用物理信道（DPCH）由数据传输部分（DPDCH）和控制信息（导频比特、TPC 命令和可选的 TFCI）传输部分（DPCCH）组成，这两部分以时分复用的方式发送。下行信道也采用可变扩频因子的传输方式，每个下行 DPCH 时隙中可传输的总比特数由扩频因子 SF＝512/2K 决定，扩频因子的范围是 4～512。

公共下行导频信道（CPICH）是固定速率（30Kb/s，SF＝256）的下行物理信道，携带预知的 20 比特（10 个符号）导频序列（且没有任何物理控制信息）。

基本公共控制物理信道（PCCPCH 或基本 CCPCH）为固定速率（SF＝256）的下行物理信道，用于携带 BCH。每个时隙的前 256 个码片不发送任何信息（Txoff），因而可携带 18 比特的数据。基本 CCPCH 与 DPCH 的不同之处是：没有 TPC 命令、TFCI 和导频比特。在每一时隙的前 256 个码片，即基本 CCPCH 不发送期间，发送基本 SCH 和辅助 SCH。

辅助公共控制物理信道（SCCPCH 或辅助 CCPCH）用于携带 FACH 和 PCH。

同步信道（SCH）是用于小区搜索的下行信道。

捕获指示信道（AICH）为用于携带捕获指示（AI）的物理信道，它给出移动终端是否已得到一条 PRACH 的指示。

寻呼指示信道（PICH）是固定速率的物理信道（SF＝256），用于携带寻呼指示（PI）。

上行物理信道分为上行专用物理信道和上行公共物理信道。

上行专用物理信道有两类，即上行专用物理数据信道（DPDCH）和上行专用物理控制信道（DPCCH）。DPDCH 用于为 MAC 层提供专用的传输信道（DCH）。在每个无线链路中，可能有 0、1 或若干个上行 DPDCH。DPCCH 用于传输物理层产生的控制信息。

在 WCDMA 无线接口中，传输的数据速率、信道数、发送功率等参数都是可变的。为了使接收机能够正确解调，必须将这些参数通过 DPCCH 在物理层控制信息通知接收机。物理层控制信息由为相干检测提供信道估计的导频比特、发送功率控制（TPC）命令、反馈信息（FBI）、可选的传输格式组合指示（TFCI）等组成。TFCI 通知接收机在上行 DPDCH 的一个无线帧内同时传输的传输信道的瞬时传输格式组合参数（如扩频因子、选用的扩频码、DPDCH 信道数等）。在每一个无线链路中，只有一个上行 DPCCH。

上行公共物理信道与上行传输信道相对应，上行公共物理信道也分为两类。用于承载随机接入信道（RACH）的物理信道称为物理随机接入信道（PRACH），用于承载公共分组（CPCH）的物理信道称为物理公共分组信道（PCPCH）。物理随机接入信道（PRACH）用于移动台在发起呼叫等情况下发送接入请求信息。PRACH 的传输基于时隙 ALOHA 的随机多址协议，接入请求信息可在一帧中的任一个时隙开始传输。物理公共分组信道（PCPCH）是一条多用户接入信道，传送 CPCH 传输信道上的信息。在该信道上采用的多址接入协议是基于带冲突检测的时隙载波侦听多址（CSMA/CD），用户可以将无线帧中的任何一个时隙作为开头开始传输。PCPCH 的格式与 PRACH 类似，但增加了一个冲突检测前置码和一个可选的功率控制前置码，消息部分可能包括一个或多个 10ms 长的帧。

传输信道（TrCH）到物理信道有一个映射关系。DCH 经编码和复用后，形成的数据流串行地映射（先入先映射）到专用物理信道中；FACH 和 PCH 的数据流经编码、交织后分别直接映射到基本和辅助 CCPCH 上；对于 RACH，其数据是经过编码和交织后映射到 PRACH 的随机接入突发的消息部分。

在复接过程中，上行无线帧需对输入比特序列进行填充，以保证输出可以分割成相同的大小为 Ti 的数据段，从而使输出比特将整个无线帧填满。但在下行信道中不进行比特填充，当无线帧要发送的数据无法把整个无线帧填满时，需要采用非连续发送（DTX）技术。

3. HSDPA 和 HSUPA

为了达到提高下行分组数据速率和减少时延的目的，HSDPA 主要采用了自适应调制编码（AMC）、快速混合自动重发请求（HARQ）和快速调度技术。其实，上述三种技术都属于链路自适应技术，也可以看成是 WCDMA 技术中可变扩频技术和功率控制技术的进一步提升。

HSUPA 技术主要实现高速上载业务。通过物理层混合重传、基于 NodeB 的快速调度、2msTTI 和 10ms TTI 短帧传输等技术实现。

HSUPA 和 HSDPA 都是 WCDMA 系统针对分组业务的优化，HSUPA 采用了一些与 HSDPA 类似的技术，但是 HSUPA 并不是 HSDPA 简单的上行翻版，HSUPA 中使用的技术考虑到了上行链路自身的特点，如上行软切换，功率控制和用户设备（UE）的 PAR（峰均比）问题。

4.5.3 CDMA2000

1. CDMA2000 的特点

CDMA2000 系统提供了与 IS-95B 的后向兼容，同时又能满足 ITU 关于第三代移动通信基本性能的要求。后向兼容意味着 CDMA2000 系统可以支持 IS-95B 移动台，CDMA2000 移动台可以工作于 IS-95B 系统。CDMA2000 系统是在 IS-95B 系统的基础上发展而来的，因而在系统的许多方面，如同步方式、帧结构、扩频方式和码片速率等都与 IS-95B 系统有许多类似之处。

但为了灵活支持多种业务，提供可靠的服务质量和更高的系统容量，CDMA2000 系统也采用了许多新技术和性能更优异的信号处理方式，概括如下：

（1）多载波工作。CDMA2000 系统的前向链路支持 $N \times 1.2288$Mc/s（$N=1$，3，6，9，12）的码片速率。$N=1$ 时的扩频速率与 IS-95B 的扩频速率完全相同，称为扩频速率 1。多载波方式将要发送的调制符号分接到 N 个相隔 1.25MHz 的载波上，每个载波的扩频速率均为 1.2288Mc/s。反向链路的扩频方式在 $N=1$ 时与前向链路类似，但在 $N=3$ 时采用码片速率为 3.6864Mc/s 的直接序列扩频，而不使用多载波方式，如图 4-16 所示。

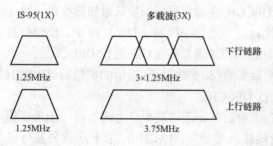

图 4-16　多载波模式和 IS-95 在频谱使用上的关系

（2）反向链路连续发送。CDMA2000 系统的反向链路对所有的数据速率提供连续波形，包括连续导频和连续数据信道波形。连续波形可以使干扰最小化，可以在低传输速率时增加覆盖范围，同时连续波形也允许整帧交织，而不像突发情况那样只能在发送的一段时间内进行交织，这样可以充分发挥交织的时间分集作用。

（3）反向链路独立的导频和数据信道。CDMA2000 系统反向链路使用独立的正交信道区分导频和数据信道，因此导频和物理数据信道的相对功率电平可以灵活调节，而不会影响其帧结构或在一帧中符号的功率电平。同时，在反向链路中还包括独立的低速率、低功率、连续发送的正交专用控制信道，使得专用控制信息的传输不会影响导频和数据信道的帧结构。

（4）独立的数据信道。CDMA2000 系统在反向链路和前向链路中均提供称为基本信道和补充信道的两种物理数据信道，每种信道均可以独立地编码、交织，设置不同的发射功率电平和误帧率要求以适应特殊的业务需求。基本信道和补充信道的使用使得多业务并发时系统性能的优化成为可能。

（5）前向链路的辅助导频。在前向链路中采用波束成型天线和自适应天线可以改善链路质量，扩大系统覆盖范围或增加支持的数据速率以增强系统性能。CDMA2000 系统规定了码分复用辅助导频的产生和使用方法，为自适应天线的使用（每个天线波束产生一个独立的辅助导频）提供了可能。码分辅助导频可以使用准正交函数产生方法。

（6）前向链路的发射分集。发射分集可以改进系统性能，降低对每信道发射功率的要求，因而可以增加容量。在 CDMA2000 系统中采用正交发射分集（OTD）。其实现方法为：编码后的比特分成两个数据流，通过相互正交的扩频码扩频后，由独立的天线发射出去。每个天线使用不同的正交码进行扩频，这样保证了两个输出流之间的正交性，在平坦衰落时可以消除自干扰。导频信道中采用 OTD 时，在一个天线上发射公共导频信号，在另一个天线上发射正交的分集导频信号，保证了在两个天线上发送信号的相干解调的实现。

与 IS-95 相比，CDMA2000 主要的不同点在于：

（1）反向链路采用 BPSK 调制并连续传输，因此，发射功率峰值与平均值之比明显降低。

（2）在反向链路上增加了导频，通过反向的相干解调可使信噪比增加 2～3dB。

（3）采用快速前向功率控制，改善了前向容量。

（4）在前向链路上采用了发射分集技术，可以提高信道的抗衰落能力，改善前向信道的信号质量。

（5）业务信道可以采用 Turbo 码，它比卷积码高 2dB 的增益。

（6）引入了快速寻呼信道，有效地减少了移动台的电源消耗，从而延长了移动台的待机时间。

（7）在软切换方面也将原来的固定门限改变为相对门限，增加了灵活性。

（8）为满足不同的服务质量（QoS），支持可变帧长度的帧结构、可选的交织长度、先进的媒体接入控制（MAC）层支持分组操作和多媒体业务。

2. CDMA2000 系统的网络结构

组成 CDMA2000 系统的网络结构是在现有 CDMAOne 网络结构的基础上的扩展，两者的主要区别在于 CDMA2000 系统中引入了分组数据业务。要实现一个 CDMA2000 系统，必须对 BTS 和 BSC 进行升级，这是为了使系统能处理分组数据业务。

相对于 CDMAOne 网络，与 CDMA2000 系统相关联的分组数据业务节点 PDSN 是一个新网元。在处理所提供的分组数据业务时，PDSN 是一个基本单元，其作用是支持分组数据业务。

认证、授权与计费 AAA 服务器是 CDMA2000 配置的另外一个新的组成部分，AAA 对与 CDMA2000 相关联的分组数据网络提供认证、授权和计费功能，并且利用远端拨入用户服务（RADIUS）协议。

原籍代理 HA 是 CDMA2000 分组数据业务网的第三个主要组成部分，并且它服从于 IS-835，IS-835 在无线网络中与 HA 功能有关。HA 完成很多任务，其中一些是当移动 IP 用户从一个分组区移动到另外一个分组区时对其进行位置跟踪。在跟踪移动用户时，HA 要保证数据包能到达移动用户。

用于现在的 IS-95 网络的原籍位置寄存器 HLR 需要存储更多的与分组数据业务有关的用户信息。HLR 对分组业务完成的任务与现在对话音业务所做的一样，它存储用户分组数据业务选项等。在成功登记的过程中，HLR 的服务信息从与网络转换有关的访问位置寄存器（VLR）上下载。这个过程与现在的 IS-95 系统和其他的 1G 和 2G 等语音导向系统一样。

基站收/发信机 BTS 是小区站点的正式名称。它负责分配资源和用于用户的功率和 Walsh 码。BTS 也有物理无线设备，用于发送和接收 CDMA2000 信号。BTS 控制处在 CDMA2000 网络和用户单元的接口。BTS 也控制直接与网络性能有关的系统的许多方面。BTS 控制的项目是多载波的控制、前向功率分配等。CDMA2000 与 IS-95 系统一样可以在每个扇区内使用多个载波。由于 BTS 用的资源要受到物理和逻辑限制，因此，当发起一个新的话音或者包会话时，BTS 必须决定如何最好地分配用户单元，以满足正被发送的业务。BTS 在决定的过程中，不仅要检测要求的业务，而且必须考虑无线配置、用户类型，当然也要检测要求的业务是话音还是数据包等。

基站控制器 BSC 负责控制它的区域内的所有 BTS，BSC 对 BTS 和 PDSN 之间的来、去数据包进行路由。此外，BSC 将时分多路复用（TDM）业务路由到电路交换平台，并且将分组数据路由到 PDSN。

3. CDMA2000 空中接口

CDMA2000 空中接口的重点是物理层、媒体接入控制（MAC）子层和链路接入控制（LAC）子层。链路接入控制（LAC）和媒体接入控制（MAC）子层设计的目的是为了满足 1.2Kb/s 到大于 2Mb/s 工作的高效、低延时的各种数据业务的需要；满足支持多个可变 QoS 要求的并发话音、分组数据、电路数据的多媒体业务的需要。

LAC 子层用于提供点到点无线链路的可靠的、顺序输出的发送控制功能。在必要时，LAC 子层业务也可使用适当的 ARQ 协议实现差错控制。如果低层可以提供适当的 QoS，LAC 子层可以省略。

MAC 子层除了控制数据业务的接入外，还提供以下功能：

（1）尽力而为的传送。

（2）复接和 QoS 控制。

CDMA2000 空中接口中的物理信道分为前向/反向专用物理信道（F/R-DPHCH）和前向/反向公共物理信道（F/R-CPHCH）。前向/反向专用物理信道是以专用和点对点的方式在基站和单个移动台之间运载信息。前向/反向公共物理信道是以共享和点对多点的方式在基站和多个移动台之间运载信息。除此以外，前向公共物理信道还包括前向快速寻呼信道（F-QPCH）和前向公共广播信道（F-BCCH）。

（1）CDMA2000 前向信道。CDMA2000 的前向信道具有如下的特征。

1）采用了多载波分集发送分集（MCTD）和正交发送分集（OTD）。MCTD 用于多载波系统，每个天线上可以发送一组载波。如在 $N=3$ 的系统中，若使用两个天线，则第一和第二个载波可以在一个天线上发送，第三个载波可以在另一个天线上发送；若使用三个天线，则每个载波分别在一个天线上发送。OTD 用于直扩系统，编码后的比特流分成两路，每一路分别采用一个天线，每个天线上采用不同的正交扩展码，从而维持两个输出流的正交性，并可消除在平坦衰落下的自干扰。

2）为了减少和消除小区内的干扰，采用了 Walsh 码。为了增加可用的 Walsh 码数量，在扩展前采用了 QPSK 调制。

3）采用了可变长度的 Walsh 码来实现不同的信息比特速率。当前向信道受 Walsh 码的数量限制时，可通过将 Walsh 码乘以掩码（Masking）函数来生成更多的码，以该方式产生的码称为准正交码。在 IS-95A/B 中使用了固定长度为 64 的 Walsh 码；在 CDMA2000 中，Walsh 码的长度为 4～128。在 F-FCH 中，Walsh 码的长度固定，RS3 和 RS5 使用长度为 128 的 Walsh 码，RS4 和 RS6 使用长度为 64 的 Walsh 码。需要使用 Walsh 码管理算法来使不同速率信道上的码相互正交。

4）使用了一个新的用于 F-FCH 和 F-SCH 的快速前向功率控制（FFPC）算法，快速闭环功率调整速率为 800b/s。F-FCH 和 F-SCH 有两种功率控制方案：单信道功率控制和独立功率控制。在单信道功率控制中，系统的功率控制基于高速率信道的性能，低速率信道的功率增益取决于它与高速率的关系。在独立功率控制方案中，F-FCH 和 F-SCH 的功率增益是分开决定的。移动台运行两个外环（Outer Loop）算法（具有不同的信号干扰比目标）。

（2）CDMA2000 反向物理信道。CDMA2000 反向物理信道结构包括反向公共物理信道（R-ACH、R-CCCH）和反向专用物理信道（R-PICH、R-DCCH、R-FCH、R-SCH）。反向信道具有如下特征：

1）采用了连续的信号波形（连续的导频波形和连续的数据信道波形），从而使得传输信号对生物医学设备（如助听器等）的干扰最小化，并且可以用较低的速率来增加距离。连续的信号有利于使用帧间的时间分集和接收端的信号解调。

2）采用了可变长度的 Walsh 序列来实现正交信道。

3）通过信道编码速率、符号重复次数、序列重复次数等的调整来实现速率匹配。

4）通过将物理信道分配到 I 和 Q 支路，使用复数扩展使得输出信号具有较低的频谱旁瓣。

5）采用了两种类型的独立数据信道 R-FCH 和 R-SCH，它们分别采用编码、交织、不同的发送功率电平，从而实现对多种同时传输业务的最佳化。

6）通过采用开环、闭环和外环（Outer Loop）等方式实现反向功率控制。开环功率控制用于补偿路径损耗和慢衰落；闭环功率控制用于补偿中等到快衰落变化，功率调整速率为 800b/s；外环功率控制用于在基站调整闭环功率控制的门限。

7）采用了一个分离的低速、低功率、连续正交的专用控制信道，从而不会对其他导频信道和物理帧结构产生干扰。

在基本信道和专用控制信道上，控制信息的传输使用了 5ms 和 20ms 的帧结构；在其他类型的数据（包括话音）传输中，使用了 20ms 的帧结构。交织和序列重复在一帧内进行。

4.5.4　TD-SCDMA

1. TD-SCDMA 发展历程

TD-SCDMA 作为中国首次提出的具有自主知识产权的国际 3G 标准，已经得到了中国政府、运营商及制造商等各界同仁的极大关注和支持。它具有技术领先，频谱效率高并能实现全球漫游，适合各种对称和非对称业务，建网和终端的性价比高等优势。

2006 年 1 月 20 日，我国信息产业部颁布 3G 的三大国际标准之一的 TD-SCDMA 为我国通信行业标准，标志着这一技术已经成熟，商用进程被迅速推进。

TD-SCDMA 发展历程如下：

1997 年，ITU 制定建议，对 IMT-2000 无线传输技术提出了最低要求，并面向世界范围征求方案。1998 年 1 月，在北京西山会议上决定由大唐电信代表中国向 ITU 提交一个 3G 标准建议。1998 年 6 月 29 日下午，在 ITU 规定接受各国 3G 提案的最后一天，由原信息产业部部长吴基传、副部长杨贤足、周德强签署的名为 TD-SCDMA 的 3G 移动通信标准建议，通过传真发到日内瓦 ITU 总部。1998 年 9 月，TD-SCDMA 标准完成评估和修改。1998 年 11 月，TD-SCDMA 标准被 ITU 接受为候选建议。1999 年 11 月，芬兰赫尔辛基 ITU 会议上，TD-SCDMA 标准进入 ITUTG8/1 文件 IMT-RSPC 最终稿，成为 ITU/3G 候选方案。2000 年 5 月 5 日，在土耳其伊斯坦布尔无线电大会上，TD-SCDMA 正式被 ITU 接纳成为 IMT-2000 标准之一，这是百年来中国电信发展史上的重大突破。

2000 年 12 月 12 日，TD-SCDMA 技术论坛成立。2001 年 3 月 16 日，TD-SCDMA 被写入 3GPP 第 R4 版本（3GPP Release4），TD-SCDMA 标准被 3GPP（第三代移动通信伙伴项目）接纳。2001 年 4 月 11 日，TD-SCDMA 基站与模拟终端之间打通电话。2001 年 4 月 27 日，现场试验 TD-SCDMA 终端样机之间打通电话，完成了其全球的首次呼叫。2001 年 7 月 4 日，TD-SCDMA 基站与模拟终端间实现了图像传输。2001 年 9 月，飞利浦同大唐举行 LOI 签字仪式，成立联合研发机构进行 TD-SCDMA 终端核心芯片的开发。2001 年 10 月 3 日，TD-SCDMA 内部试验网系统联调成功。2002 年 1 月，由 Nokia、TI、LG、普天、大霸（DBTeL）和 CATT 六家核心成员联合发起的凯明（Commit）公司在上海成立。2002 年 1 月 22 日，FTMS 打通第一个 MOC 双向语音电话。2002 年 2 月，内部试验网演示成功（车速 120km，基站覆盖半径 16km），证明 TD-SCDMA 完全符合国际电联对第三代移动通信系统的要求，不存在任何技术障碍，能够独立组网和全国覆盖。2002 年 2 月，通过 863C3G 总体组验收，评价为最优 AA。

2002 年 3 月，大唐移动通信设备有限公司挂牌成立，拉开了中国 TD-SCDMA 技术全面产业化的序幕。2002 年 5 月，通过 MTnet 第一阶段测试。2002 年 10 月，中国信息产业部无线电管理局在《关于第三代公众移动通信系统频率规划问题的通知》（信部无〔2002〕479 号）划定了 3G 频段，表现出对 TD-SCDMA 的偏爱，为 TD-SCDMA 预留了 155MHz 的 TDD 非对称频段（1880M～1920MHz，2010M～2025MHz，2300M～2400MHz），而对 W-CDMA 和 CDMA2000 的频率与 ITU 的规划相同，即采用通用的 3G 核心频率，共计留出了 60MHz×2（1920M～1980MHz）的 FDD 对称频段。这进一步表明，中国政府将全力支持 TD-SCDMA 的发展。

2002 年 10 月 30 日，TD-SCDMA 产业联盟成立大会在北京人民大会堂举行，大唐电信、南方高科、华立、华为、联想、中兴、中国电子、中国普天等 8 家知名通信企业作为首批成员，签署了致力于 TD-SCDMA 产业发展的《发起人协议》。我国第一个具有自主知识产权的国际标准 TD-SCDMA 终于获得了产业界的整体响应。2003 年 3 月，大唐移动 TD-SCDMA 产业园落户上海青浦工业园区。2003 年 4 月，重邮 3G 手机实现与大唐基站通话。2003 年 6 月 23 日，TD-SCDMA 技术论坛加入 3GPP 合作伙伴计划。

2006 年 1 月 20 日，我国信息产业部颁布 3G 的三大国际标准之一的 TD-SCDMA 为我国通信行业标准。从 2007 年 3 月开始，TD-SCDMA 开始了大规模测试，测试城市在原来青岛、保定、厦门三座城市的基础上，新增了北京、上海、天津、沈阳和秦皇岛 5 座城市，此外，还有广州和深圳两个移动通信发展较快的城市。TD-SCDMA 的试商用也在这十大城市全面铺开。在真实运营环境下，检验 TD-SCDMA 商用能力，检验网络互联互通，特别是运营 3G 数据业务。

　　　TD-SCDMA 之父——李世鹤（见图 4-17）：1941 年出生于重庆，博士、教授级高工，被誉为 TD 之父，曾任大唐移动通信设备有限公司副总裁，主导研发的 TD-SCDMA 为国际第三代移动通信（3G）三大标准之一，竭力推动 TD-SCDMA 从无到有、从标准到产业，成就中国百年电信史上的创举。

图 4-17　TD-SCDMA 之父——李世鹤

2. TD-SCDMA 关键技术和技术优势

TD-SCDMA 标准由中国信息产业部电信科学技术研究院（CATT）和德国西门子公司合作开发。它采用时分双工（TDD）、TDMA/CDMA 多址方式工作，基于同步 CDMA、智能天线、软件无线电、联合检测、正向可变扩频系数、Turbo 编码技术、接力切换等新技术，其目标是建立具有高频谱效率、高经济效益和先进的移动通信系统。

同步 CDMA（S-CDMA）系统采用上行同步的直扩 CDMA 技术，另外结合了智能天线、软件无线电及高质量话音压缩编码技术。S-CDMA 是降低多址干扰，简化基站接收机的一项重要技术。由于 IS-95 未能很好地解决诸如上行通道准确同步等问题，因此不得不依靠复杂的功率控制、Viterbi 编译码器、Rake 接收机等一系列现代化数字信号处理技术来保证通信的质量。

TD-SCDMA 是 TDD 和 CDMA、TDMA、FDMA 技术的完美结合，具有下列技术优势：

（1）采用 TDD 技术，只需一个 1.6MHz 带宽，而以 FDD 为代表的 CDMA2000 需要 1.25×2MHz 带宽，WCDMA 需要 5×2MHz 带宽才能进行双工通信，同时 TDD 便于利用不对称的频谱资源，从而频谱利用率大大提高，并适合多运营商环境。

（2）采用多项新技术，频谱效率高。TD-SCDMA 采用智能天线、联合检测、上行同步技术，可降低发射功率，减少多址干扰，提高系统容量；采用接力切换技术，克服软切换大量占用资源的缺点；采用软件无线电技术，更容易实现多制式基站和多模终端，系统更易于升级换代。TD-SCDMA 的话音频谱利用率比 WCDMA 高 2.5 倍，数据频谱利用率甚至高达

3.1 倍。

（3）采用 TDD，不需要双工器，简化硬件，可降低系统设备和终端成本的价格。

（4）上、下行时隙分配灵活，提供数据业务优势明显。数据业务将在未来 3G 及 3G 以后的移动业务中扮演重要角色，以无线上网为代表的 3G 业务的特点是上、下行链路吞吐量不对称，导致上、下行链路所承载的业务量不平衡。TD-SCDMA 基于 TDD 双工模式下的 TDMA 传输，每个无线信道时域里的一个定期重复的 TDMA 子帧被分为多个时隙，通过改变上、下行链路间时隙的分配，能够适应从低比特率语音业务到高比特率因特网业务及对称和非对称的所有 3G 业务。目前，每个子帧有 6 个业务时隙，3 个时隙用于上行链路，3 个时隙用于下行链路（3:3），是对称分配。此外，还可以选择 2:4，1:5 配置。

（5）可与 GSM 系统兼容，通过 GSM/TD-SCDMA 双模终端可以适应两网并存期的用户漫游要求。

（6）采用 TDD 与 TDMA 更易支持 PTT 业务和实现新一代数字集群。

TD-SCDMA 系统基于 GSM 网络，使用现有的 MSC，对 BSC 只进行软件修改，使用 GPRS 技术。它可以通过 A 接口直接连接到现有的 GSM 移动交换机，支持基本业务，通过 Gb 接口支持数据包交换业务。

3. TD-SCDMA 网络结构

TD-SCDMA 通信系统的网络结构由三个主要部分组成：移动用户终端（UE）、无线网络子系统 RNS（即 UTRAN）及核心网子系统（CN）。整个通信系统从物理上分成两个域：用户设备域和基础设备域。基础设备域分成无线网络子系统域和核心网域，核心网域又分为电路交换域和分组交换域，分别对应于 2G/2.5G 网络中的 GSM 交换子系统和 GPRS 交换子系统。网络体系以 3GPP R4 的标准为基础，相对原来 2G/2.5G 的网络结构，新增的设备和新增的接口及它们在网络中的位置如图 4-18 所示。

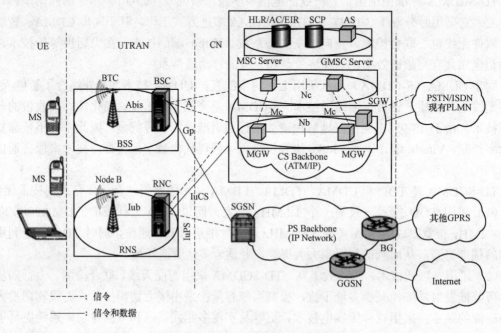

图 4-18 TD-SCDMA 系统网络结构

无线网络子系统负责移动用户终端和核心网之间传输通道的建立与管理，由无线网络控制器 RNC 和无线收发信机 NodeB 组成。根据不同网络环境的要求，一个 RNC 可以接一个或多个 NodeB 设备。一个无线网络子系统包括一个 RNC 和一个或多个 NodeB，NodeB 和 RNC 之间通过 Iub 接口进行通信。

> 第三代移动通信技术主要有 WCDMA、CDMA2000 与 TD-SCDMA 三种，其中 TD-SCDMA 是中国首次提出的具有自主知识产权的国际 3G 标准。

4.6　第四代移动通信技术

第四代移动通信技术（4G）是继第三代以后的又一次无线通信技术演进，集移动通信与 WLAN 于一体，并能够传输高质量视频图像（与高清晰度电视不相上下）。它具有更加明确的目标性：提高移动装置无线访问互联网的速度。如果说 3G 能为我们提供一个高速传输的无线通信环境的话，那么 4G 通信将是一种超高速无线网络，一种不需要电缆的信息超级高速公路。

4.6.1　4G 的主要优势

如果说 2G、3G 通信对于人类信息化的发展是微不足道的话，那么 4G 通信却给了我们真正的沟通自由，并将彻底改变我们的生活方式甚至社会形态。目前的 4G 通信具有下面的特征。

1．通信速度更快

由于人们研究 4G 通信的最初目的就是提高蜂窝电话和其他移动装置无线访问因特网的速率，因此 4G 通信给人印象最深刻的特征莫过于它具有更快的无线通信速度。与移动通信系统数据传输速率作比较，第一代模拟式仅提供语音服务；第二代数位式移动通信系统传输速率也只有 9.6Kb/s，最高可达 32Kb/s，如 PHS；而第三代移动通信系统数据传输速率可达到 2Mb/s；第四代移动通信系统可以达到 10Mb/s 至 20Mb/s，甚至最高可以达到 100Mb/s 速度传输无线信息。

当然，4G 系统所使用的频谱也更宽，估计每个 4G 信道将占有 100MHz 的频谱，相当于 W-CDMA 网络的 20 倍。

2．更加灵活的接入方式

4G 移动通信接入系统的显著特点是智能化多模式终端（Multi Mode Terminal）。基于公共平台，通过各种接入技术，在各种网络系统（平台）之间实现无缝连接和协作。4G 移动通信网将是一个自适应的网络，具有很好的重构性、可变性、自组织性等，以便于满足不同用户在不同环境下的通信需求。

3．兼容性能更平滑

要使 4G 通信尽快被人们接受，不但要考虑的它的功能强大，还应该考虑到现有通信的基础，以便让更多的现有通信用户在投资最少的情况下就能很轻易地过渡到 4G 通信。因此，从这个角度来看，第四代移动通信系统应当具备全球漫游，接口开放，能跟多种网络互联，终端多样化及能从第二代平稳过渡等特点。

4. 提供各种增值服务

4G 通信并不是从 3G 通信的基础上经过简单的升级而演变过来的，它们的核心建设技术根本就是不同的，3G 移动通信系统主要是以 CDMA 为核心技术，而 4G 移动通信系统技术则以正交多任务分频技术（OFDM）最受瞩目，利用这种技术人们可以实现例如无线区域环路（WLL）、数字音讯广播（DAB）等方面的无线通信增值服务；不过考虑到与 3G 通信的过渡性，第四代移动通信系统不会在未来仅仅只采用 OFDM 一种技术，CDMA 技术将会与 OFDM 技术相互配合以便发挥更大的作用，甚至也会有新的整合技术如 OFDM/CDMA 产生。

5. 实现更高质量的多媒体通信

尽管第三代移动通信系统也能实现各种多媒体通信，但未来的 4G 通信能满足第三代移动通信尚不能达到的在覆盖范围、通信质量、造价上支持的高速数据和高分辨率多媒体服务的需要。第四代移动通信系统提供的无线多媒体通信服务将包括语音、数据、影像等大量信息通过宽频的信道传送出去，为此第四代移动通信系统也称为"多媒体移动通信"。

6. 频率使用效率更高

相比第三代移动通信技术来说，第四代移动通信技术在开发研制过程中使用和引入许多功能强大的突破性技术。例如一些光纤通信产品公司为了进一步提高无线因特网的主干带宽，引入了交换层级技术，这种技术能同时涵盖不同类型的通信接口，也就是说第四代主要是运用路由技术（Routing）为主的网络架构。由于利用了几项不同的技术，所以无线频率的使用比第二代和第三代系统有效得多。按照最乐观的情况估计，这种有效性可以让更多的人使用与以前相同数量的无线频谱做更多的事情，而且速度相当快。

7. 通信费用更加便宜

由于 4G 通信解决了与 3G 通信的兼容性问题，让更多的现有通信用户能轻易地升级到 4G 通信，4G 通信部署起来就容易、迅速得多。同时在建设 4G 通信网络系统时，通信营运商们将考虑直接在 3G 通信网络的基础设施之上，采用逐步引入的方法，这样就能够有效地降低运行者和用户的费用。据研究人员称，4G 通信的无线即时连接等某些服务费用将比 3G 通信更加便宜。

4.6.2　多模式终端接入

4G 移动通信接入系统的显著特点是智能化多模式终端。基于公共平台，通过各种接入技术，4G 在各种网络系统（平台）之间实现无缝连接和协作。

当多模式终端接入系统时，网络会自适应分配频带、给出最优化路由，以达到最佳通信效果。就现在而言，4G 移动通信的主要接入技术有：无线蜂窝移动通信系统（例如 2G、3G），无绳系统（如 DECT），短距离连接系统（如蓝牙），WLAN 系统，固定无线接入系统，卫星系统，平流层通信（STS），广播电视接入系统（如 DAB、DVB-T、CATV）。随着技术发展和市场需求变化，新的接入技术将不断出现。

不同类型的接入技术针对不同业务而设计，因此，我们根据接入技术的适用领域、移动小区半径和工作环境，对接入技术进行分层。

（1）分配层：主要由平流层通信、卫星通信和广播电视通信组成，服务范围覆盖面积大。

（2）蜂窝层：主要由 2G、3G 通信系统组成，服务范围覆盖面积较大。

（3）热点小区层：主要由 WLAN 网络组成，服务范围集中在校园、社区、会议中心等，移动通信能力很有限。

（4）个人网络层：主要应用于家庭、办公室等场所，服务范围覆盖面积很小。移动通信能力有限，但可通过网络接入系统连接其他网络层。

（5）固定网络层：主要指双绞线、同轴电缆、光纤组成的固定通信系统。

网络接入系统在整个移动网络中处于十分重要的位置。未来的接入系统将主要在以下三个方面进行技术革新和突破：

（1）为最大限度开发利用有限的频率资源，在接入系统的物理层，优化调制、信道编码和信号传输技术，提高信号处理算法、信号检测和数据压缩技术，并在频谱共享和新型天线方面做进一步研究。

（2）为提高网络性能，在接入系统的高层协议方面，研究网络自我优化和自动重构技术，动态频谱分配和资源分配技术，网络管理和不同接入系统间协作。

（3）提高和扩展 IP 技术在移动网络中的应用；加强软件无线电技术；优化无线电传输技术，如支持实时和非实时业务、无缝连接和网络安全。

4G 移动通信的软件系统趋于标准化、复杂化、智能化。软件系统的首要任务是，创建一个公共的软件平台，使不同通信系统和终端的应用软件，通过此平台"互连互通"；并且，通过此软件平台，实现对不同通信系统和终端的管理和监控。因此，建立一个统一的软件标准和互连协议，是 4G 移动通信软件系统的关键。

4.6.3 4G 的关键技术

4G 的关键技术主要有 OFDM、软件无线电技术、智能天线等。

1. OFDM

OFDM 技术将需要传输的串行数据流分解为若干个较低速率的并行子数据流，再将它们各自调制到相互正交的子载波上，最后合成输出，输出的数据速率与串行数据流分解前的速率相同。

第一，由于这些子载波相互正交，因此允许它们之间的频谱重叠，从而提高了频谱利用率。

第二，由于信号分解后并行子数据流的码元周期变长，只要时延扩展与码元周期之比小于一定的数值，就不会造成码间干扰，且这些子数据流的信号传输带宽减小，可以有效降低频率选择性衰落，同时合成后输出的总数据速率并没有降低。

第三，OFDM 采用跳频的方法来选用正交子载波。跳频是把一个宽频段分解为若干个频率间隔（频道或频隙），发端在某一个特定的时间间隔中采用哪一个频道发送信号，由一个伪随机序列进行控制。因此，OFDM 技术有很好的抗窄带干扰能力。

第四，OFDM 每个子载波所使用的调制方法可以不同，但不同的调制方法具有不同的频谱利用率和误码率，尤其在无线信道条件不同的情况下，如何选用一种最佳的调制方法是值得考虑的。而 OFDM 技术采用了自适应调制的方案，可以根据信道条件的好坏，灵活选择不同的调制方式。这样，系统可以在频谱利用率和误码率之间取得最佳平衡。但自适应调制方式需要信号中包含一定的开销比特。

2. 软件无线电

软件无线电就是在无线电系统中尽可能用软件来实现硬件的功能。它能够将模拟信号的数字化过程尽可能地接近天线，即将 A/D 和 D/A 转换器尽可能地靠近 RF 前端，利用 DSP 软件进行信道分离、调制解调和信道编译码等工作。

软件无线电的优势主要体现在以下几个方面：

（1）系统结构通用，功能实现灵活，改进升级方便。

（2）提供了不同系统间相互操作的可能性。软件无线电可以使移动终端适合各种类型的空中接口，可以在不同类型的业务间转换。

（3）拥有较强的跟踪新技术的能力。由于通过软件实现系统的主要功能，因此更易于采用新的信号处理手段，从而提高了系统抗干扰的性能。同时，也可大大降低新产品的开发成本和周期，降低运营商的投资。

软件无线电的难点在于三方面：

（1）多频段天线的设计。软件无线电的天线需要覆盖多个频段，以满足多信道不同方式同时通信的需求，而射频频率和传播条件的不同，使得各频段对天线的要求存在着较大的差异，因此多频段天线的设计成为软件无线电技术实现的难点之一。

（2）宽带 A/D、D/A 转换。根据奈奎斯特抽样定理，要从抽样信号中无失真地恢复原信号，抽样频率应大于 2 倍信号最高频率。

（3）高速 DSP（数字信号处理器）。高速 DSP 芯片主要完成各种波形的调制解调和编解码过程，它需要有更多的运算资源和更高的运算速度来处理经宽带 A/D、D/A 变换后的高速数据流，因此其芯片有待进一步研发。

3. 智能天线

智能天线具有抑制噪声、自动跟踪信号、智能化时空处理算法形成数字波束等功能。

智能天线采用了空分多址（SDMA）的技术，利用信号在传输方向上的差别，将同频率或同时隙、同码道的信号进行区分，动态改变信号的覆盖区域，使主波束对准用户方向，旁瓣或零陷对准干扰信号方向，并能够自动跟踪用户和监测环境变化，为每位用户提供优质的上行链路和下行链路信号，从而达到抑制干扰、准确提取有效信号的目的。

因此，智能天线技术更加适用于具有复杂电波传播环境的移动通信系统。在我国提出的 3G 标准 TD-SCDMA 中就采用了智能天线技术。这种技术的优点如下。

（1）提高系统容量。智能天线采用了 SDMA 技术，利用空间方向的不同进行信道的分割，在不同的信道中可以在同一时间使用同一种频率而不会产生干扰，从而提高了系统容量。

（2）降低系统干扰。智能天线技术将波束的旁瓣或零陷对准干扰信号方向，因此能够有效抑制干扰。

（3）扩大覆盖区域。由于智能天线有了自适应的波束定向功能，因此与普通天线相比，在同等发射功率的条件下，采用智能天线技术的信号能够传送到更远的距离，从而增加了覆盖范围。

（4）降低系统建设成本。由于智能天线技术能够扩大覆盖区域，因此基站的建设数量可以相对减少，降低了运营商的建设成本。智能天线技术的主要缺点在于它的使用将增加通信系统的复杂度，并对元器件提出了较高的性能要求。

4. 其他有待进一步研究的技术

在 4G 移动通信中，以下关键技术需进一步研究和解决。

（1）定位技术。定位是指移动终端位置的测量方法和计算方法。在 4G 移动通信系统中，移动终端可能在不同系统（平台）间进行移动通信。因此，对移动终端的定位和跟踪，是实现移动终端在不同系统（平台）间无缝连接和系统中高速率和高质量的移动通信的前提和保障。

（2）切换技术。切换技术适用于移动终端在不同移动小区之间、不同频率之间通信或者信号降低信道选择等情况。切换技术是未来移动终端在众多通信系统、移动小区之间建立可靠移动通信的基础和重要技术。它主要有软切换和硬切换。在 4G 通信系统中，切换技术的适用范围更为广泛，并朝着软切换和硬切换相结合的方向发展。

（3）无线电在光纤中的传输技术。在未来的通信系统中，光纤网将发挥十分重要的作用。可以利用光纤传送宽带无线电信号，与其他传输媒介相比，光纤传输损耗很小。还可以用光纤传送包含多种业务的高频（60GHz）无线电信号。因此，利用光纤传输无线电信号，成为研究的一个重点。

（4）网络协议与安全。未来移动网络包含许多类型的通信网络，采用以软件连接和控制为主的方法进行网络互连。随着网络的扩展，网络的安全问题也需高度重视。

（5）高速传输技术。主要研究在高速率条件下，高速移动通信微波传输的性能；在高频段（如 60GHz）室内信号多径传输性能，以及雨天等恶劣条件下的信号传输技术。

（6）调制和信号传输技术。在高频段进行高速移动通信，将面临严重的选频衰落（frequency-selective fading）。为提高信号性能，研究和发展智能调制和解调技术，来有效抑制这种衰落。例如正交频分复用技术（OFDM）、自适应均衡器等。另一方面，采用 TPC、RAKE 扩频接收、跳频、FEC（如 AQR 和 Turbo 编码）等技术，来获取更好的信号能量噪声比（Eb/N0）。

随着新技术和人们的新需求不断出现，第四代移动通信技术将会做相应调整和进一步发展。纵观移动通信发展规律，我们相信，第四代移动通信技术的高速率、高质量、大容量的多媒体服务，将使我们的世界更美好。

第四代移动通信技术（4G）集 3G 与 WLAN 于一体，能够传输高质量视频图像，其网络速度峰值可达 100~150Mb/s。

4.7 个人通信

个人通信是指用户能在任何时间、任何地点与任何地点的另一个人进行各种通信（语音、数据、传真、图像等）的一种新的通信方式。个人通信以人为中心，把现在"服务到家"的通信转向"服务到人"，具有最好的服务质量，是 21 世纪通信发展的重要方向。个人通信是人类通信的最高目标，它是用各种可能的网络技术，实现任何人（whoever）在任何时间（whenever）、任何地点（wherever）与任何人（whomever）进行任何种类（whatever）的交换信息。

ITU-T 的通用个人通信（Universal Personal Telecommunication，UPT）的定义为：UPT 在允许个人移动性的情况下获取电信业务。它能使每个 UPT 用户享用一组由用户规定的预定业务，并利用一个对网络透明的 UPT 个人号码，跨越多个网络，在任何地理位置、在任何一个固定或移动的终端上发起和接收呼叫。它只受终端和网络能力及网络经营者的规定限制。所谓个人移动性是指一个使用者根据一个个人识别标志，在任何一个终端上获取电信业务的能力，以及网络根据使用者的业务档案提供所需电信业务的能力。

个人通信的主要特点：每一个用户有一个属于个人的唯一通信号码，取代了以设备为基础的传统通信的号码。电信网随时跟踪用户为他服务，不论被呼叫的用户是在车上、船上、飞机上，还是在办公室里、家里、公园里，电信网都能根据呼叫人所拨的个人号码找到他，接通电路提供通信。用户通信完全不受地理位置的限制。

实现个人通信，需要解决许多技术问题。主要有：

（1）跟踪用户和位置登记。

（2）自动灵活计费。

（3）超大容量的数据库。

（4）"无缝网"的实现。

目前个人通信还只是在研究起步的阶段，但是已经有一些重大的技术成果是实现个人通信的基础。例如：

（1）智能网。个人通信在服务时间、地区、业务种类等方面有很大的随意性，必须有发达的智能网支持。智能将在个人号码识别、业务认定、选择路由、信令传输、计费等许多方面对个人通信起支撑的作用。

（2）数字蜂窝移动通信。数字蜂窝移动通信系统将为首先在大中城市等人口密集地区实现具有部分个人通信功能的通信提供了可能，是未来个人通信的重要基础。

（3）低轨道移动卫星通信系统。低轨道卫星通信系统提供了全球通信的网络，它使任何一个系统的用户能在任何时间、任何地方与候选人进行通信，特别为人口稀少、不能建设其他通信设施的地区提供方便的移动通信服务。

要实现个人通信还需要很长的历程，但是随着通信技术和计算机技术的发展，全球范围的个人通信是一定能实现的。

练 习 题

1．移动通信系统由几部分组成？

2．移动通信具有哪些特点？

3．多普勒效应指什么？

4．我国移动通信系统的频率配置如何？

5．移动通信环境下有哪些干扰？

6．常用语音编码方案有多少种？移动通信中应用什么语音编码方式？

7．什么是交织技术？有什么优点？有什么缺点？

8．什么是分集技术？

9．叙述 GSM 网络结构模块及各接口的功能。

10．简单介绍 GSM 网络是如何实现鉴权与加密的。

11．CDMA 系统的优点是什么？

12．CDMA 系统的关键技术是什么？

13．个人通信的特征是什么？

14．IMT-2000 的主要特征是什么？

15．3G 标准主要有哪几类？分别简单介绍其技术及特点。

16．TD-SCDMA 关键技术和技术优势是什么？

17．第四代移动通信主要采用何种技术？业务上和 3G 有何区别？

第5章 多媒体通信的奥秘

🔊 **内容提要**

多媒体是什么？如何实现多媒体信息的采集、压缩、传输、解压缩和显示？针对这些问题，本章首先介绍了图像和视频的概念，然后重点讲解了视频压缩和解压缩技术，以及多媒体同步和差错控制技术，最后以 H.323 为例说明了多媒体终端的组成。

📖 **导　读**

多媒体通信的主要特点是通信的内容为多媒体，而多媒体的特点是数据量大。因此需要在传输之前进行压缩，接收之后再予以解压缩，压缩和解压缩技术是多媒体通信的核心技术环节。因此，本章的重点是理解多媒体压缩/解压缩算法的原理，以及多媒体通信的媒体同步技术和差错控制技术。

5.1　什么是多媒体通信

5.1.1　媒体与多媒体

媒体（Media）这个词，本身的含义是媒介物体的意思，或者说是信息的载体。实际上，我们日常生活中所说的媒体主要指信息内容本身的形式，而不是存储信息的介质。例如声音、视频、文字、温度、味道、气味、压力等，都可以传递信息给我们，这些都是信息存在的形式，都是一种"媒体"。

多媒体（Multimedia）就是多种媒体，即利用多种媒体共同来实现一种应用目标。多媒体设备，则是指该设备具有同时处理多种媒体的能力。通常我们会提到多媒体的三个特征：

（1）集成性。多媒体是多种媒体的有机结合。这种结合需要满足一定的约束条件，如时间、空间约束条件。

（2）交互性。是指用户与媒体系统之间的交互，用户可以干预媒体的播放进度、展示方式，甚至可单独控制多媒体中的某个组成成分。

（3）同步性。是指多媒体各个组成部分之间按照特定的约束关系来演进，而不能够破坏这种约束关系。同步主要分为流内（同一媒体内的）同步和流间（不同媒体之间的）同步。

本书认为多媒体更为本质的特性在于媒体之间的"独立性"，这是区分多媒体与非多媒体的本质属性。独立性，是指多种媒体之间是可以分拣开的。你可以在终端上独立操纵其中任意一种媒体，例如把字幕暂时隐藏掉或者把音量调大调小等，甚至有可能把画面中的一个桌子调整一下位置。无论是经过通信传输、还是存储和播放，在这个过程中媒体之间始终不改变它们的独立性，如图 5-1 所示。

电视算不算多媒体？从以上分析可以看到，关键是媒体之间的独立存在性。对于电视信号，由于画面内容是融合在一起的，画面的成分是不存在独立性的。但是声音和视频却是可以分开的，在拍摄、处理、传输、存储和播放的过程中都存在独立性。因此，我们认为电视信号也算是多媒体信号。

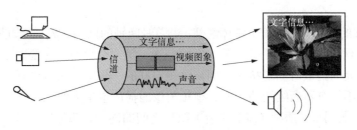

图 5-1　多媒体的独立性

有了独立性，才谈得上集成性和同步性，也才有可能对图像中的某个"视频对象"进行交互。

5.1.2　多媒体通信及其特点

多媒体通信，就是说通信的内容是多媒体。多媒体通信要求通信设备和通信线路也必须能够处理多媒体内容。相对于传统的话音通信和数据通信，多媒体通信有什么独特的特点和要求呢？

（1）数据量大。视频和音频的数据量都比较大，这是多媒体通信最明显的特点。例如视频数据即使在压缩以后也通常能达到几百千比特每秒，甚至几兆比特每秒，音频数据也要几千比特每秒到几十千比特每秒。

（2）多媒体数据的变码率。多媒体数据量，特别是视频数据量，本身就是随着图像内容的变化而波动的。当图像内容有较大变化时（例如运动，或者场景切换，摄像机扫拍等）数据量就会快速变大，而画面静止不动时，数据量又变得很小。

（3）传输时延和抖动。时延就是从发送到接收所花费的时间，也是传输速度的一种体现。抖动，是传输时间的不稳定性，也就是时延的变化量。如果每个数据包都是正好延迟 0.1s（或者其他固定的时间），那就是没有任何抖动。如果这个数据包的传输延迟时间和那个数据包的不一样，就是存在抖动。

（4）差错问题。数据在传输的过程中都不可避免地会产生差错，甚至整个数据包丢失的问题，只不过严重程度可能不同而已。对于文件传输，要求"绝对不能出错"，这就需要很严格的差错控制策略，而对于音频、视频数据则允许出现一定的差错的。

差错通常有两种情况，一种是局部的比特错误，另一种是数据包的整个丢失，即丢包。丢包是比较严重的错误。一旦出现差错，解码器输出的图像就会和预期的不同。当然，视频通信中也会对视频数据做一定的差错检测、纠正或者差错掩盖处理。如果差错无法掩盖，就会呈现马赛克现象，它是图像内容出错的直观表现。而如果差错非常大，例如丢包率大于 1%，解码过程可能就无法进行下去，甚至解码器可能会整个崩溃，这时视频播放过程暂时停止以便重新恢复解码器。

（5）同步问题。我们在上网看电影的时候，可能会遇到声音和图像不一致的情况，这就是一种不同步的现象。声音和嘴唇的同步称为唇同步。多媒体的同步问题主要分为以下三种：

1）媒体内部的同步。指同一个媒体内部，沿着时间轴的同步问题。例如某次通信的声音，采用 20ms 的数据单元，第一个数据单元播放完毕，第二个数据单元要紧跟上来，并开始播放。每个数据单元的播放时间是按照时间次序规定好的，规定什么时候开始播放就必须什么时候开始，中间不能有断断续续的情况。视频图像的播放也是类似。

2）媒体之间的同步。两种（或者多种）媒体之间的同步，例如唇同步。它要求多种媒体都按照既定的起始时间播放，按照既定的时间结束播放。播放过程中的速度要稳定和一致。如果某一种媒体的起始时间推迟或提前、播放的速度不一样或者某种媒体的数据有丢失，都会造成媒体间的不同步。

3）系统的同步。在一个多媒体系统中，往往需要多人参与。系统中有多个端点的设备在同时收发数据，还有各种辅助的设备也在工作。这些设备之间也需要进行同步处理。例如，一个人讲话，需要多人同时听到（而不是有先有后）。

5.1.3　多媒体通信的业务类型

多媒体通信的业务类型通常分为四种，即：

（1）广播型，单向的一对多通信，实时的。例如视频点播。

（2）会话型，双向交互，并且是实时的。例如视频电话，视频会议。

（3）检索，双向交互，但对实时性没有严格要求。例如网页浏览。

（4）电子信函，双向交互，但不要求实时。用户命令发送之后，由系统完成传送工作。

按照 3GPP 的分类，则分为 Streaming、Conversational、Interactive、Background 四种，与上面的分类方法基本一致。

5.1.4　多媒体通信发展历史

1855 年，意大利的安东尼奥·穆齐在自己的居所内设置了世界上第一座电话系统。1860 年，他首次向公众展示了他的发明。无线电话是在 20 世纪初发明了真空三极管之后才出现的。声音开始可以无线发布和接收，真正实现了"顺风耳"。

电视机最早由英国工程师约翰·洛吉·贝尔德在 1925 年发明。1926 年，贝尔德向英国报界作了一次播发和接收电视的表演。1927～1929 年贝尔德通过电话电缆首次进行机电式电视试播，首次短波电视试验，英国广播公司开始长期连续播发电视节目。1930 年，实现电视图像和声音同时发播。1931 年，首次把影片搬上电视荧幕。人们在伦敦通过电视欣赏了英国著名的地方赛马会实况转播。美国发明了每秒钟可以映出 25 幅图像的电子管电视装置。1936 年，英国广播公司采用贝尔德机电式电视广播，第一次播出了具有较高清晰度，步入实用阶段的电视图像。1939 年，美国无线电公司开始播送全电子式电视。瑞士菲普发明第一台黑白电视投影机。从此人们可以像"千里眼"一样看到千里之外的景象。

1946 年 2 月 14 日，世界上第一台电脑 ENIAC 在美国宾夕法尼亚大学诞生，标志着计算机时代的来临。特别是微型计算机普及之后，数字多媒体开始快速发展，所有模拟信号向数字信号转换。随着多媒体计算机的出现，人们开始利用计算机或者嵌入式微处理器进行多媒体信息处理和多媒体通信。

最早做计算机图形用户操作接口的是苹果公司（Apple）。那还是在 1984 年的时候，苹果公司在它的 Macintosh 计算机上应用了位图（bitmap）的概念，并使用了窗口（Windows）和图标（ICON）作为用户操作接口，也就是用"图形用户界面"（GUI）取代了"字符用户界面"（CUI），用鼠标和菜单代替了大部分键盘操作。

1985 年美国的 Commodore 个人计算机公司推出了第一台多媒体计算机 Amiga。1986 年荷兰 Philips 公司和日本 Sony 公司联合研制出了交互式紧凑光盘系统（Compact Disc Interactive，CD-I）及 CD-ROM 文件格式，并成为国际标准。可以在 650MB 的只读光盘上存储高质量的数字化音频、图像和文字。Intel 和 IBM 合作，在 Comdex/Fall'98 展会上展出了 Action Media 750 多媒体开发平台，它由三块专用插接板卡组成，即音频板、视频板及多功能板。1991 年它们又推出了 Action Media II，作为微通道和 ISA 总线的插件。

20 世纪 90 年代以来多媒体技术逐渐成熟，并在各个领域得到广泛应用，包括培训、教育、商业展示、信息出版、个人娱乐等。1990 年 10 月，在微软多媒体开发者会议上提出了多媒体 PC 机标准，MPC 1.0，1993 年和 1995 年又发布了 MPC2.0 和 MPC3.0。再后来，多媒体已经成为 PC 计算机的基本配置。1993 年，PC 机在美国作为圣诞礼物非常流行，特别是多媒体 PC。

1991 年开始，ISO 和 ITU 制定了一系列的静态图像、活动图像（视频），以及音频压缩和解压缩标准，这有力推动了多媒体存储播放的应用，也为数字多媒体通信技术的发展奠定了基础。目前，多媒体的应用已经普及，几乎遍布人类社会的各行各业。

5.1.5 多媒体通信的关键技术

多媒体通信与其他通信形式一样，也包括数据采集、信源编码、网络传输、播放显示等过程。其中涉及的关键技术是信息的压缩和解压缩，以及网络传输问题。

（1）数据采集。多媒体采集是通过摄像机、麦克风等设备将多媒体信息采集到计算机中的过程，即完成信息的模数转换（ADC），包括采样、量化、编码三个步骤。

（2）视/音频压缩。由于视频和音频的数据量很大，不压缩就难以进行传输，因此压缩和解压缩技术是最为核心的技术。在发送端将视音频数据进行压缩，以较小的数据量传送到接收端，并由接收端予以解压缩并显示或者播放出来。

（3）网络传输。网络传输是要解决如何将数据传送到对方的问题。涉及通信协议、流量控制、差错控制、多媒体同步等问题。

（4）多媒体播放。播放过程是将多媒体信息展示在屏幕上，或者在扬声器中播放出来。这本质上是 ADC 的反过程，即数模转换（DAC）过程。它将计算机处理的数字信号转换成显示（播放）设备可以直接显示（播放）的模拟信号。播放的过程不但要解决显示/播放问题本身，还要进行播放的速度控制和同步控制。

在后面的章节中，重点介绍视音频压缩编码和网络通信的内容。

5.2 数字图像与视频

数字图像是 ADC 转换以后的图像，存储在计算机中。它可以通过图像采集设备拍摄得到，也可以通过创作工具由人工创造出来。数字图像是由一行行的点组成的，每一个点称为一个像素（Pixel）。视频则是可以连续播放的图像序列，由于相邻两幅图像之间的差异很小，在视觉暂留现象的作用下，人眼可将图片序列内容感觉成连续的活动画面。

5.2.1 数字图像

1. 数字图像的构成

数字图像（Digital Image）是由一个个像素 pixel 排列而成的一个阵列。例如 IE 浏览器的图标图像，放大后可以看到它的一个个像素，如图 5-2 所示。

如果我们用 I 表示图像，它是坐标 (x, y) 的函数，即

$$I=f(x, y) \tag{5-1}$$

函数值就是图像的颜色。图像的"颜色"可以是彩色的也可以是灰度的，通常有二值图像、灰度图像、彩色图像三种，如图 5-3 所示。

图 5-2 数字图像由像素阵列组成

二值图像　　灰度图像　　彩色图像

图 5-3 三种颜色类型的图像

二值图像的像素值只有两种，通常为 0 和 1，或者为 0 和 255，通常为黑和白两种像素（也可以代表任意其他两种颜色），每个像素可用一个比特来表示。灰度图像则有较多的灰度层次，像素值通常为 0～255，即 256 种灰度，每个像素可用一个字节来表示，能够表达细腻的灰度变化。而彩色图像通常由 RGB（即红绿蓝）三种基色的权重来确定一个像素的颜色，因此每一个像素需要 3 字节，分别表示 R、G、B 基色的权重，共 24 比特，即常说的 24 位色，它可以表达的颜色数为 2^{24} 种。

2. 颜色模型

如果像素的颜色值表示为 RGB 三基色混合的格式，这叫 RGB 颜色模型，它所能表示的全部颜色值的集合称为 RGB 颜色空间。实际上，像素的颜色也可以用其他方式来表达，并构成了不同的颜色模型和相应的颜色空间。同一幅图像，可以用不同的颜色模型来表示，并能够在不同的颜色模型之间转换。

（1）RGB 颜色模型。用 R、G、B 三基色的加权混合来表示各种颜色，红绿蓝的不同权重代表不同的颜色。人的眼睛中就具备红绿蓝三种感光细胞，RGB 模型符合人眼对颜色的感知原理。

（2）HSV 和 HSI 颜色模型。用 H（色调）、S（饱和度）、V 或者 I（度亮）来表示颜色。这两种颜色模型与人的视觉特性比较接近，并且把亮度与色度独立开来，处理起来更方便。

（3）YUV 颜色模型。YUV 模型是由亮度和色差来描述的。Y 代表亮度，U 代表蓝色差，V 代表红色差。这种模型也是实现了亮度和色度的分离。国际标准的视频（和图像）压缩算法的输入源图像常采用这种格式，电视系统中也采用这种格式。

3. 分辨率

分辨率 Resolution 通常指图像的宽度和高度，常见的图像大小如表 5-1 所示。其中 CIF 是网络通信中常用的中低码率图像格式，而 QCIF 则是超低码率的格式，常用于电话线环境、移动通信环境等低码率环境中的视频传输。Sub-QCIF 就很少使用了。

表 5-1　　　　　　　　　　常 用 的 图 像 分 辨 率

名　　称	宽度（像素）	高度（像素）	名　　称	宽度（像素）	高度（像素）
Sub-QCIF	128	96	D1	720	576
QCIF	176	144	16CIF	1048	1152
CIF	352	288	FHD	1920	1080
4CIF	704	576	UHD（4K）	3840	2160

5.2.2　图像的存储格式

图像可以存储在磁盘上（硬盘）和光盘中，作为长期保存，这时的存储形式为"文件"。实际上，在实时通信过程中，视频图像往往是直接从摄像机中采集的，采集之后直接在计算机内存中进行压缩和传输，而不需要存储成磁盘文件的形式。

1. 图像文件

由于文件是长期存放的，为了让今后的使用者更容易使用，需要在存储图像内容的同时把图像的参数信息也一并存储，例如图像的格式标示符、分辨率（长度和宽度）、图像的颜色模型、压缩编码方式等信息。这些信息通常单独存放在文件的起始部分，即"头部"，然后才是图像内容数据。因此，图像文件一般分为两个部分，即文件头和图像内容，如图 5-4 所示。

图 5-4　图像文件的一般结构

例如位图文件（即.bmp 文件），头部包括三个内容：位图文件头（bitmap-file header）、位图信息头（bitmap-information header）、彩色表（color table）。位图文件头描述了该图片的文件属性，包括文件类型、文件大小（整个文件的字节数）、数据部分的起始位置等。位图信息头则描述了它的图像属性，包括图像的宽度、高度、每像素的比特数、压缩格式、图像数据的大小（图像内容的字节数）等。彩色表只在非真彩色的情况下才需要，存储一个包含若干种颜色的颜色表，这时图像内容部分则只需要存储各个像素颜色在表中的编号即可。在真彩色情况下，内容部分存储的则是各个像素的真实颜色值。内容部分可能是经过压缩以后的图像数据。

2. 内存中的图像数据

在内存中，视频图像是暂时存储的，它最终将被压缩并发送出，而且一秒钟可能要处理 25～30 帧图像。为了提高效率，描述图像格式的图像头信息只需要传送一次。因此，图像的头信息可以与图像内容分开，单独存放在一个地方，图像处理过程中只需要不断地处理一幅幅的图像内容（图像数据）即可，如图 5-5 所示。

图 5-5　内存中的图像处理

5.2.3　数字视频

数字视频（Digital Video）是由一系列格式相同的数字图像组成的，如图 5-6 所示。这些

图像按照固定的间隔播放出来，就形成视觉上的连续画面变化效果。视频中的像素值不仅仅是空间位置的函数，还是时间的函数，即

$$video = f(x, y, t) \tag{5-2}$$

图 5-6　图像序列实例

每秒钟播放的画面个数（帧数）称为帧率（frame rate），例如中国所使用的 PAL 电视制式中，图像的帧率为 25 帧/秒（"帧/秒"简写为 f/s，即 frames per second），也就是说画面之间的时间间隔是 1/25s，即每 0.04s（或 40ms）播放一幅图像。

同数字图像一样，视频可以通过摄像机拍摄得到，也可以由计算机软件创作生成。

世界上使用的主要电视广播制式有 PAL、NTSC、SECAM 三种，它们的主要区别在于对色差信号的处理方法的不同。它们的帧率分别为 25、30（准确说是 29.97）、25。中国大部分地区使用 PAL 制式，日本、韩国及东南亚地区与美国等欧美国家使用 NTSC 制式，俄罗斯则使用 SECAM 制式。

5.2.4　立体视觉

目前，3D 电影、3D 电视等立体视觉产品在人们的日常生活中已经不再陌生。3D 图像可以让人们从画面中感知各个物体的不同深度层次，产生强烈的真实感，因此必然会受到用户的欢迎。3D 视频也将成为多媒体通信的重要内容。

立体视觉模仿了人类双眼感知物体深度的原理。当人眼观看某个物体时，由于两只眼睛所处的位置不同，物体在人眼视网膜上所产生的图像也稍有差别，如图 5-7（这两个图像之间有细微的差异）所示。根据这种差异，人类视觉系统计算出物体的深度信息。

（a）左图像　　　　　　　　　　　（b）右图像

图 5-7　左右图像示例

对于实物中的任一点 O，它在左右图像中的位置可能是不同的，如图 5-8 所示，O_L 和 O_R 是同一物点 O 的像，当处于图 5-8（a）的情况时，右眼看到的图像偏左边、而左眼看到的图像偏右边，两个视线的交点就是在大脑中感觉到的 O 的虚拟 3D 位置，是凸出到屏幕前面的。

类似地，图 5-8（b）中，O_L 和 O_R 位于屏幕的同一位置，虚拟位置也位于这个位置，即在屏幕的表面上；而图 5-8（c）中，虚拟位置则在屏幕的表面的背后。

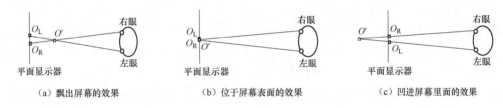

（a）飘出屏幕的效果　　　　　　　（b）位于屏幕表面的效果　　　　　　　（c）凹进屏幕里面的效果

图 5-8　3D 视觉的深度感知原理

在显示器屏幕上，左图像（包含点 O_L）和右图像（包含点 O_R）是同时显示在屏幕上的。这里面的关键问题是：如何让左眼只看到左图像，而右眼看只到右图像。这是问题的本质，解决了这个问题就等于解决了 3D 显示的问题。

一类方法是在眼睛上佩戴某种眼镜，使得屏幕上的左、右画面分别投射到左、右眼。另外一类方法称为自由立体显示（Autostereoscopic Display），则不需要借助眼镜或者其他佩戴物就能够在显示器上看到立体效果。自由立体显示器上同时显示了"多对图像"，通过特殊的结构使人们在某一个视角左右眼只看到其中的一对图像。

> 立体显示的关键是"分图"，也就是将左、右眼图像分开投射到左、右眼中。佩戴式立体显示是将分图器材放了人眼这一边，而自由立体显示则是将分图器材放到了显示器那边。

5.2.5　视频图像的质量评价

在使用视频图像的过程中，人们必然会对它们的质量做出评价，从而可以比较不同图像的质量、压缩算法的性能、多媒体设备的性能等。质量评价方法主要有两类，即主观评价方法和客观评价方法。

1．主观评价

主观评价，简单说就是人为打分。为了增强可比性，ITU-R BT.500 和 ITU-R BT.1788 中对视频图像的主观评价方法做了具体的规定，其中 BT.1788 是专门针对数字视频图像的，它部分引用了 BT.500。这些标准对参与者类型、参与者数量、环境条件、屏幕亮度对比度、视频内容的观看次序、是否有参考图像等都做了详细的规定。按照标准的流程观看，然后按照 5 分制进行打分（类似于学校成绩评定中采用的优、良、中、及格和不及格）并对多次实验结果取平均值，称为平均主观分（Mean Opinion Score，MOS），如表 5-2 所示。

表 5-2　　　　　　　　　　　　　　　　　MOS 分值的含义

MOS 等级	1	2	3	4	5
描述	严重妨碍，很烦人	有妨碍，烦人	感觉变差，轻微烦人	无妨，能觉察但不烦人	看不出，感觉不到

2. 客观评价

客观评价就是采用公式计算的方法，由计算机自动完成。通常采用均方差或其变形，如峰值信噪比 PSNR。

均方误差定义为

$$\sigma_e^2=\frac{1}{WH}\sum_{i=1}^{W}\sum_{j=1}^{H}[S(i,j)-S'(i,j)]^2 \tag{5-3}$$

S 为待评价图像，S'为参考图像（通常为压缩前的原始图像），W、H 为图像的宽和高。根据均方误差，可以定义信噪比 SNR 和峰值信噪比 $PSNR$。

$$SNR=10\lg\frac{\sigma_s^2}{\sigma_e^2}, \quad PSNR=10\lg\frac{S_{p-p}^2}{\sigma_e^2}, \tag{5-4}$$

其中，$\sigma_s^2=\frac{1}{WH}\sum_{i=1}^{W}\sum_{j=1}^{H}[S(i,j)]^2$ 为原始信号的平均功率，而 S_{p-p} 为信号"峰—峰"值，对于灰度图像（每像素采用 1 字节表示）$S_{p-p}=255$。通常，$PSNR$ 在 28 以上时，图像的质量尚可忍受，在 35 以上时图像质量已经比较好。

虽然目前 PSNR 仍是最常用的图像质量评价标准，但在实际应用过程中，PSNR 有时反映的图像质量与人眼观察的图像质量并不完全相符。由于 PSNR 的局限性，人们仍在不断地探索更接近人视觉特征的评价指标。新的图像质量评价标准大多数是基于人眼视觉系统（HVS）的测量方法，以期更接近人眼的主观视觉效果。

客观质量评价又可分为三种类型：①全参考方法（Full Reference，FR），需要完整的原始图像作为评价的参考；②半参考方法（Reduced Reference，RR），需要原始图像的部分信息作为评价的参考；③无参考方法（No Reference，NR），不需要借助任何参考图像，依靠待评价图像本身的各种信息进行质量评价。由于全参考方法和半参考方法需要有原始图像信息作为参考，且这两种方法得到的结果往往不能很好地反映人的主观感受，所以无参考方法正受到越来越多的关注。

无参考图像质量评价又称为"盲评价"（Blind Assessment），是一个比较新的研究领域，其难点在于：首先，存在许多无法量化的因素，比如美学、认识联系、知识、上下文等；其次，对人类视觉系统的了解还相当有限，图像的理解水平仍然比较低，为无参考图像质量评价建立模型比较困难。

1997 年 ITU 成立了视频质量专家组（Video Quality Experts Group，VQEG），专门从事视频图像的质量评价技术的研究和标准的制定，其中包括立体视频图像的质量评价。

5.3 视频图像压缩

由于视频的数据量一般都比较大，因此需要进行压缩才能够在网络中顺畅地进行实时传输。首先我们从视频数据量来看看为什么需要压缩，然后了解为什么可以压缩，最后是如何实现压缩。

5.3.1　为什么要压缩

简单地说，因为视频信息的数据量很大，所以需要压缩。我们以 640×480 画面大小的视频为例，来做个简单的计算。该图像中的像素个数为 640×480，每个像素用 R、G、B 三个字节来表示，则一副图像的字节数为 640×480×3。按照 PAL 制式，1 秒钟需要 25 幅这样的画面，因此 1 秒钟内的字节数 640×480×3×25。如果按照比特来计算，需要在这个数值上再乘以 8，因此 1 秒钟的比特数（即 b/s）为

$$640×480×3×25×8＝184,320,000（b/s）$$

大约为 184Mb/s。再回头看看你家的宽带，通常在 10Mb/s 左右，显然无法把 VGA 视频的原始数据实时地传送出去。

这里的关键是"实时"，就是要求数据能够在规定的时间内及时传送过去。如果不要求实时，例如我们传送一个文本文件，无论速率多大都可以工作，1 秒钟传送过去可以，10 秒钟、1 分钟都可以。但是对于多媒体双向通信应用，必须要求数据实时传送过去，双向最大延迟不能大于 0.4 秒钟，否则就会感觉到不舒服。因此，我们需要将数据进行压缩，以便快速传送过去。

> 网速越来越快了，还需要压缩码？需要。
> （1）带宽是永远不够用的。人们会产生更多的数据来挤满信道。
> （2）至少可以省钱！能用 1 角钱传输的，干嘛要花 1 元钱呢？

5.3.2　为什么可以压缩

可以压缩，是因为视频图像数据中存在冗余，也就是同样的信息量可以用更少的数据量来表示。注意这里说的是"数据量"与"信息量"的区别。信息量是信息本身的大小，可以通过香农的信息论计算出来，而数据量则是表示信息所使用数据的多少。例如表示"有"和"无"两种信息，我们可以用"1"表示有，"0"表示无，需要 1 比特即可；实际上也可以用"11111111"表示有、"00000000"表示无，使用 8 比特。显然，8 比特的数据量要大，编码方法不够优化，它可以压缩为 1 比特。

冗余还常常表现为重复和相似。例如"5，5，5，5，5，5"可以用"6，5"来表示，意思是 6 个 5。这样，6 个数字就减少为 2 个数字。而 9，8，8，7，6，7，8 可以表示为 9，−1，0，−1，−1，1，1，即第一个数不变、后面的数用两个数之间的差值来表示，这样原本绝对值较大的数字就可以用绝对值小（所用的比特数少）的数字来表示。数据冗余还可以从其他很多面来理解，这里将它们总结为 6 种数据冗余。

（1）空间冗余，同一幅图像内部，任一像素与其周边邻近像素之间的相似性。图像中，这种邻域内的相似性是常常存在的。

（2）时间冗余，时间轴上，相邻图像之间的相似性。这是视频压缩中的主要冗余。由于图像之间的时间间隔很小（0.04s），图像之间的差异也很小，参见前面 5.2.3 节的内容。可以

利用帧间预测，然后对预测残差进行编码。

（3）信息熵冗余，熵是表示信源信息所需要的最小数据量，而一般的编码方法都没有优化到这一程度，所用的数据量总是会比"熵"大一些，这种概念上的冗余称为"熵冗余"。一般的做法是采用变长度编码（Variable Length Coding，VLC），即为出现概率高的符号采用较短的码字、概率低的采用较长的码字（不可能都采用短码字）。相对于固定长度的编码，VLC的数据量会较低。目前最为常用的熵编码方法是哈夫曼编码（Huffman coding）和算术编码（Arithmetic coding）。

（4）结构冗余，纹理结构上的相似性。例如一棵树，它的一个树枝看起来跟整棵树的样子很像，这种特点叫作"自相似性"，分形图像压缩方法就是基于这一特点进行的。

（5）知识冗余，简单地说：已经知道的，就不要传输了。例如人脸，所有人的脸大体相同：脸庞、五官、头发，而且各个元素的位置分布基本固定，这就是关于"脸"的知识冗余。因此在 MP4 中，采用了"标准脸"的方法：做一个标准脸，通信双方各自存放一份，对于某个具体的人脸，只需要传输它和标准脸的差异即可，而描述这种"差异"的数据量会很小。

（6）视觉听觉冗余，就是人类眼睛、耳朵感知能力的局限性所带来的冗余。例如超声波、次声波，人的耳朵根本听不到，传输过去也没有用。图像也是类似，例如人的头发，通常只需要传输一片黑就可以了，一根根头发丝之间的细节就没有必要传输了，传过去人眼也分辨不出来。因此这部分信息就可以丢弃掉。

5.3.3　压缩方法

如何把数据中的冗余去除掉呢？根据不同的概念和思路，会有不同的处理方法。数据压缩通常分为无损压缩和有损压缩两种。无损压缩，是指经过这种方法压缩再解压缩后，重建的数据和原来的数据完全一致。有损压缩，则是指重建的数据和原来的数据不完全一致。视频图像的压缩，通常都是采用有损压缩，这是因为：

（1）有损压缩的压缩率通常都比无损压缩要高很多。

（2）有损压缩尽管有损，但是只要眼睛看不出来，就不影响视觉质量。（视频应用往往以欣赏为目的）。

我们也可以从采用的具体技术角度来对压缩方法进行分类，下面介绍一些常用的视频压缩方法。当然实际上，实用的视频压缩方法往往是多种压缩技术的综合应用。

1．预测编码

预测编码就是用已经编码过的前 n 个采样值来对当前采样值进行预测，然后对预测残差进行编码。假设 f_i 为待编码的采样，我们利用它之前的 n 个采样来对它进行预测，预测结果为 $\hat{f}_i$，如式（5-5）所示，即

$$\hat{f}_i = a_1 f_{i-1} + a_2 f_{i-2} + \cdots + a_n f_{i-n} \tag{5-5}$$

这里采用的是线性预测的方法（即加权求和的方法）。a_1，a_2，$\cdots$，a_n 为预测系数，恰当的系数可以得到准确的预测结果。在不同的时刻，最佳预测系数可能是不同的，如果能够随着时间变化自动调整这些系数的值，使它们一直处在最恰当的状态，则可以一直得到准确的预测结果，这叫作自适应预测。

得到预测结果后，求取预测值与实际采样值的差值 e，然后对残差 e 进行编码、传输。

当预测很准确时，e 将是分布在 0 附近的一个较小的值，使用很少的数据就可以完成编码，即

$$e = f_i - \hat{f}_i \tag{5-6}$$

这种方法在通信系统中经常被采用，应用在声音编码、视频和图像编码等多种系统中。

因为之前的采样值都已经传送过去，因此接收端也可以做同样的预测，自行计算得到 $\hat{f}_i$，再根据接收到的残差 e，即可重建当前采样 f_i，这样就相当于完成了 f_i 的传送任务，即

$$f_i = \hat{f}_i + e \tag{5-7}$$

> 这里信道中传输的只有 e，并没有真正传输 f_i。不过，对于第一个采样值，由于无法对其进行预测，只能将其本身 f_1 编码传送过去。

2. 变换编码

变换编码就是首先将图像变换到另外一种数据格式（也称为"域"，如时域、空域、频域等），然后在新的数据格式上进行编码，例如将图像进行离散余弦变换（DCT），或者离散小波变换（DWT）。DCT 变换的性能接近最佳变换 K-L 变换，变换的能量集中程度较高。同时，DCT 的基向量是固定的，并且有快速算法，因此在图像压缩中得到了广泛的应用。变换往往需要较大的计算量，在图像压缩算法中，主要的计算量都消耗在运动搜索和 DCT 变换两项中。

既然变换这么费劲，为什么还要变来变去呢？

因为在变换后的目标域中，压缩算法很容易实现。我们以 DCT 变换为例。在视频图像的压缩中，往往要将图像分成不重叠的小的图像块，例如 8×8 的块（64 个像素），然后按照从左到右、从上到下的次序一一编码。但是，由于 8×8 的图像块太小，不便于观察，我们这里采用整个图像 DCT 来说明，道理是一样的。如图 5-9 所示，经过 DCT 变换，图像从空间域变换到频率域。

(a) 空间域　　　　　(b) 频率域

图 5-9　DCT 变换示例

在频域中，每一个点代表一个特定的频率成分。左上角的一个点为直流（DC）分量，它表示图像亮度的平均值。从左上角到右下角，频率逐渐升高，右下角是最高频率分量。频域中点的亮度代表了该频率的能量大小。可以看到，能量集中于频率平面的左上角，也就是说能量主要集中在低频率成分。

那么这和图像压缩是什么关系呢？我们知道，低频分量代表了图像中缓慢变化的成分，对应于图像的基本内容；而高频分量对应于图像中快速变化的成分，也就是细节部分。图像压缩的一个重要方法就是丢弃人眼看不清楚的图像细节，如果我们想去除图像中的细节部分，该怎么处理呢？这个问题，在空间域中比较困难，因为细节分布在图像的各个不同部位；但是在频率域中则很容易：直接砍掉右下角的高频部分就可以了。因为高频部分集中在频域数据的某一个区域（右下角部分），这给图像压缩带来了极大的方便。

砍掉一部分高频数据后，通过逆 DCT（简写为 IDCT）变换，可以重新恢复到图像域。砍掉的高频成分越多，压缩率就越高，但是恢复后的图像细节损失就越多。因此，通过控制砍掉的高频成分的多少，可以控制压缩率（及失真度）。在视频图像的压缩中，实际上就是这样处理的。

如何"砍掉"？这个过程称为量化。具体做法就是拿一个数 Q 去整除频域的数值，这个 Q 称为量化参数。假设频域中的某点的数值为 f，则

量化 $\qquad\qquad\qquad\qquad f_Q=f/Q$ $\qquad\qquad\qquad$ (5-8)

反量化 $\qquad\qquad\qquad\qquad f'=f_Q\times Q$ $\qquad\qquad\qquad$ (5-9)

例如，$f=35$，$Q=10$，量化（整除 Q）以后 $f_Q=3$，反量化（乘以 Q）后 $f'=30$。$f=9$，$Q=10$，量化以后 $f_Q=0$，反量化后 $f'=0$。

很明显，凡是小于量化系数 Q 的频域数值 f，经过量化和反量化后都会变成 0。这就是我们刚才说的"砍掉"的意思。这样，大部分高频系数都会变成 0，然后对少量非 0 系数进行编码和传输即可。

本质上，$f_Q=f/Q$ 与 $f'=f_Q\times Q$ 合在一起才是一个完整意义的"量化"过程。但是在视频压缩中，为了便于传输，这两个操作是分开进行的。在压缩端进行 $f_Q=f/Q$ 操作，而在接收端进行 $f'=f_Q\times Q$。这样可以在编码端只对一个绝对值较小的数值（例如 3）进行编码。

3. 行程编码

行程编码，也叫游程编码，它是将重复的符号用重复次数加上该符号来表示。例如 a，a，a，a，a 可以表示为 5，a。在量化之后的频域数据中会出现大量的 0，例如 0，0，0，1，0，0，0，0，2，0，0，−1，0，0，0，0，0，0，0，4，按此方法它们表示为 3，0，1，1，4，0，1，2，2，0，1，−1，7，0，1，4，即 3 个 0，1 个 1，…等，显然这样效率不高。

在实际的压缩算法中，采用了一种修改的行程编码方法，它采用对 0 数个数的方法，例如上面的例子可以编码为（3，1），（4，2），（2，−1），（7，4），意思是经过 3 个 0 遇到一个非 0，这个非 0 值是 1，然后又经过 4 个 0 遇到一个非 0 值 2，等等，这样可以大大提高编码效率。通常把每个括号叫一个事件（Event），每个这样的事件都可以统计它发生的概率。有了概率，就可以对每个事件进行基于概率的熵编码。

4. 熵编码

熵为信源的平均信息量，也代表信源符号的最短无失真编码，一般的编码算法都达不到"熵"这么短。熵编码，又称为统计编码，它是依据符号出现的概率不同而分配不等长度的编码，因此也称为变长度编码（Variable Length Coding，VLC）。常见的熵编码有哈夫曼编码（Huffman Coding）和算术编码（Arithmetic Coding）。

（1）哈夫曼编码。哈夫曼（Huffman）编码的基本方法是先对图像数据扫描一遍，计算

出各种像素出现的概率，按概率的大小指定不同长度的唯一码字，由此得到一张该图像的哈夫曼码表。码表的基本特点是：为概率高的符号分配短编码，为概率低的符号分配较长的编码（因为不可能都用短编码）。编码后的图像数据记录的是每个像素的码字，而码字与实际像素值的对应关系记录在码表中。通信双方拥有相同的码表，接收方根据码表进行解码。Huffman 编码的平均码长接近于熵值，是目前视频图像压缩算法中应用最为广泛的熵编码方法。

（2）算术编码。算术编码，也是图像压缩的主要熵编码算法之一。其他的熵编码方法通常是把输入的消息分割为符号，然后对每个符号进行编码。而算术编码是则直接把输入的消息串作为一个整体进行编码，编码结果为一个 [0，1） 之间的小数。在信源各符号概率接近的条件下，算术编码是一种优于哈夫曼编码的方法。因此在视频压缩算法中算术编码常作为一个高级选项，在计算机能力较强的情况下选用。

算术编码的优点：

在哈夫曼编码中，由于码长都是整数，所以无法精确逼近熵（熵常常不是整数）。而算数编码将符号序列（即多个连续出现的符号）作为编码对象，从而将编码的整数误差分散到多个符号上，平均编码比特可逼近熵值。

5．子带编码

子带编码是在频域进行数据压缩的一种方法。在编码端，将信号的频带分成若干子频带，然后对这些子频带进行频率搬移，使它们成为基带信号，并对它们分别进行采样、量化、编码，然后将生成的数据打包在一起形成一个数据流。在接收端则将各个子带的数据分拣开，分别解码，然后把子带频谱在搬移回原来的位置，经过带通滤波和相加，形成整体频带，然后还原出图像。

对于图像来说，"频率"主要是指"空间频率"，即图像内容在单位空间长度内变化的次数，而不是指时间频率（当然，也不排除有个别视频压缩算法在时间轴上进行分析处理）。于是，这里的频带也是二维的。DCT 变换后的"频率域"数据实际上就是图像的频带。通常，可以将一个图像的频带分成 4 子频带，分别命名为 A、B、C 和 D，如图 5-10 所示。其中 LL 包含了图像的主体，用它可以重建一个有些模糊的原图像，或者清晰但尺度较小的图像。而其他子频带则主要包含了图像的边缘信息，即图像的细节成分。

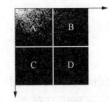

图 5-10　A、B、C、D 4 子频带的划分

子带编码的好处如下：

（1）某一子带信号引入的噪声，被限制在这个子带中，不影响其他子带的信号。

（2）由于人眼对频率成分的敏感性并不一致，因此可以对人眼敏感的子带分配较多的码率，这样可以在总码率不变的情况下，提供更好的视觉效果。

（3）可以实现"可伸缩视频编码"（Scalable Video Coding，SVC）。例如当采用上面所示的 4 个子带编码时，对于带宽不足的用户，可以只接收 LL 部分，就能重建一个基本的图像，而对于带宽充足的用户可以接收全部 4 个子频带，重建更高质量的图像。

（4）各个子带可以并行计算，便于采用硬件处理。

6. 基于知识的编码

由于某些图像内容是通信双方共知的，这些内容就构成图像编码上中"知识冗余"。例如人脸的编码，每个人脸的样子大致相同：头发、脸庞、五官，脸部组件的位置也基本相同。那么在传送一个人脸画面时，如果再传送这些常识性的内容岂不是多余吗？需要设计一种编码算法，充分利用这种双方都知道的"知识"，来提高压缩率，这种编码方法称为"基于知识"的编码。本质上是一种基于模型的方法。

例如，我们可以创建一个"标准脸" f_s，传送具体的人脸 f 时，只需要传送 f 和 f_s 之间的差异即可。实际上 MPEG-4 中就有类似的做法，它通过人脸定义参数（Facial Definition Parameter，FDP）、人脸动画参数（Facial Animation Parameter，FAP）来实现人脸的编码。

7. 面向对象的编码

面向对象（Object Oriented）的视频图像编码不再把图像看成是由一个个像素组成的，而是把图像看成是由一个个物体组成的，这些物体称为"对象"（Object）。如果在视频中，则叫"视频对象"（Video Object，VO）。

如图 5-11 所示，老师讲课的画面，可以分解为人、黑板、桌子、地球仪，而黑板还可以进一步分解为黑板和黑板上面的文字。这样，图像内容就被分解为很多组成部分，可以把这些内容用树的方式组织起来，树的每个叶子就是一个视频对象 VO。

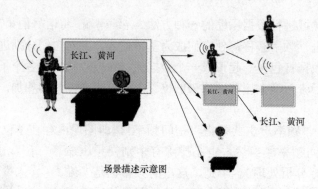

场景描述示意图

图 5-11 视频对象的分解（场景描述）

面向对象的编码中，每一个 VO 都单独编码（包括背景 VO），然后把所有 VO 的位置信息和编码数据打包在一起形成最后的输出码流。接收端接收后，把各个 VO 解码出来，再把它们按照特定的位置显示出来，就形成重建的画面。每个 VO 的编码，都包括三个方面的内容：

（1）形状，描述 VO 的边界信息，可以用二进制模版，或者链码等方式来描述。

（2）纹理，VO 内部的颜色、纹理等，类似于常规视频压缩的处理方法，即 DCT，量化、熵编码等。不同的是，这里要考虑不规则的边界。

（3）运动，把 VO 看作整体，认为它内部的各个像素具有相同的运动属性。

在常规的视频压缩中，通常是以 16×16 的像素块作为单位分析运动情况的，这种 16×16 的像素块称为宏块（Macro Block，MB）。

5.3.4　静止图像的压缩

JPEG 是联合图像专家组（Joint Photographic Experts Group）的缩写，它隶属于 ISO/IEC，已经制定了几种图像压缩编码的标准，包括 JPEG 和 JPEG-2000。

1991 年 JPEG 发布了第一个国际标准草案，由于压缩率高，质量好，JPEG 很快成为主要应用标准。JPEG 支持有损压缩和无损压缩两种模式。

无损压缩采用差分预测编码和哈夫曼编码（或者算数编码），可以保证重建图像与原图像完全相同。也就是首先对待编码像素进行预测，然后对预测的误差进行熵编码，如图 5-12 所示。实际上，可将哈夫曼编码表预先做好，编码过程用查表来代替，从而加快编码速度。

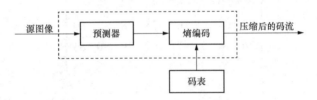

图 5-12　JPEG 无损压缩编码

而 JPEG 有损压缩是采用 DCT 变换、量化、熵编码的思路，又分为三种不同的编码模式。

1. 基于 DCT 的顺序编码模式

把图像看成 8×8 的图像块（相对于 16×16 的宏块，8×8 的图像块称为子块 Block），一块一块地处理，从左到右、从上到下。对于每个 8×8 的图像块，首先进行 DCT 变换，然后量化，最后进行熵编码，如图 5-13 所示。在实际的算法中，直流系数（每个数据块左上角的那个系数）和其他系数采用了稍微不同的处理方法，这里为了降低理解上的难度，在图中没有画出。

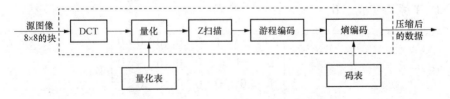

图 5-13　基于 DCT 的顺序编码模式

由于人眼对不同的频率成分有不同的敏感度，因此对不同的频率成分的量化也应作不同处理。8×8 图像块的 64 个频域数据都可能需要自己的量化参数，于是将这 64 个量化参数做成一个表，这就是量化表。量化表的元素个数和数据块的像素个数相同，如式（5-10）中的 $Q(u, v)$。

$$Q(u,v)=\begin{pmatrix} 17 & 18 & 24 & 47 & 66 & 99 & 99 & 99 \\ 18 & 21 & 26 & 66 & 99 & 99 & 99 & 99 \\ 24 & 26 & 56 & 99 & 99 & 99 & 99 & 99 \\ 47 & 66 & 99 & 99 & 99 & 99 & 99 & 99 \\ 99 & 99 & 99 & 99 & 99 & 99 & 99 & 99 \\ 99 & 99 & 99 & 99 & 99 & 99 & 99 & 99 \\ 99 & 99 & 99 & 99 & 99 & 99 & 99 & 99 \\ 99 & 99 & 99 & 99 & 99 & 99 & 99 & 99 \end{pmatrix} \tag{5-10}$$

假设一个图像块的数据为 $f(x, y)$，经过 DCT 变换后成为 $F(u, v)$。

$$f(x,y)=\begin{pmatrix} 79 & 75 & 79 & 82 & 82 & 86 & 94 & 94 \\ 76 & 78 & 76 & 82 & 83 & 86 & 85 & 94 \\ 72 & 75 & 67 & 78 & 80 & 78 & 74 & 82 \\ 74 & 76 & 75 & 75 & 86 & 80 & 81 & 79 \\ 73 & 70 & 75 & 67 & 78 & 78 & 79 & 85 \\ 69 & 63 & 68 & 69 & 75 & 78 & 82 & 80 \\ 76 & 76 & 71 & 71 & 67 & 79 & 80 & 83 \\ 72 & 77 & 78 & 69 & 75 & 75 & 78 & 78 \end{pmatrix} \tag{5-11}$$

$$F(u,v)=\begin{pmatrix} 619 & -29 & 8 & 2 & 1 & -3 & 0 & 1 \\ 22 & -6 & -4 & 0 & 7 & 0 & -2 & -3 \\ 11 & 0 & 5 & -4 & -3 & 4 & 0 & -3 \\ 2 & 10 & 5 & 0 & 0 & 7 & 3 & 2 \\ 6 & 2 & -1 & -1 & -3 & 0 & 0 & 8 \\ 1 & 2 & 1 & 2 & 0 & 2 & -2 & -2 \\ -8 & -2 & -4 & 1 & 2 & 1 & -1 & 1 \\ -3 & 1 & 5 & -2 & 1 & -1 & 1 & -3 \end{pmatrix}$$

用 $Q(u, v)$ 对 $F(u, v)$ 进行量化后的结果如下，对小数部分做了四舍五入处理。可见大部分 DCT 系数变成了 0。

$$F(u,v)_Q=\begin{pmatrix} 39 & -3 & 1 & 0 & 0 & 0 & 0 & 0 \\ 2 & -1 & 0 & 0 & 0 & 0 & 0 & 0 \\ 1 & 0 & 0 & 0 & 0 & 0 & 0 & 0 \\ 0 & -1 & 0 & 0 & 0 & 0 & 0 & 0 \\ 0 & 0 & 0 & 0 & 0 & 0 & 0 & 0 \\ 0 & 0 & 0 & 0 & 0 & 0 & 0 & 0 \\ 0 & 0 & 0 & 0 & 0 & 0 & 0 & 0 \\ 0 & 0 & 0 & 0 & 0 & 0 & 0 & 0 \end{pmatrix} \tag{5-12}$$

在对 8×8 块中的 64 个数据编码时，按照 Z 字形的顺序来逐个进行编码，而不是一行一行从上到下编码，如图 5-14 所示。

直流系数（这里为 39）不在 Z 扫描之内，各个图像块的直流系数们会被放在一起单独处理。那么，为什么要按照 Z 字形的顺序扫描数据呢？

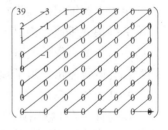

图 5-14　Z 扫描示意图

　　Z 扫描的好处：这样扫描的话，在一条扫描线上的数据基本上处于同一个频率带上，连续出现相同数据（主要是 0）的可能性比较大，便于采用游程长度编码。

2. 基于 DCT 的累进编码模式

基于 DCT 的累进编码模式也是以 DCT 变换为基础，但是扫描过程不同，它经过多次扫描才完成一幅图像的压缩。首先传输左上角的低频系数部分，然后才是较高频的系数部分。在接收端采用逐步累加的方式重建图像，首先得到图像的大致内容，然后再逐步得到细化。

3. 基于 DCT 的分层编码模式

它采用不同的图像分辨率逐级编码。首先从低分辨率开始，逐步提高分辨率，直到与原图像的分辨率相同。图像重建时也是如此。效果与累进编码模式相似。

5.3.5　视频压缩

1. 视频图像的编码模式分类

视频是由一幅幅图像组成的，因此视频的压缩也是图像序列的压缩，是逐个图像进行压缩的。视频图像的压缩方式总体上分为三类，即：I 帧编码、P 帧编码和 B 帧编码。

（1）I 帧编码：只依靠图像内部自身的信息进行压缩，而不依赖其他图像，因此被称为内部编码帧（Intra Frame），即 I 帧。在解码的时候它可以独立解码，不依赖其他图像的信息。这在视频传输中是非常重要的，因为"不依赖"就意味着其他图像的差错不会传播到这个图像中。因此 I 帧编码的图像也常被称为关键帧（Key Frame）。视频序列的第一幅图像肯定需要按照 I 帧编码方式压缩。

（2）P 帧编码：即预测编码（Prediction Coding），它需要一个或者多个参考帧（例如已经编码过的上一帧图像 f_{i-1}），并用参考帧来预测当前待编码图像（例如 f_i），最后对预测残差进行编码。

（3）B 帧编码：即双向预测编码帧（Bidirectional Prediction Coding）。就是用前面编码过的图像（例如 f_{i-1}）和后面编码过的图像（例如 f_{i+1}）作为参考帧，来共同预测当前图像（例如 f_i），并对预测残差编码。可见，在这种编码方式中，要跳过当前帧而对其后面的一帧（f_{i+1}）首先进行编码，然后再回过头来编码当前帧。这就需要一定的时间延迟，并需要较大的存储缓冲区，因此 B 帧模式在实际中用的不是很多。

I 帧、P 帧、B 帧三种帧编码方式的比较如图 5-15 所示。

对于一次视频通信，图像序列的编码次序是 I P P P P P P P … P P P P I P P P …，第一

(a) I 帧

(b) P 帧

(c) B 帧

图 5-15　I 帧、P 帧、B 帧三种帧编码方式的比较

帧一定用 I 帧编码，因为它没有任何已经编码过的图像作为参考帧。后面的若干个图像全部采用 P 帧模式编码。但是一定时间之后，通常需要重新编码一个 I 帧图像，这是因为 P 帧对它前面的图像有依赖关系，一旦中间有一个图像在传输中产生了差错，则它后面的 P 帧在解码时都会造成差错。为了预防这种差错传播，一般 100 多帧后需要编码一个 I 帧。

2. I 帧图像压缩

我们首先看 I 帧图像的编码，如图 5-16 所示。它和静态图像的编码类似，每次编码一个图像块，都经过了 DCT、量化、游程编码、熵编码等过程。全部图像块编码完毕，整个图像就算编码完毕。

图 5-16　I 帧图像编码过程

然后，为了编码下一帧，编码器还需要做一个工作，那就是解码。请读者考虑一下为什么。

因为第二帧需要采用 P 帧编码模式，而 P 帧编码需要用到参考帧，而第一帧的原始图像不能用作参考帧，只能以第一帧解码后重建的图像作为参考帧。这是因为所谓"参考帧"需要发送端和接收端都同时拥有才可以，然而由于压缩过程中产生了图像质量的损失，接收端解码得到的图像与发送端的原始图像并不完全相同。因此发送端需要按照接收端的解码过程解码一遍，得到与接收端完全相同的重建图像，并将其作为"参考帧"。

于是编码端需要对编码以后的数据进行解码（仿照解码端过程），得到与解码端完全相同的图像（都是有损失的图像）。因此，I 帧的完整编码过程应包含解码过程，如图 5-17 所示，其中向下的分类即为解码过程，经过反量化和逆 DCT（Inverse DCT，IDCT），得到重建图像 $\hat{f}_1$ 后将之存储在图像缓存中，以备使用。

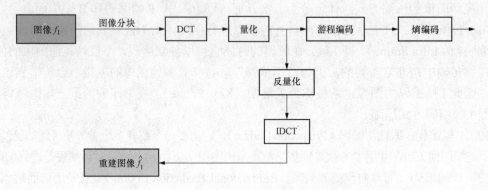

图 5-17　I 帧的完整编码过程（包含解码过程）

　　　　不是要从最后输出的流中解码吗，怎么从量化以后的数据开始解码呢？
　　　　因为游程编码和熵编码都是无损的，量化才是有损的。因此，从量化后开始解码所得到的图像和从码流中解码所得的图像是一样的。

3．P 帧图像压缩

（1）P 帧压缩的基本原理。P 帧编码即预测编码。这里的所谓预测，就是要估算一下待编码的图像块应该是什么样子。预测编码的核心思想在于解码端与编码端同时拥有一个相同的参照物 R，这个参照物可以是双方同时拥有的某块图像，也可以是两端依据之前图像采用相同的方法计算出来的结果。假设现在要编码第二帧图像 f_2，并且编码端和解码端拥有相同的参考图像 $R=\hat{f}_1$，则 P 帧编码的基本原理是：

编码端：$e=f_2-R$，然后将 e 编码为码流数据，并传送给解码端；

解码端：根据接收的数据解码得到 e，然后 $f_2=R+e$，从而重建了 f_2。

当然，实际上编码是有损的，解码端得到的 e 与编码端的并不完全相同，因此重建的图像与编码端的原图像也有差异，这里表示为 $\hat{f}_2$。因此，为了编码第 3 帧，编码端需要仿照解码端的方式进行解码，也得到 $\hat{f}_2$，用来作为第 3 帧图像编码的参考帧。后续的图像都类似处理。

（2）P 帧编码中的运动搜索。在上面的原理中，待编码图像块与参考图像块进行相减操作，但是通常并不能按照坐标位置直接相减，因为图像内容可能产生了运动。这时如果将两个图片直接相减，并不能使两个图片中的物体恰好对应上，不能得到最小的残差，如图 5-18所示。

图像 $\hat{f}_1$（参考帧 R）　　　　待编码图像（f_2）　　　　直接相减的结果

图 5-18　图像直接对应相减的结果

图中，两图片直接相减之后，静止不动的背景部分全部变为了黑色，也就是残差很小。而大部分人物区域则由于运动的存在而得到较强的亮度，即差值的绝对值较大。

因此，在编码一个图像块的时候，需要找到该块图像的内容在参考帧中的实际位置，然后在这个位置上再相减。这就是视频帧间预测编码算法的基本思路。

实际的做法，就是要在参考帧中寻找一下，看看当前待编码的图像块与参考帧中的哪个图像块最相似，并把它作为参考块。也就是找一找待编码图像块是从哪里运动过来的。这是一个很费时的过程，它需要在所有可能位置进行搜索匹配。为了减少盲目性，需要根据上一帧及本帧内前几个图像块的情况对当前块的运动做个预测。再以预测的位置为中心，在一定范围内进行匹配搜索。最后找到一个最匹配的位置，例如图 5-19（a）中的实线框的位置。

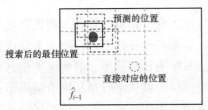 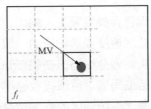

（a）在参考帧中搜索的过程　　　　（b）最终确定的运动矢量 MV

图 5-19　运动搜索

图像块内容的位移称为运动矢量（Motion Vector，MV）。这个搜索的过程，称为运动搜索（Motion Searching），视频压缩的大部分时间都消耗在了运动搜索上。

根据运动矢量，将当前图像块与参考帧的对应的图像块相减，得到图像残差 e，并对 e 进行 DCT 变换、量化、熵编码，最后将其与运动矢量 MV 的编码一起打包成为输出码流。P 帧编码过程如图 5-20 所示。

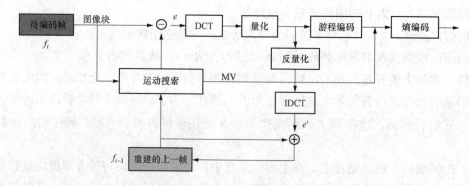

图 5-20　P 帧编码过程

图 5-20 中（P 帧编码过程）与 I 帧的最大不同在于帧间预测这个环节。另外，由于需要预测编码，就需要有编码器的内部解码重建过程，以及存放重建图像的缓存。

5.3.6　码率控制

为了使编码输出的数据速率能够适应网络数据速率及解码端的解码速度，需要对编码器的输出数据速率进行控制，称为"码率控制"（Rate Control，RC）。码率控制就是通过适当地调整编码参数，使得编码后的比特率较准确地达到所期望的速率。码率控制的好坏，直接影响视频质量的稳定性，对于视频通信是非常重要的。

编码器通常都会支持两种特定的编码模式，即"恒定质量"的"变码率"（Variable Bit Rate，VBR）模式和"恒定码率"（Constant Bit Rate，CBR）模式。

（1）变码率模式，这种模式相对比较简单，只需要采用恒定的量化参数即可实现。在这种模式下，码率的抖动会很大。图像运动时，码率增大，运动越剧烈码率越大；而画面静止时码率会显著下降。它适用于带宽足够大、要求图像质量恒定的情况下。

（2）恒定码率模式，是要求输出码流保持在某个指定的速率上，控制起来相对比较复杂。画面运动时，图像本身的信息量会增加，自然需要较多的数据量，如果一定要编码器的输出码率不变，则剧烈运动情况的画面质量必然会下降。这就需要优秀的速率控制算法，使得在码率得到控制的情况下尽可能保持画面的整体质量。码率控制主要是在这种模式下的控制问题。

视频通信过程包含视频采集、编码、发送、网络传输、接收、解码、显示等各个环节，这些环节的数据处理速度要尽可能的一致，否则必然在速度较慢的环节造成数据的积压。编码器是数据的源头，因此编码器必须要知道系统的传输速度。解码速率信息可以通过反馈信道由解码器发送给编码器，网络接收速率也同样可以从接收端反馈给编码器。但是，更为直接的方式是依照发送端缓冲区的有关信息来调节编码速率。发送缓冲区的占用率可以反映网络和解码端的情况，因此编码端可以直接根据发送缓冲区的占用率来决定自己的编码速率，完成自适应的码率控制，如图 5-21 所示。

自适应的码率控制，本质上是不断地对编码的目标速率进行调节，每次调节后都暂时处于恒定速率的编码控制状态。因此速率控制的重点是如何进行恒定码率的控制。码率控制一般分为两个步骤：

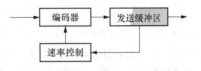

图 5-21　编码端根据发送缓冲区占用率自动调节编码速率

（1）目标比特分配，根据网络和缓冲区情况，确定当前编码单元的目标比特数。目标比特分配通常以一个较大的编码单元为单位。MPEG-2 中的 TM5 的目标比特分配是一个标志性的解决方法。它采用大小固定的 GOP（Group of Picture，图片组），基于 GOP 进行码率分配，为每个 GOP 分配相同的比特数、为 GOP 中的相同编码类型帧分配相同的比特数。许多后来的码率分配方法都以 TM5 为基础改进而来，例如动态 GOP 方法、考虑运动复杂度的方法等。

（2）目标比特实现，即调节编码参数，使编码后的比特数尽可能准确地达到预算的比特数。看一下哪些因素可以影响编码输出的数据速率。首先是量化参数，它是码率调节的主要手段，量化参数大，则会砍掉更多的数据，降低码率，同时降低图像质量。其次是帧率，必要时可以丢弃一些等待编码的图像（编码以后图像码流就不可以在解码器前随意丢弃了），降低帧率来降低编码数据速率。

为什么图像要在压缩前丢弃，而不能在压缩之后丢弃？
因为某帧图像一旦被压缩编码，后续图像将以该帧作为参考帧，这时如果该帧被丢弃，则后续图像就无法正确解码。

5.3.7　压缩标准

1. 视频压缩标准的发展历史

国际标准化组织（International Organization for Standardization，ISO）和国际电报电话咨询委员会（CCITT）成立了联合图像专家组（Joint Photograph Experts Group，JPEG），并于 1991 年制定了第一个图像压缩标准，即"多灰度静止图像压缩标准"，称为 JPEG。1999 年推出了第二个标准 JPEG-LS（ISO/IEC 14495），用于静止图像的无损压缩。而在 2000 年制定了 JPEG2000（ISO/IEC 15444）。这里 IEC 是国际电工技术委员会（International Electro-technical Commission）。

ISO 和 IEC 联合的"活动图片专家组"（Moving Picture Experts Group，MPEG）于 1992 年制定了 MPEG-1（ISO/IEC 11172）标准。1994 年，ISO 和国际电信联盟电报电话部（International Telecommunication Union for Telegraph and Telephones Sector，ITU-T）又制定了 ISO/IEC 13818，即 MPEG-2 标准，编码速率为 4～100Mb/s。1999 年 2 月又推出了 MPEG-4 1.0 版本，12 月推出了 MPEG-4 2.0 版本。MPEG-4 标准最初主要针对可视电话、视频电子邮件等低码率应用，但现在已经不局限于这些了。

ITU-T 自己也在制定多媒体压缩的国际标准。H.261 制定于 1984—1989 年，目的是在窄带综合业务数字网（N-ISDN）上实现 $p\times64$Kb/s 的双向声像业务，其中 $p=1\sim30$。1995 年制定了 H.263，目的是提供甚低码率编码，编码速率可以低于 64Kb/s，特别适合于无线网络、普通电话网络 PSTN、因特网等环境下的视频传输。后来，进行了多次补充，命名为 H.263＋、H.263＋＋。而 H.264 是由 ITU-T 和 ISO/IEC 共同成立的联合视频小组（Joint Video Team，JVT）于 2003 年发布的，也称为 MPEG-4 第 10 部分，即高级视频编码（Advanced Video Coding，AVC）。2013 年，ITU-T 又推出了更为先进的 H.265 标准。

我国也制定了具有自主知识产权的数字视音频编解码标准 AVS（Audio and Video coding Standard），它包括系统、视频、音频等三个主要标准和一致性测试等支撑标准。这是基于我国创新技术和公开技术制定的开放标准，旨在为中国日渐强大的视音频产业提供完整的信源编码技术方案。

2. H.265

2013 年 4 月，国际电联（ITU）就正式批准通过了 HEVC/H.265 标准，标准全称为高效视频编码（High Efficiency Video Coding），比之前的 H.264 标准有了相当大的改善。在 H.264 标准 2～4 倍的复杂度基础上，将压缩效率提升一倍以上。

H.265/HEVC 的编码架构大致上和 H.264/AVC 的架构相似，主要也包含帧内预测（Intra Prediction）、帧间预测（Inter Prediction）、转换（Transform）、量化（Quantization）、去区块滤波器（Deblocking Filter）、熵编码（Entropy Coding）等模块。在 H.265 中，将宏块的大小从 H.264 的 16×16 扩展到了 64×64，以便于高分辨率视频的压缩。同时，采用了更加灵活的编码结构来提高编码效率，包括编码单元（Coding Unit，CU）、预测单元（Predict Unit，PU）和变换单元（Transform Unit，TU）。

5.4　音频数据压缩

声音历来是人类相互交流的主要手段之一，人们获得的信息大约有 20%来自声音。电话也是人们日常生活中不可缺少的信息交换途径。与视频数据相比，音频数据量要小很多，但是与文字信息相比，音频数据量还是很大的。比如你在网络上看一部电影，视频数据速率为 500～1500Kbit/s 左右，音频在 10～22Kbit/s 左右，而字幕信息一秒钟最多十几个字，即 0.1Kbit/s 左右。

根据国际电信联盟 ITU 关于服务质量的规定，可将音频信号分为以下三类：

（1）电话音质，频率范围为 300Hz～3.4kHz。

（2）调幅广播音质，频率范围为 50Hz～7kHz。

（3）高保真立体声音质，频率范围为 20Hz～20kHz。

因此，高音质模拟音频信号的带宽为 20kHz，采样速率至少为 40kHz，若采样值编码为 16 比特，每秒的音频信号数字化后的数据量为

$$40k 采样/s×16bit/采样＝640Kbit/s$$

相对于普通的家庭宽带网络来讲，这个数据还是比较大的。因此，我们希望音频信息也能得到压缩，使之能够在低速率信道中传输。

1. 音频压缩编码算法分类

音频压缩的依据是音频信号的冗余度和人类的听觉感知机理。音频压缩算法需要在音质保持、压缩率，以及计算复杂度方面进行权衡。一般分为三类，即基于波形的编码、基于模

型的编码，以及混合编码。

（1）基于波形的编码。在时间域对波形进行分析，主要是采用预测编码的方法。这类算法的优点是算法简单、易于实现，声音质量好。缺点是压缩率低。常用的算法有 PCM、DPCM、ADPCM 等预测编码方法，自适应变换编码（Adaptive Transform Coding，ATC），以及子带编码。

1）脉冲编码调制 PCM（Pulse Code Modulation）编码实际上就是 ADC 转换的过程，即将模拟信号经采样、量化、编码等步骤，转换成为计算机存储和使用的数据。

但是，如果直接对采样信号进行均匀量化，会使小信号产生较大的噪声，为此 PCM 首先对采样进行压扩处理，即对小信号进行放大，而对大信号进行压缩，然后再均匀量化。解码后再进行相反的过程，得到重建信号。这种压扩的标准主要有两种，即 A 律和μ律，美国和日本采用μ律压扩曲线，而我国和欧洲采用 A 律 13 折线。

2）DPCM 和 ADPCM。由于采样时间间隔很短，相邻的两个采样值之间的具有很强的相似性，可以用当前样值与前一样值之间的差值来代表当前样值，这就是差分脉冲编码调制 DPCM（Differential Pulse Code Modulation）。ADPCM 编码原理如图 5-22 所示。

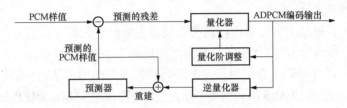

图 5-22　ADPCM 编码原理

在 DPCM 的基础上采取措施，使得量化步长随信号的强度变化而自动做调整，可以进一步提高压缩比、减小数据量，这就是自适应差分脉冲编码调制（Adaptive DPCM，ADPCM），其原理如图 5-22 所示。

3）子带编码。子带编码（Sub-Band Coding，SBC）是把信号频带划分成若干个子频带，分别编码的方法。它首先使用带通滤波器（Band Pass Filter，BPF）将各个子频带分割并搬移成为基带信号，然后各自单独采用 ADPCM 编码，最后将全部子带的输出复用在一起，如图 5-23 所示。解码器是编码器的反过程，不再画出。

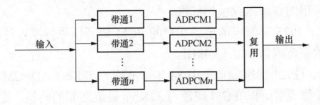

图 5-23　音频子带编码原理

子带编码的优点是：①每个子带独立自适应，可按每个子带的能量调节量化阶；②可根据各个子带对听觉的作用大小来设计最佳的比特数；③量化噪声都限制在子带内。

（2）基于模型的编码。基于模型的编码，是建立在人类发音器官的数学模型基础上的编码方法。人的发声过程涉及口腔、鼻腔、嘴唇等器官，人们建立数学模型来模拟这些器官的功能，这就是语音合成的技术，如图 5-24 所示。图中，声道模型和辐射模型构成了声音的生成系统，它们代表了口腔、鼻腔和嘴唇的特性。而前边的浊音激励、清音激励、声门波形成等部分则模拟了人类器官中产生压缩空气、压迫声带、发出声音的物理过程。

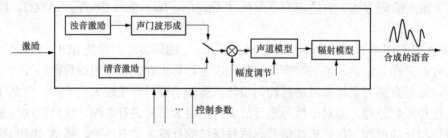

图 5-24　语音合成技术原理

语音合成是根据激励信号和控制参数合成出语音波形的。那么反过来，依据波形，分析得出激励信号和控制参数的过程，就是压缩编码的过程。编码的结果就是这些激励数据和控制参数（因此这种编码方法也称为"参数编码"）。只要把这些数据传送到接收端，接收端就可以合成出语音波形来。

从所使用的声音模型上可以看出，这类编码器主要针对人类声音信号，不适合于普通的宽泛音频范围（例如音乐），因此也常被称为"声码器"。它的压缩率高，但是音质一般。

（3）混合编码。混合编码综合利用了波形编码和模型编码的方法。目前最成功的是在 1982 年由 Atal 和 Remde 提出的 AbS 编译码器，称为"多脉冲激励"（Multiple Pulse Excited，MPE）编译码器。它首先分析语音波形，提取出声道模型参数，然后选择激励信号来产生合成语音，通过比较合成语音与原始语音的差异，来确定最佳激励信号。它的编码输出速率在 4.8Kb/s～16Kb/s，能合成出质量较高的语音。

此后又出现了"等间隔脉冲"（Regular Pulse Excited，RPE）编译码器、码激励线性预测（Code Excited Linear Prediction，CELP）编译码器，以及"混合激励线性预测"（Mixed Excitation Linear Prediction，MELP）编译码器。

2. 音频压缩的国际标准

国际电信联盟和国际标准化组织制订了一系列的音频压缩标准，以适应不同质量标准的声音传送系统。另外，个别企业也开发了一些音频编码算法，有的还成为行业的事实标准。下面简要介绍几个常用的音频压缩编码标准。

（1）G.711 标准。1972 年制定的电话质量的 PCM 语音压缩标准，速率为 64Kb/s，使用非线性量化技术。频率范围为 300～3.4kHz。

（2）G.721 标准。G.721 标准制定于 1984 年，被称为 32Kb/s ADPCM 标准。利用该标准可以实现 64Kb/s（A 律或者μ律）PCM 码流与 32Kb/s 码流之间的转换。是一种中等质量的高效率编码方法，适用于语音压缩、调幅广播质量音频压缩及 CD-I 音频压缩等应用。在 G.721 的基础上还制定了扩充推荐标准 G.723，可使数据速率降到 40Kb/s 和 20Kb/s。

（3）G.722 标准。G.722 标准是在 1988 年为调幅广播和音频信号压缩制定的，它使用了"子带自适应差分脉冲编码调制"（SB-ADPCM），能将 224Kb/s 调幅广播质量的压缩为 64Kb/s，并且可以在音频码流中插入数据。G.722 标准多用于视听多媒体和会议电视。

（4）G.728 标准。该标准是在 1991 年制定的，它采用了"短时延码本激励线性预测"

（LD-CELP）编码算法，数据速率为 16Kb/s，质量与 G.721 相当。G.728 标准主要用于综合业务数字网 ISDN。

（5）MPEG 音频压缩标准。该标准属于高保真立体声音频编码标准，它分为三个层次。层 1 和层 2 的算法基本相同，音频输入后经过 48kHz、44.1kHz 和 32kHz 采样后，经过滤波器组，被分成 32 个子带。编码器利用人耳掩蔽效应，控制每一个子带的量化阶数，完成数据压缩。层 3 进一步引入了辅助子带、非均匀量化和熵编码等技术，可进一步压缩数据，后来成为广泛应用的音频压缩标准（即 MP3）。MPEG 音频的数据速率为每个声道 32～448Kb/s。

（6）AC-3。AC-3（Audio Code Number 3）是杜比公司开发的新一代高保真立体声音频编码系统，它不是国际标准。它综合利用了变换编码、自适应量化、比特分配、人耳的听觉特性，还采用了指数编码、混合前/后自适应比特分配及耦合等新技术。综合测试表明，AC-3系统的总体性能优于 MPEG 标准，是"事实上"的音频标准。

5.5　多媒体传输

如果用户远程观看的内容存储在一个多媒体文件中，例如一部电影，则可以把这个文件完整地下载到本地计算机上，然后慢慢观看，早期的网上视频传播都是这种方式。但是，有时候用户可能等不及，因为下载整个文件需要太长的时间。可不可以一边传输一边观看呢？当然可以，目前在计算机上利用宽带网络看电影，都是采用在这种实时在线观看的方式。这种技术称为"流媒体"技术。

5.5.1　流媒体系统的工作原理

由于人们通常采用浏览器来查看网络上的信息，采用的是 HTTP 协议，因此流媒体的目录信息一般也存放在 HTTP 服务器（即 WWW 服务器，或称为 Web 服务器）上。而节目内容文件和流媒体服务器软件可能存储在其他计算机上。

用户在使用 Web 浏览器的时候，浏览器通过 HTTP 协议（HTTP 协议底层又使用 TCP 协议）与 Web 服务器交换信息，获取多媒体节目的目录信息，当用户单击某个节目时，计算机启动该节目内容所关联的播放器，并对播放器进行初始化，告诉它该节目的具体信息，例如媒体文件名称、流媒体服务器的网络地址，以及其他参数，然后就把接下来的工作交给播放器。播放器与流媒体服务器建立链接，通过 RTSP 协议控制节目的播放，例如播放、暂停、快进、快倒、录像等，并通过 RTP 传输节目的内容。节目内容通过 RTP 传送到播放器后，播放器就将它们解码并显示和播放出来。流媒体工作流程图如图 5-25 所示。

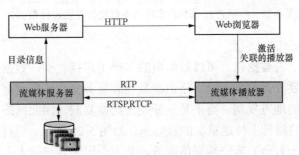

图 5-25　流媒体工作流程图

在这个过程中,浏览器和 Web 服务器只是起到辅助的作用,它给用户展示一个节目选单,并依据用户的点选激活相应的流媒体播放器。而真正进行流媒体传输的是流媒体播放器与流媒体服务器,它们会用到 RTP、RTSP、RTCP 协议,而这些协议的数据最终又是基于 TCP 或者 UDP 传输的。

5.5.2　媒体内容的传输方式

媒体的传送方式可以分为单播、广播和组播三种方式。

1. 单播

服务器发出的数据包只能由一个目的主机接收到。如果多个用户同时在观看同一个节目,则服务器需要将同一个数据包发送多次,每次发向一个客户。这种模式实现起来很简单,不需要额外的协议支持,但是会在网络中产生大量重复的数据包,造成巨大的网络负担。如图 5-26 所示,图中绿色三角▶表示该主机在观看节目。

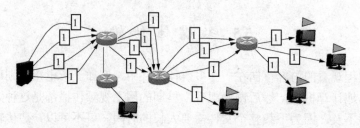

图 5-26　单播方式传送(同一个数据包被服务器发送 4 次)

2. 广播

对于每个数据包,服务器只需发送一份,所有主机都可以收到,可能有些主机并不需要这些数据包。这种方式下,发送者是轻松了,但是网络负担却并不轻。例如一个网络上有 10 台主机,而只有 4 台主机在收看这个节目,那么服务器的广播数据包会被 10 台主机都收到,造成不必要的网络资源浪费。广播方式一般只用于局域网,如图 5-27 所示。

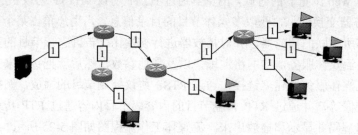

图 5-27　广播方式(不看节目的主机也接收到媒体数据)

3. 组播

服务器只用发送一份数据包,可以被组内的多个用户接收到,数据包的复制工作由路由器来完成。这不还是要复制数据包吗?路由器复制和服务器直接复制有什么区别呢?路由器复制可以在网络分支的地方复制,而不是一开始传送就复制,因此网络上只传送必要的数据包,而不需要在共同的路径上传送重复的数据包,如图 5-28 所示。这样,单台服务器可以同时对大量的(例如几十万台)客户端提供服务,并不会因为客户端太多而给网络或者服务器造成困难。

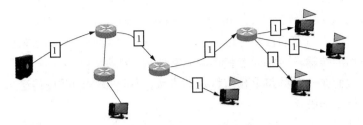

图 5-28 组播方式（路由器向有主机看节目的路径复制数据）

这种方式下，接收数据的客户端必须和服务器一起注册到同一个组播组内，并且需要路由器支持组播协议。

5.5.3 多媒体传输的相关协议

多媒体传输的相关协议包括以下几种。

（1）TCP 和 UDP。TCP 和 UDP 是构建于 IP 之上的传输层通信协议，提供进程到进程的数据传送机制。用户可以直接通过 TCP 和 UDP 来传送多媒体信息。

关于这两个协议的详细介绍，参见本书 2.6 节。

（2）RTP。实时传输协议 RTP（Real-time Transport Protocol）是 IETF 制定的、专门传输实时媒体流的协议，在 ITU 的 H.323 中也采用了 RTP。RTP 定义在 RFC 1889 中。

RTP 通常工作在 UDP 上。RTP 提供时间戳机制（但是 RTP 本身并不对媒体同步做处理）。RTP 不提供数据传输时间和差错的检测、包顺序监控等机制，也就是没有服务质量保证（QOS），这些依靠它的上层应用软件来完成。

RTP 支持单播和多播。支持数据加密和身份鉴别认证功能。控制数据与媒体数据分离，采用不同的数据传送通道。RTP 不对所传输的数据压缩格式做限制，也不对数据包的大小做限制，数据包大小取决于 RTP 下层（通常为 UDP）协议的限制。

（3）RTCP。实时传输控制协议 RTCP（Real-time Transport Control Protocol）是与 RTP 一起工作的协议，同样是在 RFC1889 中定义。RTCP 工作在独立的传输端口上，当应用程序启动一个 RTP 会话时，它会同时开启两个端口，一个给 RTP 使用，另一个给 RTCP 使用。

RTCP 的主要功能是"统计报表"的传送。在 RTP 会话期间，每个参与者定期地向所有其他参与者发送 RTCP 控制信息包，这些数据包中并不包含任何视频和音频数据，而是封装了发送端或者接收端的"统计报表"。RTCP 报文中包括：发送的数据包数目、丢失的数据包数目、数据包的抖动情况等信息，它们反映了目前的网络状况，这对发送端、接收端、甚至网络管理员都非常有用。实际上，RTCP 并没有规定用户收到这些信息包后需要做什么，这完全由具体的应用程序决定。发送端可以根据反馈信息来调整发送速率，接收端可以根据 RTCP 信息包来判断问题的性质（本地的、区域的还是全球的），网络管理员也可以根据 RTCP 信息来评估网络的性能。

（4）RTSP。实时流协议（Real Time Streaming Protocol，RTSP）提供对媒体流的控制操作，如同 VCR 的控制功能，如播放、暂停、快进等，定义在 RFC2326 中。

RTSP 负责在服务器和客户机之间创建并控制连续媒体流。RTSP 在语法和操作上与 HTTP 十分相似，对 HTTP 的扩展大部分也适用于 RTSP。RTSP 通常与 RTP/RTCP、RSVP 等协议一起工作。

（5）RSVP。资源预留协议（Resource Reservation Protocol，RSVP）是为了保证服务质量而开发的，用于对网络带宽的预约控制。主机使用 RSVP 协议向网络请求保留特定的带宽用于（多媒体）数据的传输，而路由器使用 RSVP 协议向沿途所有节点转发带宽预留请求，并维护预留状态，从而在整条链路上预留特定的带宽，保障数据的顺畅传送。

5.5.4　多媒体数据缓冲

在视频画面出现之前，往往会看到"正在缓冲"的提示，多媒体远程播放为什么需要缓冲？

这是因为网络传输的数据速率存在抖动，也就是时慢时快。有时候一下子来一大堆数据，有时候好长时间都没有数据。为了应对抖动，就需要在接收端创建较大的缓冲区以存放先到的数据，当数据存储到一定的量，才开始播放，这样能够保持播放的稳定性。

播放的平均速度和接收的平均速度应该是相等的，否则迟早会出现流尽或者溢出的情况。一旦将要流尽，就需要暂时停止播放，重新缓冲。溢出则可以通过增大缓冲区容量和适当加快播放速度来控制。

5.5.5　多媒体同步

1. 同步的分类

在多媒体信息的播放过程中，各种媒体信息都需要遵循其特定的时间和空间约定，这就是同步的概念。这种同步体现在流内同步和流间同步两个方面。

（1）媒体流内部的同步。流内同步是指同一媒体流内，各个数据单元之间的时间约束关系。例如 8kHz/16 比特采样的音频数据，每 20ms 发送一个数据包，其中包含 $8000 \times 16 \times 0.02 = 2560$ 比特的音频数据。每一个数据包都对应 20ms 的时间，在时间轴上都有一个特定的位置。视频也是类似，对于 25f/s 的视频，每一幅画面对应 40ms 的时间。由于播放的起始时间是不固定的，因此流内的时间约束往往是相对而言的，可用帧间的时间约束来表示。只要开始播放第一帧，流内约束就开始生效了。

（2）媒体之间的同步。媒体间同步是指不同媒体之间的时间（或空间）约束关系，例如话语和嘴唇之间的同步关系，话语和字幕之间的约束关系等。

多媒体同步可能是时间上的、也可能是空间上的。如果是多媒体节目，在节目脚本中会详细描述各个媒体的行为，在什么时候、在什么地方、以什么样的方式出现，出现后的持续时间等。

2. 利用时间戳实现同步控制

对于大多数多媒体通信业务，通常只关心时间上的同步问题。这时候，使用"时间戳"就足够了。时间戳通常是一个整数，它代表该媒体单元（例如图像帧）的产生时间，一般精确到毫秒即可。时间戳由采集软件生成，与媒体单元一同被传送到接收端。

有了时间戳，播放控制就很容易了。将任意媒体单元 i 的时间戳 $stamp_i$ 换算到当前计算机的时间系统中，例如为 t_i，一旦当前计算机时间 t 达到或者稍微超过 t_i，则说明媒体单元 i 需要播放出来了。

但是，可能会出现一些意外的情况，例如突然发现某个媒体单元的时间戳 t_i 比当前时间 t 小很多（传输的路上耽误了时间，本应先到的却后到了），也就是说它是以前的、早就过时了的一个媒体单元。这样的媒体单元就不需要再播放了，解码后直接丢弃。

5.6 视频通信中的差错控制

多媒体信息在网络传输的过程中，难免会产生差错。如何降低差错所带来的影响，即提高抗误码能力，是一个需要特别考虑的重要问题。多媒体压缩编码的目的是采用尽量少的数据来表示媒体信息。压缩以后，码流中的每个比特都很重要（否则，就说明还可以进一步压缩，不是吗？），反过来说就是这些数据很脆弱，如果有差错就会产生较大的影响。因此，我们不能一味追求压缩率，而必须考虑编解码器的差错恢复（Error Resilience）能力。

数据通信过程中的差错一般分为两类，即比特错误和丢包。比特错误指数据包中局部的比特差错，也就是比特翻转，如 0 变 1 或者 1 变 0。光纤中的误码率通常会很低，在 10^{-11}，普通金属线路上的误码率大约在 10^{-6} 左右，无线通信环境大约在 10^{-3}，甚至达到 10^{-2}（即 1/100，也就是每 100 个比特可能会错一个）。丢包则是更为严重的传输问题，特别是在因特网上，丢包是不可避免的。一旦丢包发生，一种方法是通知发送方，根据所丢失数据包的序号，对该数据包重新传输，即常说的 ARQ。通信系统底层重传可以大大减少应用层的丢包率，是一种有效的方法，但是重传会造成传输的时间延迟。

有时候，应用层为了减小延迟，宁可接收一定程度的误码率和丢包率，这些没有在通信底层解决的差错，最终就递交给了视频解码器。因此解码器也需要具备一定的抗误码能力，能够对有差错的码流正确解码，或者让人看不出来图像上的差错，或者最起码，解码器不能在碰到一点差错时就自身崩溃，造成程序的终止。

为了有效对抗差错，需要编码器、通信系统、解码器三者互相配合，采用有效的抗误码、抗丢包的措施。通信系统中的纠错问题在其他章节中会做相应的介绍，常用的方法如前向纠错（Forward Error Correction，FEC）、自动请求重传（ARQ），以及顽健性打包技术（如各种层次的交织技术）等，这里不再详细描述。本节重点介绍视频编码器和解码器中的抗误码措施。

5.6.1 编码策略

1. 周期性帧内编码

由于帧内编码不依赖其他图像，因此不会受到其他图像差错的传染，可以阻断差错的传播。因此，在实际系统中，常常采用周期性地进行帧内编码的方式，也就是采用 I PP…P I PP…P I PP…的编码方式。这是抵抗错的最基本的方法。不仅可以对整个图像作周期性的帧内编码，也可以对数据块进行随机的帧内编码。

实际上，严格"周期性"并不一定是好方法，更好的做法是在周期时间点附近考察有没有场景切换或者运动比较大情况，因为这时相邻图像之间本来就没有太大的参考价值，更适合做帧内编码。也有人提出，在选择帧内编码时，考虑图像对差错的敏感程度，敏感度高的适合做帧内编码。

2. 非均等保护

多媒体数据中的各个字节（甚至比特）并不具备同等的重要性，例如预测编码中的运动矢量和量化参数，它们比纹理信息更为重要。因此可以对它们采用不同级别的保护策略，即非均等保护（UnEqual Protection，UEP）。非均等保护措施包括不同的编码方式、不同的传输技术，以及备份传送等。

（1）分层编码。分层编码是适应不同网络传送能力的一种策略，分为基本层和增强层（增强层可能有多个）。基本层传输的是基本图像内容，增强层是补充内容。因此基本层是最为重要的数据，可以采用更强的保护手段，而增强层则可采用较弱的保护手段。

（2）数据分割。即使在同一个图像层中，数据的重要性也是不同的。例如，量化参数、运动矢量等信息会影响整个编码数据块（或者宏块），因此这些数据就显得特别重要。而 DCT 系数的重要性就相对低一些，因为它只影响该像素本身或者一部分像素。因此，我们可以把一幅图像中所有的量化参数、运动矢量信息放在一起，实施更高级别的保护。这种方法在视频压缩中称为数据分割，如图 5-29 所示。

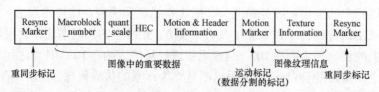

图 5-29　重同步标记和数据分割

3. 重同步标记

重同步标记（Resync_Maker）是被安插在码流中的特定的二进制比特串，例如在 MPEG-4 中采用 "0 0000 0000 0000 0001"。在每一个重同步标记后，都会存储一些头信息，这些信息能够让解码器从这里重新开始正确的解码。重同步标记的作用，仅仅是提供一种手段，使得解码器遇到差错后能够跳过错误数据在新的位置开始重新解码，它并不能对已经出现的差错进行恢复。（如果采用普通的熵编码技术）差错点之后的数据全都可能出现解码错误，被迫丢弃，解码器将向后搜索到下一个重同步标记开始正确解码。

如图 5-29 所示，两个重同步标记之间是编码的图像数据，这些图像数据经过了"数据分割"，用运动标记（Motion_Marker）将头信息与纹理信息分割开来，Motion_Marker 也是一个类似重同步标记那样的特定二进制串，用来作为数据分割的标记。

4. 可逆变长度编码

可逆变长度编码（Reversible Variable Length Codes，RVLC）是一种顽健性的熵编码。一旦解码过程中发现差错，解码器可以停止正向解码的过程，然后从下一个重同步点开始反向解码，直至解码到这个发生差错的地方。RVLC 通常与重同步标记配合使用，如图 5-30 所示。

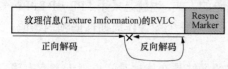

图 5-30　可逆变长编码的差错处理策略

5. 限定预测区域

帧间预测大大提高了压缩率，同时也造成了图像之间的依赖关系，这种依赖关系就是差错传播的根源。为了限制差错传播，可以将运动矢量限定在一定的范围内。一种做法是将图像分割成几个互不重叠的区域，每个图像块的参考块只能局限在该图像块所在的区域内。再一种方法是将图像序列分成偶数帧和奇数帧，偶数帧的只能用偶数帧做参考，奇数帧只能以奇数帧做参考。

这种限定预测区范围的方法，在提高抗差错能力的同时，也牺牲了编码效率。

6. 多描述编码

多描述编码（Multiple Description Coding，MDC）将同一个视频信号编码成多个相关的子码流（称为描述），具有同等的重要性，并分别在独立的信道上传送。让任何一个单独的描述都可以解码出一个基本质量的视频，多个描述在一起可以解码出更高质量的视频。这种方法的前提是存在多条并行的、差错事件互相独立的信道。多个信道同时发生差错的概率很低，因此总能解码出一定质量的视频。多描述可在空域进行、也可在频域实施。但是，这种方法的编码效率不高。多描述编码如图 5-31 所示。

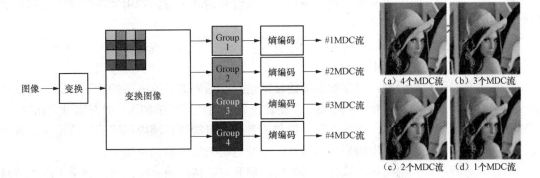

（a）4 个 MDC 流　（b）3 个 MDC 流

（c）2 个 MDC 流　（d）1 个 MDC 流

图 5-31　多描述编码

5.6.2　解码端的策略

视频解码器拿到的数据可能是有差错的，解码器需要尽可能地正确还原图像的真面目。实际上，视频解码器并没有数据纠正功能，它只能采取一些补救措施来降低差错带来的损失。一种常用的补救措施是"差错掩盖"，也就是通过处理，尽可能让人们看不出差错。解码器首先要能够发现数据中的错误，然后需要做两件事：①自己需要克服差错，继续工作下去，不能被差错打趴下；②努力进行差错掩盖。

1.　差错检测

解码器首先需要检测到差错，然后才能应对差错。差错的检测通常依据码流中两个方面的约束，即语法和语义。语法是指码流中数据的排列规则，而语义指数据的取值范围。

有下列情况，解码器断定有错：

（1）非法的 VLC 码字。

（2）一个块中多于 64 个 DCT 系数。

（3）运动矢量超出预定的范围。鉴于图像的平滑特性，相邻两行像素值的差值通常不会太大，否则可能出现了差错。

2.　差错掩盖

解码端无法恢复差错时，最后一招就是差错掩盖（Error Concealment），也就是利用之前已经正确解码的图像来对差错图像进行估计，使得差错在一定程度上被掩盖掉、看起来好像没有差错，如图 5-32 所示。当然，这种做法只适用于对视频内容的准确性要求不高的应用领域（如电影、电视、视频会议等）。

差错掩盖的方法，主要是利用图像在时间和空间上的局部相关性来实施的。时间相关性是指，在短时间内图像的内容变化不大，因此可以利用上一帧的图像内容来预测当前差错图像。而空间相关性是指，一个像素与局部邻域

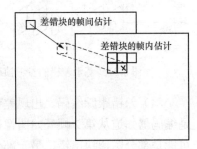

图 5-32　差错块的估计

内的其他像素差异不大。

一个图像块的信息主要包括编码模式、运动矢量、图像纹理三个部分。编码模式可以利用周围已解码图像块的编码模式来估算。运动矢量也可以类似处理，例如用周围已经解码的图像块的运动矢量的平均值（或者中值）来替代。至于纹理，如果已知运动矢量，则可以基于运动矢量，用上一帧的相应图像块来替代；如果没有运动矢量，则用当前图像中已解码的相邻图块的内容来插补。

5.6.3　交互式差错控制

交互式差错控制包括以下几种。

（1）动态编码参数调整。根据解码端的反馈信息，编码器了解网络的状况（例如网络速率、误码率等），从而动态调整编码参数，使得输出码流适应网络的情况。如网络带宽比较小，则降低图像质量，降低码率，避免丢包。调整的参数还可能包括帧内编码的帧数比例、参考帧的多少和选用方式、重同步码插入的频率，以及运动矢量的预测范围等。

（2）参考帧选择。编码端在选择参考帧时，避开有差错的帧。编码时，通常采用当前帧的前一帧作为参考帧，如果它有差错产生，则选择差错帧的前一帧作为参考帧。在这种模式下，要求编码器和解码器都保留多个最近的重建图像，以备作为参考帧使用。

如图5-33所示，第2帧发生差错，直到编码第6帧之前编码器才接收到反馈信息，第6帧就采用第一帧（第2帧的前一帧，没有差错的帧）作为参考帧，这样接收端收到第6帧后，差错就没有了。在这个过程中，编码器和解码器都不需要因此而停止工作，不过中间一些帧的差错（例如这里的2、3、4、5帧）无法得到恢复。

（3）无等待重传。与"参考帧选择"纠错方法类似，当解码端发现差错时（例如图5-34中的第2帧），通知编码端，编码端也可以采用重传的方式。这时候如果解码端停止解码并等待重传数据的到来，则会造成图像显示的停顿。一种方法可以让解码端不用停止等待，而是接续解码后续图像（这些图像都会有差错，如2、3、4、5帧），同时记录这些图像的一些必要信息（编码模式和运动矢量等）。一旦接收到重传的数据，则可以重新解码原本的差错帧，并利用记录的信息一直追踪到当前解码帧，使差错得到纠正，此后的图像（第6帧及以后）也都可以正确解码了。

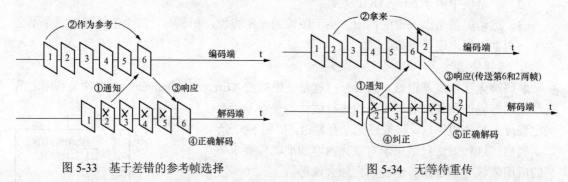

图5-33　基于差错的参考帧选择　　　　　图5-34　无等待重传

（4）差错跟踪编码。出现差错时，解码器将差错信息告知编码器，例如第2帧出错，于是编码器知道从第2帧开始图像都将发生差错。有差错的图像中并不一定全部图像块都出错，可能是部分图像块出错，另一部分是正确的。于是，从差错起点开始，编码器对这些差错帧中的差错情况进行跟踪计算，从而搞清楚（当前待编码帧的）上一帧的出错情况，例如图5-35

中第 5 帧的出错情况。

　　编码器仍然采用上一帧做参考帧（第 5 帧），
具体策略有两种：

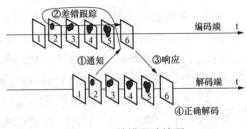

图 5-35　差错跟踪编码

　　（1）如果编码器在差错跟踪中，也采用与解
码端相同的方法对差错进行"差错掩盖"，则差错
跟踪之后，编码端得到的第 5 帧重建图像与解码
端的第 5 帧重建图像完全相同，这样可以毫无顾
忌地用第 5 帧作为参考帧来编码第 6 帧，第 6 帧中将不再有差错。

　　（2）如果编码端只做差错块的位置跟踪，不重建所有出错的图像，则编码当前第 6 帧时，
要做一些特殊处理：不采用第 5 帧中的坏块做参考；如果某个图像块找不到合适的参考，则
对该图像块采用帧内编码模式。

　　编解码端参考帧相同的话，差错就不会再传播下去。差错点之后的图像之所以也跟
着发生差错，是因为解码端将差错帧当作参考帧，而编码端并不知道这个情况，它依然
将没有差错的自我重建帧作为参考帧。因此，造成参考帧的不一致，从而使得解码端差
错传播下去。

5.6.4　信源信道联合编码

　　图像压缩编码属于信源编码，它力图减小数据量，用最少的数据来表达原有的图像信息。
而信道编码的目的是让数据尽可能正确地传送过去，可能需要添加一些冗余数据，以便于检
错和纠错。两者在数据量的思路上是相反的。在实际的网络条件下，各自独立的优化往往并
不能达到整体最优。因此，人们提出信源信道联合编码的思路，即将它们作为一个整体进行
优化。

5.7　多媒体应用系统

5.7.1　概述

　　多媒体通信应用系统包括多媒体消息业务、可视电话系统、视频会议系统、VOD 系统等，
应用领域包括远程教育、远程医疗、视频会议、视频监控、可视化控制、多媒体网页（超媒
体）等。

　　作为多媒体应用系统的代表，我们主要介绍网络视频会议系统。视频会议主要指多方之
间视频音频互通，当然也可以用于两方通话。目前商品化的视频会议系统分为三类：

　　（1）大型商业会议电视系统。提供高质量的多点会议服务，配备高档的摄像机、音响和
显示设备，有高质量的视听效果。其代表是美国 Picturetel、Vtel 等公司的产品，使用 DDN
专线或者专用网络，一般运行在 300K～2Mb/s 速率下。国内一些公司也推出了大型会议电视
系统。

（2）桌面会议系统。以美国的 Intel 公司的 Proshare 系列产品、以色列的 Vcon Online 系统为代表，分为高档和低档两大类。比较高档的通常需要在 DDN 和 ISDN 环境下运行，数据速率在 112～768Kb/s，提供 25～30f/s 的 CIF 或者 QCIF 图像。低档次的在 LAN 或者 WAN 环境下运行，384Kb/s，提供 15～20f/s 的帧率。

（3）可视电话系统。采用普通的家用电话线路传输相对低质量的画面和声音信号，画面一般为 QCIF，帧率在 5～15f/s，数据速率在几十千比特每秒。可视电话可能被制作成一部电话机的模样，与普通电话的主要差别在于：传送声音的同时，还可以传输和显示图像。可视电话也可能借助于家用计算机来实现，在计算机上配置摄像机、麦克风、耳机等辅助器材，利用家庭宽带实现可视电话通信。

多年来，国际电信联盟（ITU）为公共和私营电信组织制定了许多多媒体计算和通信系统的推荐标准，以促进各国之间的电信合作。ITU 的 26 个（Series A～Z）系列推荐标准中，与多媒体通信关系最密切的 7 个系列标准如表 5-3 所示。

表 5-3　　　　　　　　　　　　　　ITU 系列推荐标准

系列名	主　要　内　容	系列名	主　要　内　容
Series G	传输系统、媒体数字系统和网络	Series Q	电话交换和控制信号传输法
Series H	视听和多媒体系统	Series T	远程信息处理业务的终端设备
Series I	综合业务数字网（ISDN）	Series V	电话网上的数据通信
Series J	电视、声音节目和其他多媒体信号的传输		

其中 H 系列是最为核心的多媒体通信标准，它不但包括视频压缩标准，还包括一系列的多媒体终端标准，例如：

1）H.320：电路交换，ISDN/ATM。

2）H.321：B-ISDN、ATM 等。

3）H.322：有 QOS 的分组交换网。

4）H.323：无 QOS 的分组交换网。

5）H.324：PSTN 模拟电话网。

20 世纪 90 年代初开发的电视会议标准是 H.320，它定义通信的建立、数字电视图像和声音压缩编码算法，运行在综合业务数字网（Integrated Services Digital Network，ISDN）上；局域网上的桌面电视会议（Desktop Video Conferencing）采用 H.323 标准，这是基于信息包交换的多媒体通信系统；在公众交换电话网（Public Switched Telephone Network，PSTN）上的桌面电视会议使用调制解调器，采用 H.324 标准。它们的主要技术标准如表 5-4 所示。

表 5-4　　　　　　　　　　　主要电视会议技术标准

项目	H.320	H.323（V1/V2）	H.324
发布时间	1990	1996/1998	1996
应用范围	窄带 ISDN	带宽无保证信息包交换网络	PSTN
图像编码	H.261、H.263	H.261、H.263	H.261、H.263
声音编码	G.711、G.722、G.728	G.711、G.722、G.728、G.723.1、G.729	G.723.1

续表

项目	H.320	H.323（V1/V2）	H.324
多路复合控制	H.221、H.230/H.242	H.225.0、H.245	H.223、H.245
多点	H.231、H.243	H.323	
数据	T.120	T.120	T.120

5.7.2 H.323 视频会议系统

随着网络通信技术的发展，ITU 在 1996 年颁布了基于 IP 协议的 H.323 系列标准，因特网逐渐成为多媒体通信的主要通信载体。H.323 视频会议系统涉及终端设备、视频音频和数据传输、通信控制、网络接口，还包括组成多点会议的多点控制单元（MCU）、多点控制器（MC）、多点处理器（MP）、网关（Gateway）及网守（Gatekeeper）等设备，其系统结构如图 5-36 所示。

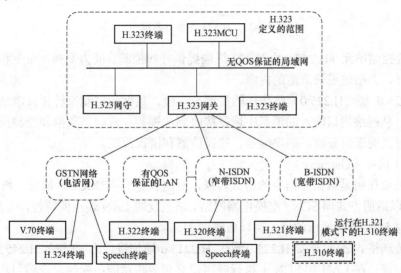

图 5-36　H.323 系统拓扑结构图

终端设备负责通过音视频的输入设备采集音视频信号，通过网络传输至 MCU，MCU 将接收到的音视频信号进行整合，然后分发给所有的终端，终端解析 MCU 发来的数据包，将它们还原成音视频信号，输出至音视频输出设备，这样就实现了多方的视频会议。

1. H.323 终端

图 5-37 是 H.323 终端的框图，包括用户设备接口、视频编码器、音频编码器、远程信息处理设备、H.225.0 层（数据复接）、系统控制功能、与局域网（LAN）的接口，各模块功能如下。

（1）视频编码器（如 H.261）把从视频源（如照相机）传来的视频编码传送出去，并将接收到的视频码流解码，输出到视频显示器。

（2）音频编码器（如 G.711）把从麦克风传来的音频信号编码传送出去，并将接收到的音频码流解码，输出到喇叭。

（3）数据通道支持远程信息处理应用程序，如电子白板、静态图像传输、文件交换、数据库访问、可视会议等。用于实时可视会议的标准化数据应用程序是 T.120，其他应用程序和协议也可以通过 H.245 协商使用。

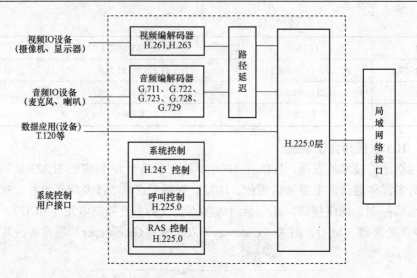

图 5-37　H.323 终端设备框图

（4）系统控制单元（H.245）为 H.323 终端提供呼叫控制、能力交换、命令和指令的信号化、消息打开，并描述逻辑信道的内容。

（5）H.225.0 层（H.225.0）将传送的视频、音频、数据和控制流转化成消息格式并输出到网络接口，从网络接口输入的消息中恢复接收到的视频、音频、数据和控制流，还执行适合每种媒体形式的逻辑分帧、顺序编号、错误检测和错误改正。

2. H.323 网关（Gateway）

网关的主要作用是数据和信令的格式转换，有时候也充当 MCU。通常，网关（不充当 MCU 时）是以透明方式向 SCN（交换电路网络）端点反映 LAN 端点的特性，以及反向翻译。如果不要求与 SCN 终端通信的话，可以省略网关。

网关在传送格式之间（例如 H.225.0 到/从 H.221）和通信进程之间（例如 H.245 到/从 H.242）提供适当的翻译；在 LAN 和 SCN 上执行呼叫建立和清除功能；视频、音频和数据格式之间的翻译也可以在网关中进行。

3. H.323 网守（Gatekeeper）

网守也叫关守，在 H.323 系统中是任选的，它提供对 H.323 端点的呼叫控制服务。

虽然网守与端点是逻辑分开的，但它物理上可以与终端、MCU、MC、网关，或其他非 H.323 LAN 设备共存。当网守在系统中出现时，它提供地址转换、许可控制、带宽控制、地域管理，甚至包括目录服务。

4. H.323 多点控制单元（MCU）

同电话交换机相似，MCU 的作用就是在视频会议三点以上时，决定将哪一路图像作为主图像广播出去，供其他会场点收看。在具有 MCU 的会议系统里，所有终端的音视频数据均实时传到 MCU 供选择广播。

MCU 应该包含 MC 和零个或多个 MP。MC 提供支持多点会议中三个或多个端点之间的会议的控制功能；MP 从集中或混合多点会议的端点接收到音频、视频和/或数据流，处理这些媒体流并将它们返回给端点。

典型的支持集中式多点会议的 MCU 包含一个 MC 和一个音频、视频和数据 MP，典型的支持分散式多点会议的 MCU 包含一个 MC 和一个支持 T.120 协议的数据 MP。

练 习 题

1. 多媒体具备哪些特征？

2. 多媒体通信有哪些特点？

3. 简述二值图像、灰度图像和彩色图像的差异。

4. 对于 25f/s 的高清（FHD）视频，如果采用 24 位 RGB 编码（即未经过压缩），每小时的数据量有多少字节？

5. 说明 3D 图像显示的原理。

6. 如何评价视频图像的质量？

7. 视频中存在的冗余有哪些种类？分别予以解释说明。

8. 预测编码在视频图像的压缩中体现在哪些环节？

9. 常用的视频图像数据压缩方法有哪些？

10. 说明 DCT 变换的作用。

11. 解释说明视频压缩的 I、P 和 B 三种帧类型。

12. 简述视频编码中码率控制的基本思路。

13. 有哪些视频压缩的国际标准？

14. 音频压缩编码算法分为哪三大类？

15. 比较单播、组播和多播的区别。

16. 如何实现多媒体同步？

17. 视频通信中有哪些特殊的差错保护措施？

18. 画图说明多媒体通信终端的一般结构。

第6章 电力线中的通信

内容提要

本章介绍电力线通信的概念、特点、原理和应用,以及电力线通信的新技术和发展方向。主要内容包括电力线通信PLC的特点、历史和现状,高压PLC和低压PLC,电力线通信的调制方式和系统标准,电力线通信芯片,以及电力线通信在电能表抄收和家庭宽带网络中的应用。

导 读

重点理解电力线的特点,理解电力线通信与通信线路通信的区别。千家万户都有现成的电力线路,如果采用电力线进行通信,则无须重新布线,这是巨大的优势。但是采用电力线通信时,数据信号必须与现有各种用电器共用线路,会给数据信号带来巨大的干扰,这是电力线通信的难点所在。

6.1 电力线通信概述

6.1.1 电力线通信的概念

1. 什么是电力线通信

我们平时所使用的电力线路,本来是用于传送电能的,但是实际上也可以当作通信线路来传送语音和数据,如图6-1所示,这种通信方式叫作"电力线通信"(Power Line Communication,PLC)。可用于通信的电力线包括家里的电线、室外的电线,甚至高压长途输电线路。

图6-1 用电力线来传输数据

电力线通信(特别是室内电力线通信)会给人们带来极大的便利,只要有电线的地方都可以通信。例如,你只要从一个电源入口(例如配电柜)连接外部的因特网信号,就可以利用家里墙上的任何一个电源插座来上网。

2. 电力线通信的优点

(1)任何电子通信设备都需要电能,因此电源线往往是必不可少的(除非用电池),利用电力线进行通信,则可以将通信线路和供电线路合二为一。

(2)家家户户都在用电,电力线的覆盖范围极其广泛,已经深入到几乎每个角落。电力线通信可以充分利用现有的线路，不用重复布线。哪里有电哪里就可以通信。

（3）安装简单，设置灵活。

3．电力线通信遇到的问题

由于电力供应系统最初不是为数据通信所设计的，而是用于传送大功率的电能，因此导线比较粗，且没有电磁屏蔽层，电线之间的间隔也比较近，甚至多路电线紧紧靠在一起（之间通过绝缘层隔离）。由于电力线传送的电能信号多为 50Hz 的正弦波，甚至是直流电，属于非常低的频率，因此线路之间的干扰很微弱。

但是，当用于数据通信时，则遇到了其他专用通信系统从未遇到过的难题。

（1）为了避开 50Hz 的电力信号，以及便于信道复用，电力线通信需要将有用信号调制到较高的载波频率上（因此也称为"电力线载波通信"），例如 150kHz、2MHz，甚至 20MHz 等，这种高频率的信号就会在电力线之间造成严重的相互干扰。由于电力线往往没有电磁屏蔽层，每条电力线都相当于一根天线，对于工作在相同频率范围的其他设备造成干扰。因此 PLC 一方面无法使用太高的载波频率，另一方面不得不限制发射功率，这将进一步减小数据速率和传输距离。

（2）电力系统内的负载类型多样，负载数量随时可能变化，例如大多数家庭都会使用的空调、电冰箱、电视机、电风扇、计算机、显示器、电吹风机等。在不同的家庭中，电器设备的种类和数量差别较大，即使同一个家庭中，不少电器设备的开启（或者关闭）也都是随机的。因此电力信道的特性难以准确预测。

（3）电力线系统庞大，分支多，线路质量也参差不齐（有的质量很差），加上设备使用的随机性，系统内的信号传输很难做到阻抗的匹配，因此存在一定的反射信号，从而形成多径传输。

（4）由于多个用户共享信道带宽，当用户增加到一定程度时，网络性能和用户可用带宽有所下降，但这些问题可以通过合理的组网方式得到解决。

因此，电力线通信的信号环境条件很差，噪声和干扰严重，负载种类多、接入随机，信道特性难以估计，都给通信带来困难。如何准确描述信道传递函数和噪声特性是非常重要的，特别是对脉冲噪声的探索，已成为近年来信道建模的关键问题。为了达到较好的通信效果，需要在系统结构、调制方式、编码方式等方面进行精心选择。

　　电能传输网络就像一棵大树，树根最粗，树梢最细，适应于电流大小的分配。就像自来水系统一样。然而，应用于数据通信时，数据传输能力并不主要决定于导线的粗细，因此，现有电力系统难以构建数据通信的大树。

4．电力线通信的分类

（1）以线路种类划分。从所使用的电力线路种类上看，电力线载波通信又分为 35kV 以上的高压载波通信；10kV 配电网的载波通信和民用（400V 以下）电力线载波通信。高压载波通信主要为电力系统内部通信，由于网络专一性，其简单的数据通信在国内外已基本成熟。

架空高压线载波传输所使用的频率在 15～500kHz，它的下限是由设备成本决定的，因为在低于 15kHz 的情况下，需要大容量的高压电容，其造价非常昂贵；它的上限主要是由衰减决定的，衰减的大小随频率的升高而急剧增加。

在高压级，可以通过电力线载波传送进行双向、大容量的信息流传送，而且只需要比较低的传输功率。而在中压或者低压级别所采用的脉动载波信号，却只能从供电公司到用户进行单向低速率的信息流传送，且需要很大的传输功率。然而，中低压线路连接着千家万户，直接面对家庭，因此是必须开发的最为重要的应用领域，也是本章的重点内容。

（2）以数据速率划分。从数据速率上来看，电力线通信可分为窄带电力线通信（Narrow Band，NB-PLC）和宽带电力线通信（Broad Band，BB-PLC）两类。

窄带电力线通信使用的载波频率为 500kHz 以下，提供较低传输速率的通信服务，适合智能电网、工业控制、物联网等控制信息的传输；第一个窄带 PLC 使用的是 ASK 调制。不过，由于 ASK 难以使用分布式的网络结构，因此不太适合在 PLC 中应用。而 BPSK 则更适合于 PLC 系统，是一个健壮的调制方案。然而，BPSK 的相位识别十分复杂，所以 BPSK 也不是很常用。现在常用的是 FSK。宽带调制方案也可以用于窄带 PLC 中，其频谱的多变性可以抵抗 PLC 系统中的噪声和选择性衰减，OFDM 就是一种适合于未来窄带 PLC 的宽带调制方案。

宽带电力线通信使用的频率为 1M～30MHz，利用现有电力线组建室内网络，实现宽带数据和多媒体信号传输，能够提供 2Mb/s 以上的数据传输速率。目前宽带 PLC 在室外的传输速率通常都超过了 2Mb/s，包括中低压供电网络。在室内则可到 12Mb/s 以上。中压 PLC 技术一般用于点对点的桥接，距离可达几百米，典型的应用是居民楼，或者校园主干网的通信基站的 LAN 连接。低压宽带 PLC 主要用于家庭的网络接入，作为电信接入的"最后一公里"。

6.1.2　电力线通信的历史和现状

1. 国际上电力线通信技术的发展状况

由于供电线路隶属于电力系统，因此 PLC 首先在电力系统的话音通信、数据通信和远程控制中得到了应用，成为电力系统传输信息的一种基本手段。最早的应用是在高压线路上用载频进行语音传输，开始于 1920 年。那时候，电话网络并没有全面覆盖，另外长途电话费用也是比较昂贵的。利用高压电力网络进行数据传输是很有吸引力的，它可以利用电力公司自己的电力线网络将发电厂、变电站、开关设备等连接起来，提供快速双向的信息流传送，用于运行管理、控制和故障排除。这时的载波机采用模拟通信方式，采用单边带幅度调制或频分复用等模拟信号调制方式，实现语音的传输。

后来，发展为数字调制技术，在基本载波频带内通过时分复用（TDM）、语音压缩实现语音和数据传输，并且在高频线路侧传输数字制式已调波信号。这种载波机可以通过话音模拟接口接入多路语音信号、通过模拟接口或数字接口接入远动数据，能够实现不同传输速率下灵活的接口配置，并可与数字程控交换机连接。

传统的 PLC 主要利用高压输电线路作为高频信号的传输通道，仅仅局限于传输话音、远动控制信号等，应用范围窄，传输速率较低，不能满足宽带化发展的要求。随着互联网的普及，利用低压电力线通信来解决"最后一公里"或者来构建"家庭宽带"成为一种极具竞争力的选择。采用低压配电网的 PLC 正在向大容量、高速率方向发展，可以让家庭用户实现打电话、上网、多媒体传输等多种业务。

1997 年英国的 Norweb 通信公司和加拿大 Nortel（北电网络）利用开发的数字电力线载波技术，实现了在低压配电网上进行的 1Mb/s 远程通信，并进行了该技术的市场推广。随后，许多国家研究机构纷纷开展了高速电力线通信技术的研究和开发，产品的传输速率也从 1Mb/s 发展到 2Mb/s、14Mb/s、24Mb/s 甚至更高。

国际各大公司纷纷推出 PLC 调制解调芯片，其中主要有美国 Intellon 公司的 14Mb/s、54Mb/s、85Mb/s 和 200Mb/s 芯片，西班牙 DS2 公司的 45Mb/s 和 200Mb/s 芯片等。其中以美国 Intellon 公司的 14Mb/s 芯片应用最为普遍，大部分电力线载波系统都是基于该芯片开发的。

目前，电力线载波通信在欧洲发展比较快，欧盟为促进电力线载波技术发展，在 2004 年启动了 OPERA（Open PLC European Research Alliance）的计划，致力于制定欧洲统一的 PLC 技术标准，推动大规模的商业化应用，并将 PLC 作为实现信息化欧洲的重要技术手段。由美国倡导成立了"家庭插电联盟"，致力于标准的研究，发布了第一个 PLC 标准 Home-Plug1.0。日本对 PLC 的态度，经历了从初期怀疑否定、到开放试验直至今日的积极推动的三个阶段。到目前为止，PLC 的试验网络已经遍及各大洲许多国家，未来 PLC 商业化只是一个时间问题。

2. 我国的发展情况

我国从 1997 年开始研究 PLC 技术，主要用于低压抄表系统，数据速率较低。中国电力科学研究院是主要的科研机构。1999 年我国开始了 PLC 系统的研究和开发工作，对我国低压配电网的传输特性进行了测试和数据分析，基本了解了我国低压配电网的传输特性和参数，为进一步的研究和系统开发提供了依据。2000 年开始引进国外的 PLC 芯片，研制了 2Mb/s 的样机，随后进行了小规模的现场试验，效果良好。用于室内的 200Mb/s 的电力线接入产品，传输距离可达 700m。

由于我们低压配电网的结构、负荷特性、供电方式和国外有很大的不同，国外已有的产品需要根据我国配电线路的实际情况进行改进才能使用。我国针对配电网特点，研究并解决了技术上的难题，确定了多种试验方案。于 2001 年底开通我们第一个以电力线为传输介质的 PLC 宽带接入因特网试验小区。2002 年 3 月引进欧洲 PLC 产品进行语音传输试验，在我国第一次实现了利用电力线同时上网和打电话。

2002 年 5 月，采用国内电力系统研制的产品，开通了第一个国内自主研发的 PLC 宽带接入系统。2003 年，研发了国家电力调度通信中心的电网调度自动化系统，并开展了低压配电网电力线高速通信技术研究，为智能电网的研发打下了理论基础。2005 年完善了电力通信的宽带接入系统。

目前，电力通信的应用包括电力线专网通信、电力专网电话、电力广域网服务，例如低压用户远程抄表系统、广域电网检测系统等。特高压电力线载波通信方面，"十五"计划要求重点研究特高压电力线载波的高频信号传输特性、高频耦合特性，以及噪声特性等问题，期间取得了显著的成就。

随着互联网在全球范围的迅速发展和用户对新业务服务要求的不断增加，电力线通信技术因其价格低廉、使用灵活方便、提供宽带服务等优点将会有巨大的发展空间。

6.1.3 应用领域

电力线通信的应用领域包括家庭宽带、智能电网、物联网。

（1）家庭宽带。采用宽带 PLC 技术可以实现室内的高速网络互联。例如摄像机、VCD

设备、电视机、投影机、音响、计算机等设备，它们只需要插上电源就可以互相传送视频、音频等多媒体数据（而不需要专门的数据线、视频线、音频线等），构建起家庭影院系统、智能家居系统。

（2）智能电网。智能电网无疑将是电力线通信的更大舞台，更多的智能仪表可以采用电力线通信方式来传递数据。包括 Adavanced Digital Design、CURRENT Group、Landis＋Gyr、STMicroelectronics、uSystem，以及 ZIV Medida 等公司都加入了 PRIME（Poweline Ralated Imtelligent Metering Evolution，电力线智能仪表演进），共同探讨智能仪表的标准化和产品化。

（3）物联网。物联网的核心在于通信，即设备之间的通信。实际上，在家庭内部，大部分家用电器都是需要接入市电的，因此电源线暂时是必不可少的。如果仅仅使用电源线就可以在它们之间建立通信系统，那岂不是又方便又省钱吗？在实际应用中，我们可以将 PLC 与其他通信方式结合，组成多通道传感器网络。

6.2　电能传输网络系统及高压 PLC

6.2.1　电力网络结构

电能是一种重要的二次能源，是一次能源最为广泛和有效的利用方式。而电力系统就是生产、传输和配送电能的网络系统，它由发电系统、输电系统和配电系统三部分组成。发电系统将自然界的一次能源转化为电能，然后经过输电系统来输送电能，最后由配电系统将电能分配供应到各电力终端用户。终端用户就可以利用不同类型的用电设备将电能转换成动力、光、热等不同形式的能量，来满足自己的各种用能需求，例如，利用电灯进行照明，利用空调实现调温等。

电能在传输过程中会造成损耗，为了减少损耗并提高电力系统输送电的能力（远距离和大功率），一般采用较高的电压等级来输送电能（这样电流较小，线路的热损耗就小）。在我国，通常将电力系统的电压等级范围划分为低压、中压、高压、超高压和特高压，如表 6-1 所示。

表 6-1　　　　　　　　　　我国电压等级范围的划分

等级	低压	中压	高压	超高压	特高压
范围	≤1kV	>1kV ≤20kV	>20kV， <330kV	≥330kV <1000kV	≥1000kV （直流：±800kV 及以上）

我国输电网的电压等级一般在 220～1000kV，基本属于高压、超高压和特高压的范畴；而配电网的电压等级一般选为 110kV（或 35kV）及以下，大致涵盖了低压、中压和高压的各种电压等级。配电系统是由多种配电元件和配电设施所组成的用以变换电压和直接向终端用户分配电能的一个电力网络系统。一般将电力系统中从降压配电变电站（高压配电变电站）出口到用户端的这一段系统称为配电系统。国内外关于配电系统范围的划分有一定的差异。配电网络具体划分为高压配电线（35kV 以上）、中压配电线（30kV/10kV）、和低压配电线（380V 以下）。

（1）高压配电（110K～380kV），连接发电站和用电需求巨大的地区和客户。通常跨越很长的距离，使用架空电缆进行电力传输。

（2）中压配电（10K～30kV）用于给较大的地区供电，如城市、大工业和商业客户，跨越距离明显短于高压网络。使用架空电缆或者地下电缆进行电力传输。

（3）低压配电（220V/380V）用于给终端客户供电，其长度一般可达几百米。在城市地区，一般采用地下电缆进行传输，而在农村，则主要采用架空电缆。低压线路通过电表进入用户室内，室内电路设施属于低压网络。低压电路覆盖了客户和传输单元，完全有能力成为通信"最后一公里"的替代方案。

世界上不同国家的配电系统所采用的电压等级的差异较大。表 6-2 列出了几个具有代表性的国家所采用的配电系统电压等级。

表 6-2　　　　　　　　　　部分国家的配电系统电压等级

国　别	配电系统电压等级
中国	110kV、66kV、35kV、（20kV）、10kV、（6.6kV）、0.4kV/220V
美国	34.5kV、23.9kV、14.4kV、13.2kV、12.47kV、（4.16kV）、110V
俄罗斯	110kV、35kV、20kV、10kV、0.4kV/220V
英国	132kV、33kV、11kV、415V/240V
法国	20kV、0.4kV
德国	20kV、0.4kV

注　法国根据电压等级将电力网划分为一次输电网（400kV），二次输电网（225kV、150kV、90kV、63kV）和配电网（20kV 及以下）。

电力系统的组成划分如图 6-2 所示。发电厂发出的电能一般通过升压变电站提升电压后，经由"超高压输电网"来输送，升压的目的是为了减少输电损耗。当电能输送到靠近负荷中心的位置（如城市的郊区）后，再经降压变电站（通常为高压变电站）降低电压，经由"高压输电网"向高压配电变电站输送电力。经高压配电变电站进一步降压后，再经由"高压配电网络"输送到中压配电变电站，经中压配电变电站更进一步降压后，再经由"中压配电网络"输送到低压配电变压器，最终经由"低压配电线路"向终端用户供电。

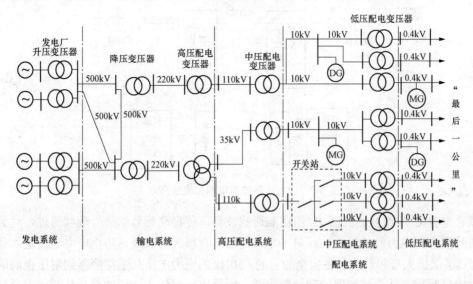

图 6-2　电力系统组成划分示意图

　　在我国，配电系统也划分为高压配电系统、中压配电系统和低压配电系统三部分。

　　高压配电系统与输电系统直接相连，接收输电系统输送的电能，向负荷中心直接放射状供电或经降压配电。高压配电系统的电压等级常选为 35kV、66kV 或 110kv，有些大型城市将 220kV 也作为高压配电系统的电压等级，以适应城市用电规模的增长。高压配电系统的电源一般来自不同的 220kV 或 500kV 中心变电站（或枢纽变电站）。

　　中压配电系统是指从 110kV/10kV 或 35kV/10kV 降压变电站的 10kV 母线出发经中压配电线路到低压配电变压器的那一部分网络系统。中压配电系统的电压等级一般选为 10kV，有时也选为 20kV 或 6kV。通常将降压变电站的每一回 10kV 出线称为一条馈线。

　　低压配电系统是指从 10kV/0.4kV 低压配电变压器到用户端的那一部分网络系统。一般将低压配电系统的电压等级选为 0.4kV，或称为 380V/220V，即线电压 380V，相电压 220V。

　　由于配电系统作为电力系统的最后一个环节直接面向终端用户，它的完善与否直接关系着广大用户的用电可靠性和用电质量，因而在电力系统中具有重要的地位。

6.2.2　高压电力线载波通信

　　电力线最基本功能是用来传输和分配 50Hz 交流电的，它具有很高的传输电压和很大的传输电流。因此需要解决两个基本问题：

　　（1）避开 50Hz 的交流频率。如果我们打算利用电力线实现电话通信，将语音信号（0.3～3.4kHz）直接送到电力线上进行传输，那样将会受到强大的 50Hz 谐波干扰，接收端难以滤出清晰的语音信号。因此，一般不在电力线上直接进行语音信号的基带传输，而是采用更高的频率作为载频，将语音信号或者数据信号调制到载频上，进行频带传输。

　　（2）需要解决信号的耦合问题。电力线中存在强大的 50Hz 电流，需要将强电与通信设备隔离开，同时又能够将通信信号送入电力线及从电力线上取出来。

　　常用的是相地耦合方式，如图 6-3 所示。图中，电力线载波通信系统主要由电力线载波机、电力线和耦合设备构成。其中的耦合装置包括线路阻波器 GZ、耦合电容器 C、结合滤波器 JL 和高频电缆 GL，与电力线一起组成电力线高频通道。

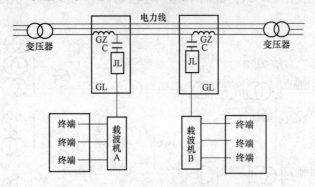

图 6-3　电力线载波通信的相地耦合方式

　　耦合电容 C 和结合滤波器 JL 组成高通滤波器，使得高频数据信号顺利通过，达到了将高频信号耦合到电力线的目的。而对 50Hz 电流具有极大的衰减，防止电力电流进入载波设备，达到了保护人身和载波设备安全的目的。50Hz 的电力电压几乎都降落到耐压很高的高压耦合电容器两端，结合滤波器的变量器线圈上所降电压很低，这样的耦合是非常安全的。阻波器 GZ 的电感线圈能通过 50Hz 的强电流，保证电能的传送，同时又能够阻止高频信号的通过，从而将高频信号限定在需要通信的线路范围内。

电力线载波通信在两个方向上采用不同的载波频率。例如 A 到 B 采用载波频率 f_1，B 到 A 采用载波频率 f_2。以 A 端发送 B 端接收为例：A 端的语音信号（0.3～3.4kHz）对 f_1 载波进行调制，并取其上边带，这样就将语音信号频谱搬移到高频，成为 f_1＋（0.3～3.4）kHz 的高频信号，通过放大和带通滤波器滤除谐波成分，经结合滤波器 JL、耦合电容器 C 送到电力线的耦合相线上。由于阻波器 GZ 的存在，高频信号沿电力线传输到 B 端。经过 B 端的耦合电容器 C、结合滤波器 JL 送入 B 端载波设备，经过放大、解调以后得到重建的语音信号。B 端发送信号时，采用载波频率 f_2，处理方法类似。

国际电工委员会（IEC）建议使用的频带一般为 30～500kHz。在实际选择频带时，必须考虑无线电广播和无线电通信的影响。国内统一的使用频带为 40～500kHz。

6.3　低 压 宽 带 PLC

利用电力线进行通信与利用专用通信线路进行通信没有本质上的区别，只是条件更为恶劣。虽然中高压（10kV 以上）电力线载波通信技术已经比较成熟，并得到了广泛的应用，但是在低压线路上的载波通信却遭遇了更大的难度。低压配电网是指低压配电变压器出线侧的用电网络。由于电力线通信的带宽容量限制，特别适合于面向最终用户的"最后一公里"环境，可以方便地解决单个用户或者楼宇的数字通信需求，是目前大力发展的领域。然而，低压线路的条件更为恶劣，要解决好这段线路上的通信问题并不是一件容易的事情。

6.3.1　电磁兼容性 EMC

低压供电线路用作 PLC 会产生辐射，宽带 PLC 的载波频率比较高（最高达 30MHz），辐射比较大。同时，这个频段也被用于其他通信设备，包括各种短波无线电业务，例如业余广播、公共服务、军事等敏感服务（如空中管制）等，它们与 PLC 互相干扰。因此，监管部门设定了 PLC 系统的运行时电磁量的限定值，这个值通常设定得很低。同时规定了在整个可用频谱范围内所有有线电信服务（如 DSL、CATV、PLC 等）的最大辐射限度。

因此，PLC 系统要确保非常低的电磁辐射，要运行在很低的发射功率下，这在非双绞线的"电线"上问题更加严重。在全球范围内，关于电磁兼容性的标准来自于多个不同的组织。

（1）IEC（International Electrotechnical Commission）。IEC 是各国民间制造商组成的关于电器规范的标准组织，内部有两个部门在制定 EMC 有关标准，分别是国际无线电干扰特别委员会（CISPR）和第 77 技术委员会（TC77）。电力线通信（PLT）的系统干扰限制定义的标准是 CISPR22，是关于设备端的电磁干扰标准，2010 年正式出版了 CISPR22 am1 Ed 7.0 版本。

（2）ITU-T（ITU Telecommunication Standardization Sector）。ITU-T 是国际电信联盟下专门制定远程通信相关国际标准的组织，它下属的 SG5 小组负责电信设备中电磁干扰标准的制定。ITU-T 发布的标准中，EMC 方面的主要标准为 K.60，即《电信网络电磁干扰限值和测量方法》。它规定了从 9kHz 到 3GHz 频段通信网络的电磁辐射干扰限值，同时给出了测量方法、定位和寻找干扰源的程序，以及应对干扰的措施。

（3）CENELEC（European Committee for Electrotechnical Standardization）。由 30 个欧洲电工委员会成员组成的非营利技术组织。它的宗旨是协调欧洲有关国家的标准机构所颁布的电工标准和消除贸易上的技术障碍。其中从事电磁兼容工作的是 TC210，它负责 EMC 标准的制定和转化工作。CENELEC 的 EMC 标准着眼于整个网络的电磁干扰特性。2006 年，基于 CISPR22 标准，发布了修订版的 EN55022 标准。2008 年起草了 pr EN50529-3 标准，在 EN55022 基础上增加了部分设备要求和自适应动态分级能力。

我国的电磁干扰标准主要来自于以上国际标准。电力线通信方面的 EMC 测试采用了 ITU-T 的 K.60 标准和 GB9254《信息技术设备的无线电磁骚扰限值和测量方法》（等同于 CISPR22）。

6.3.2　输入阻抗的波动

在没有任何电器连接的情况下，电力线相当于一根均匀分布的传输线，由于存在分布电感和分布电容，输入阻抗会随着频率的增大而减小。一旦连接上负载，输入阻抗就会进一步减小。低压电力线网络的总阻抗分为三个部分。

（1）变电站的变压器产生的阻抗，它随着频率的增高而增大。

（2）导线的特性阻抗，导线可以看作电阻与电感的串联，各种导线的特性阻抗相差 70～1000Ω。

（3）连接在电力线上的设备阻抗，一般在 10～1000Ω 变动，有的呈现感性，有的呈现容性。

实际线路上，输入阻抗会随着位置、频率的变化而变化，与电缆型号、配电网络拓扑结构、线路连接的负载有关。输入阻抗的变化并不一定符合"随频率增大而减小"的单调变化规律，甚至与之相反。造成这一后果的原因是线路上存在意想不到的谐振回路、负载与线路阻抗不匹配造成的反射和驻波现象。另外，现代电力电子设备中常常有可控硅电路，使得阻抗随时或者周期性变换。

6.3.3　信道衰减特性

信道的衰减特性特也是时变的，在 1 秒钟内对某一频率的衰减变化可达 20dB，在 1 秒钟内的信噪比变化也可达 10dB。另外，衰减特性也是依据频率而变化的，随着频率的增高衰减也增大，并且频率越高传输线效应越明显，发生谐振的可能性就越大，导致在某些频率下衰减迅速增加。此外，跨相传输时信号衰减比同相传输大，这可以通过在相间加电容耦合来消除。

由于各种配电网结构及负荷不同，很难找到简单的数学关系。信道衰减主要是耦合衰减和线路衰减。线路衰减包括多径传播造成的衰减、线路损耗和线路延迟。变压器也阻碍信号的通过，原副两边的信号衰减可达 60～100dB，次级间也会有 20～40dB 的衰减。实测表明，变压器副边两回路之间的信号传输衰减随频率增加而增加了，连接在两回路之间的负荷能增进跨回路的信号传输。

耦合衰减是发射端和接收端与电力线的阻抗不匹配造成的。三相电力信道间有很大的信号损失（10～30dB）。但通信距离很近时，不同相间可能会收到信号。载波信号一般只能在单相电力线上传输。不同耦合方式导致 PLC 信号的损失也不同，"线—地"耦合比"线—中线"耦合少损失 10dB 左右。不同相位的耦合也会引起衰减，跨相传输比同相传输损耗大 10dB 左右。

电力线上的信号传输往往也存在多径现象，由其他回路反射形成的路径也应考虑在内。信号的多径传播会造成不同的延时，与传播距离和传播速度有关，这就是信道的延时衰落。电力信道应该被看作是具有频率选择性衰落的多径信道。其衰减可由下式描述：

$$A(f,d)=\mathrm{e}^{-(a_0+a_1 f^k)\cdot d} \tag{6-1}$$

这个式子表达了信号幅度与频率 f 和距离 d 的关系，其中 a_0、a_1、k 是由实际测量而得到的三个参数。而信号的传播延迟取决于信号的传输速度和距离，传输速度 $v=c/\sqrt{\varepsilon}$，其中 c

是光速，ε 是传输介质的介电常数。

6.3.4　信道噪声特性

因为低压线路属于用户端系统，线路结构和负载情况复杂，干扰严重，信道呈现出不同的特性。低压线路的载波频率通常在 1.1～30MHz，超过 30MHz 的信号因为衰减过大而在接收端难以检测到。对 PLC 的干扰主要是运行在 30MHz 以下的其他短波服务造成的。而另一部分干扰来自于 PLC 网络本身。由于限制发射功率，PLC 对于干扰更加敏感，为了保证数据速率，不能加大传输距离。

图 6-4 展示了电力线通信中，信号功率与噪声功率的关系。我们把频谱分为三段，第 I 段 2MHz 以下（特别是 450kHz 以下），由于这段频率内噪声极高，并且由于频率较低无法进行高速数据传输，因此至今很少使用。第 II 段频谱 2～30MHz，由于 CISPR（国际电工委员会 IEC 的无线电干扰特别委员会）在这段频谱中对传输干扰做了限定，因此噪声功率较小，信噪比高，各国相继开发了该波段的高速 PLC 系统。而 30MHz 以上的波段（第 III 段），由于传输损耗大，也较少使用。

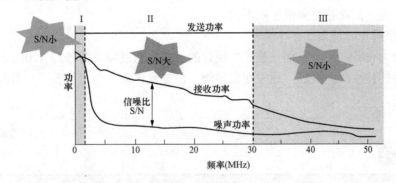

图 6-4　电力线通信中信号与噪声之间的关系

在低压电力线系统中，噪声可能来自电网内部，也可能来自外部。大致上分为背景噪声、随机脉冲噪声和周期性脉冲噪声，如图 6-5 和图 6-6 所示。

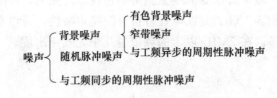

图 6-5　电力线中噪声的分类

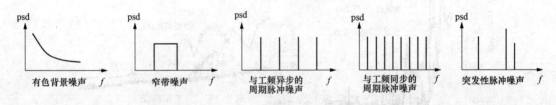

图 6-6　电力线通信中的五种噪声

1. 背景噪声

背景噪声主要分以下几种：

（1）有色背景噪声。是由各种低功率噪声源共同引起的，功率谱密度随时间变化比较慢，功率谱密度比较低，且随频率变化，主要是热噪声和小型电动机产生的谐波。热噪声主要是由分立元器件的电子热运动引起的，例如电阻、导线等。小型电机包括许多家庭用具，如电钻、搅拌机、电风扇等。这些噪声的频谱几乎占据了整个通信频带，但是功率谱密度不高，且随频率增加而降低。这类噪声可以表示成零均值加性高斯白噪声（Zero-mean Additive White Gaussian Noise），因为它是多个统计独立的随机变量之和。

（2）窄带噪声。来源于中短波广播信号，绝大部分为调幅正弦波信号。干扰的范围广，持续时间长。

（3）与工频异步的周期性脉冲噪声。这类噪声主要由电视接收机和计算机的显示器产生，主要是由于显示装置的屏幕扫描过程而产生。脉冲的频率依赖于扫描频率，一般在50～200Hz。

2. 随机脉冲噪声

主要由电力设备的瞬时开关所产生的冲激造成，脉冲的持续时间在几微秒到几毫秒。冲击噪声的频带很宽，会在短时内影响整个频带。这类噪声的能量集中在100kHz以下，且发生的频度比较低，因此相对来说影响不大。

3. 与工频同步的周期性脉冲噪声

主要由电力设备产生，特别是整流二极管的开关，重复频率为50、100Hz，以及更高次的谐波。脉冲的持续时间很短，通常在微秒级。但是噪声源（电力设备）一旦开启通常会持续较长时间。

提示

> 背景噪声干扰的强度变化比较慢。而冲激噪声则是幅度快速变化的噪声。电力线中的噪声，是背景噪声和用电器产生的冲激噪声的混合。

图6-7（a）展示了一般家庭电源插座上测得的特性，可见A、B两个测量点在1MHz以上的频带噪声都很低。图6-7（b）是家电设备自身的噪声特性，可以看到，即便噪声强度特别大的电磁炉等家电设备，在2MHz以上的频带也几乎无噪声出现。

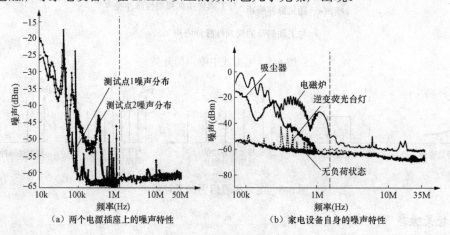

（a）两个电源插座上的噪声特性　　（b）家电设备自身的噪声特性

图6-7　实测的噪声特性

　　为了准确描述电力线通信系统的性能，需要一个准确的噪声模型。由于噪声的复杂性，目前的噪声模型都是基于测量经验建立的。分为频域建模和时域建模两种方法。频域建模是基于对噪声频谱的测量，特别适合于背景噪声。时域建模是基于对噪声时间波形的分析和测量，通常可由脉冲幅度、脉冲宽度，以及到达时间间隔这三个参数来描述。

6.3.5　信道估计

　　"知己知彼，百战不殆"，通信算法要掌握信道的特点，才能更好地进行数据传输。特别是电力线信道，它具有信号衰减强、干扰严重、时变性、不可预测的噪声及变化的阻抗等固有的缺点，因此更需要时刻掌握信道的状况，才能及时采取有效的措施。信道估计，就是要通过一定的手段来掌握当前信道的特性。信道估计是正交频分复用 OFDM 中数据解调和均衡的基础。

　　信道估计大体上可分为盲信道估计和非盲信道估计，以及半盲信道估计。非盲信道估计依据导频信号（Pilot）来获取数据的位置，是经典的方法；盲信道估计则不使用导频，而采用信息处理技术，根据信号在时间或频率上的相关性对信道进行估计，如线性最小均方误差（LMMSE）估计、最小二乘（LS）估计等。盲估计虽然可使系统的传输效率大大提高，但是需要计算所有 N 个子载波的相关性，算法复杂，计算量大，估计器结构复杂，收敛速度比较慢，因此在 OFDM 中较少使用。半盲信道则在数据传输效率和收敛速度之间做了折中，即采用较少的训练序列来获得信道的信息。

　　在 OFDM 系统中，信道估计器的设计主要有两个问题：

　　（1）由于 PLC 信道通常是时变的衰落信道，需要不断对信道状态进行跟踪，因此导频信号也必须不断地传送。

　　（2）信道估计器既有较低的复杂度又有良好的导频跟踪能力。

　　基于导频方式的估计（非盲估计）常用方法有两种：基于导频信道的估计和基于导频符号的估计。基于导频信道的方法是在系统中设置专用导频信道来发送导频信号。由于 OFDM 系统具有时频二维结构，因此采用导频符号辅助信道估计更加灵活。所谓的基于导频符号的信道估计是指在发送端的信号中的某些位置插入一些接收端已知的符号或序列，接收端根据这些信号或序列受传输衰落影响的程度，利用某些算法来估计信道的衰落性能，当然也可以用 MMSE 和 LS 算法，这一技术叫作导频信号辅助调制（PSAM），在各种衰落估计技术中，PSAM 是一种有效的技术。只要导频信号在时间和频率方向上间隔对于信道带宽足够小，就可以采用二维内插滤波的方法来估计整个信道的传递函数。

　　基于导频符号信道估计的 OFDM 系统，其导频形式的选择决定于两个重要的参数，最大速度（决定最小相干时间）和最大多径时延（决定最小相干带宽）。为了能够跟上传输函数的时频变化，导频符号应该放置得足够近，但导频符号又不能太多，这样一来会降低数据速率，因而必需综合考虑。常用的导频形式有以下几种。

　　如图 6-8 所示，实心圆表示导频符号，空心圆表示数据符号。图 6-8（a）中导频是块状分布的，将连续的多个 OFDM 符号分组，每组中只有第一个 OFDM 符号发送导频符号，其他符号用于传送数据。由于每个子载波都具有导频符号，因此对频率选择性衰落不敏感。但是一组数据只有一个导频符号，暗含的意思是在这组符号的传送过程中，信道的特性是不变的，因此适合于慢速衰落的情况。图 6-8（b）是梳状导频分布，它将子信道均匀地分为若干组，每组的第一个子载波专门用于传输导频符号，其他子载波用于传送数据符号。在导频子载波中，导频符号连续传输，能够较好地跟踪信道的状态变化，特别是在快变化的情况下。

但是非导频子载波的信道状况只能通过导频子载波的状况来做插值估计，因此对于频率选择性衰落比较敏感。

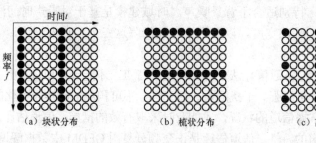

图 6-8 导频分布形式

由于图 6-8（a）和图 6-8（b）分别在子载波和时间上存在连续的导频符号传送，因此导频数据量大，有效数据率低。图 6-8（c）则采用离散的导频分布形式，虽然在对整个信道进行估计时需要在时间和频率两个方向上进行内插，但是可以有效提高数据的传输速率。

6.4　电力线通信的调制方案

电力线载波通信可以采用常规的调制方式，但是效果不理想。由于电力线环境中存在回波、脉冲干扰和窄带干扰等复杂的干扰和噪声，这就要求 PLC 采用高效率和顽健的调制方案来应对，DSS（直接序列扩频）和 OFDM 成为宽带 PLC 的候选技术。

但是 DSS 的低通和低功率谱特性对于频率选择衰落很敏感，因此在一对多的连接中，需要复杂的均衡技术。而 OFDM 则可以减低均衡的复杂度，提高抵抗信号畸变的能力，同时符合监管部门的要求。OFDM 被认为是宽带 PLC 的最佳技术选择。

6.4.1　常规调制方式

众所周知，在数字通信中，常用的调制方式有 ASK、PSK 和 FSK 三种。窄带通信方式是早期电力线载波采取的通信方式，主要采用相移键控（PSK）和频移键控（FSK）调制方式。窄带通信方式成本低廉，易于实现，早期应用较多，但是抗干扰能力差，目前使用不多。

ASK 即幅度键控，调制正弦波的幅度。其最简单的形式是二进制键控方式，即载波在二进制调制信号控制下进行通和断的操作（On/Off），又称为开关键控。多电平调制（MASK）则是一种比较高效率的调制方式，但由于抗噪能力差，特别是抗衰落能力不强，因此一般只在恒参信道下使用。

PSK 即相移键控，将发送的信息调制到载波的相位变化中。是一种使用很广泛的调制技术，特别是在中速和中高速数传系统中（2400～4800b/s）。PSK 具有很好的抗干扰性能，在有衰落的信道中也能获得很好的效果。最简单的是两个相位（0°和 180°），即每次传输一位二进制数。对于较高的数据传输速率，可能发生 4、8、16 等不同数目的相移，要求接收机上能够产生精确和稳定的参考相位，以便正确解调。

FSK 即频移键控，用载波的频率变化来表示数据信号。是一种用得比较早的调制方式，实现起来比较容易，抗干扰能力较强，在中低速数据传输中得到了广泛应用。

6.4.2　直接序列扩频

根据香农的信息论中的信道容量公式 $C=B\log_2(1+S/N)$，在信噪比 S/N 一定的情况下，

可以通过加大带宽 B 来提高信道容量 C。扩频通信是在信号发射端将信号频谱扩展后进行传输，在接收端将接收到的信号解扩还原出原始信息。扩频通信常用的四种扩频方式为直接序列扩频（DS）、线性调频（LFM）、跳频（FH）和跳时（FT）。当前国内应用最为广泛的是直接序列扩频方式。

扩频通信的优点是抗干扰能力强，保密性能好，用户容量大并且接收端实现简单。早期应用于军事通信领域，目前在民用移动通信领域也得到了广泛的应用。通信时先将普通数据调制为基带信号，再用伪随机码（PN 码）对基带信号经行扩频调制，将频谱拓宽，形成宽带信号利用电力线传输。在接收端用相同伪随机码进行解扩，将宽带信号恢复为发送时的基带信号，最后按照常规的处理手段将基带信号解调得到信息。

扩频通常与码分多址（CDMA）技术一并使用。其较低的功率谱密度可以减小 EMC 的影响。但是 DSS 的低通和低功率谱特性对于频率选择衰落很敏感，因此在一对多的连接中，需要复杂的均衡技术。

虽然扩频信道占用很宽的频率，但利用不同的 PN 码可使很多用户共用这一频带，按每个用户占用的平均宽带来算，DS-CDMA 的频带利用率是相当高的。CDMA 技术被认为是除 OFDM 技术之外的另外一种宽带电力线通信的实现方法。特别是直接序列码分多址（DS-CDMA）技术更是应用研究的热点。

6.4.3　OFDM 调制

OFDM 是一种调制技术或者复用技术，单个用户的数据流经过串并转换后成为多路的低速并行数据流，每个数据流用一个子载波发送。与普通的多载波传输方式不同的是，OFDM 的多载波之间是正交的。多载波和低速码流增强了 OFDM 的抗频率选择性衰落和抗窄带干扰的能力。单载波系统中，单个衰落或者干扰就会导致整条链路不可用，而在多载波系统中，只有一小部分载波受到影响，即使在高误码率的环境下，通过纠错编码技术，也可使信道条件差的载波上的信息得到恢复，从而在整体上具备顽健的性能。

OFDM 具有以下特点：

（1）频带利用率高。相互正交的子载波，允许子信道之间的频谱部分重叠，从而提高了频带的利用率，如图 6-9 所示。

（2）抗噪声和多径衰落能力强。每个载波上为低速信号，符号周期比同样速率的单载波系统长很多倍。同时，OFDM 把频率选择性衰落和脉冲干扰的影响分散到多个符号中，使差错随机化，

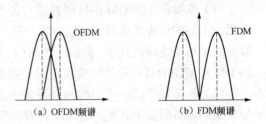

图 6-9　OFDM 与普通 FDM 的频谱比较

借助于子载波联合编码，对各个子载波进行统一的纠错编码，达到了子信道间的频率分集作用。这都使得 OFDM 对多径时延和脉冲噪声有较强的抵抗力。

（3）降低了均衡的复杂性。在 OFDM 中带宽被划成多个窄带子信道。在每一个子信道内，符号周期增大，频率响应变得相对平坦了许多，从而使符号间串扰不再严重，因此所需的均衡技术要比串行系统简单。

（4）易于实现真正的数字化调制。由于快速傅里叶变换 FFT/IFFT 算法已经非常成熟，而 OFDM 的调制和解调可由 IFFT 和 FFT 完成，因此 OFDM 可以非常容易地实现对信号的全数字调制和解调。

（5）实现上行和下行不同的数据速率。实际应用中经常需要非对称的数据传输，即上行数据速率远小于下行数据速率，例如浏览网页、视频点播等。而 OFDM 可以通过对子信道的分配来灵活配置上行和下行的传输速率。

（6）动态比特分配和动态子信道分配。由于无线信道的衰落存在频率选择性，一般不至于全部子信道都处于很差的情况，因此可以通过动态地进行比特分配和子信道分配、充分利用较好（信噪比高）的信道，来提高系统的性能。

OFDM 的缺点有以下几点：

（1）OFDM 对同步误差敏感，特别是对载波频率偏移和相位噪声非常敏感，如果不采取有效措施，多普勒效应会对系统产生严重的不利影响。

（2）高 PAPR 问题。由于 OFDM 是由多个独立子信道的调制信号叠加而成，很可能导致较大的峰值功率，产生较大的 PAPR 值。

> PAPR：峰值平均功率比（Peak to Average Power Ratio），简称峰均比。当各个子载波相位相同或者相近时，叠加信号产生较大的瞬时功率峰值，产生较大的峰均比。由于一般功率放大器的动态范围都是有限的，所以峰均比大的信号极易进入功率放大器的非线性区域（正常情况下是工作在线性区域），导致信号产生非线性失真。

6.4.4　OFDM 在 PLC 中的应用

目前广泛使用的电力线通信解决方案 HomePlug 和 IEEE1901 等都采用了 OFDM 技术。电力线作为通信线路使用时，具有高衰减、频率选择、时变、噪声丰富多样等不良特性。而 OFDM 在抗干扰、抗衰落、抗多径等方面具有很强的能力。

（1）抗噪声。OFDM 的抗噪性能与各个子信道所采用的调制方式有关，不同的调制方式适用于不同的信噪比情况，可以依据当前的信道状态选择合适的调制方式。同时，OFDM 一般同时采用信道编码技术，例如交织编码、卷积码、RS 码及 BCH 码等，称为 COFDM（Coded OFDM）。COFDM 可以消除突发差错，提高传输的可靠性。

（2）抗多径干扰。电力线的多径效应是由于电力线的阻抗不匹配引起的反射波造成的。如果某些设备阻抗不匹配，信号传播到这里时会产生反射。被反射的信号可能经过其他路径到达接收端，但是在到达时间和信号相位上与"直达"的信号不同，这种"错位叠加"会对直达信号造成干扰。

例如：速率为 10Mb/s 的信号，每个码元的宽度为 100ns，如果多径延迟为 1μs，则可干扰 10 个码元。采用 OFDM 后，假设有 100 个子载波，每个子载波的速率可降为原来的 1/100，码元宽度变为原来的 100 倍，即 10μs，则 1μs 的多径延迟基本不产生影响。

（3）抗衰落。由于信号在电力线上传播时，会产生严重的衰落。虽然自适应均衡是应对信道衰落的有效手段，但是当速率很高时，实现快速均衡的复杂度和成本都比较高。而 OFDM 每个子信道的数据速率较低，易于实现自适应均衡。

OFDM 不断监测信道的变化，并根据信道情况采取相应的措施来保证数据的传输，包括：

（1）各个子信道采用的调制方式可以不同（也可以相同），包括 BPSK、MQAM 等。

（2）各个子信道的编码方式有 Viterbi 编码、RS 编码和 TPC 编码等，同时采用交织技术来降低误码率，其中卷积码的前向速度可以为 1/2 或者 3/4，RS 编码的速率可以在 23/39 到 238/254 的区间内选择。

（3）电力线信道的特性是时变的，当某个子信道的条件过于恶劣时，可以关闭这个信道，从而保证整体的低误码率。

为了更有效地利用频谱资源，OFDM/OQAM 逐渐受到重视，因为在脉冲噪声环境下，它甚至比 CP-OFDM（OFDM with Cyclic Prefix）表现得更出色。OQAM 调制是通过在连续的两个子载波上分别对复包络信号的实部和虚部进行半个周期的时间延迟，使信号脉冲形状在非矩形窗的情况下也保持正交。

6.5 电力线通信标准

随着信息技术的快速发展，物联网产业应用呈现多样化，宽带电力线通信作为物联网应用的一种，有其必然性。目前相关电力线通信产品互不兼容、重复建设、标准缺失等因素制约着宽带电力线通信产业的健康、快速发展。科学统一的标准体系将是宽带电力线通信产业发展的前提条件。做好宽带电力线通信顶层设计，结合产业发展需要，在科学统一的标准指导下，形成技术、标准和产业协调促进机制，是宽带电力线通信产业健康、快速发展的保障。

目前，PLC 通信的标准化程度不高，PLC 标准和 EMC 标准是各国在电力线通信领域谈论的重点。由于各种技术正在试验、比较和不断完善发展，还没有形成统一制式的局面。虽然 HomePlug 提出的 HomePlug 1.0 和 HomePlug AV 是行业的先驱标准，但是 ITU 的 G.hn 正在试图统一电力线通信的市场。在 EMC 方面，欧洲较早通过法制化的途径解决 EMC 污染问题，相关标准由欧洲标准化组织（CEN）、欧洲电工标准化委员会（CENELEC）、以及欧洲电信标准组织（ETSI）联合制定。美国目前的 EMC 标准是 FCC Part 15，是比较完善的 EMC 技术标准。

在美国，窄带 PLC 的频率范围是 50～450kHz；欧洲为 3～149.5kHz，其中 95kHz 以下用于接入通信，95kHz 以上用于家庭内部（In-House）通信；中国为 40～500kHz。宽带 PLC 的频率范围，在美国为 4～20MHz，主要用于室内通信；在欧洲，根据 ETSI 标准，分为 1.6～10MHz（接入通信）和 10～30MHz（室内通信）。

高速 PLC 的国际标准化内容涉及系统构成、系统特性、系统间共存，以及 PLC 设备辐射的电磁波干扰标准等诸多问题。相关标准的制定机构，有以美国为中心的 HPA，以欧洲为主体的 UPA，以 EC（欧洲委员会）为中心的 OPERA，以 PLC 家电和 PC 产业界为中心的 CEPCA，以及 IEEE 等。

中国尚无宽带 PLC 标准，2014 年 7 月，中国电子技术标准化研究院发表了《宽带电力线通信标准化白皮书》。2015 年 2 月，中国电力线通信国家标准编制工作组在北京成立，工作组将主要负责电力线通信国家标准的制定工作，促进我国电力线通信技术研究和产业化的迅速发展。

6.6　电力线通信的典型应用

6.6.1　家庭应用

1. 现有的家庭总线协议

随着楼宇自动化和智能家居技术的发展，从 20 世纪 90 年代以来，国际上出现了许多面向家庭通信网络的协议，目前比较成熟的有十多种，包括美国的 X-10、LonTalk、CEBus，欧洲的 EIB 标准，日本的 HBS 标准等，有的直接采用了电力线通信技术。

（1）X-10 是采用电力线载波方式的家庭自动化信息传输协议。它出现较早，结构非常简单，成本很低。但是只能传输低速率的数据，通常用于控制。X-10 采用 120kHz 的脉冲调制，在市电正弦波的过零点进行信号传输。

（2）LON（Local Operating Network）是美国 Echelon 公司在 1991 年推出的局部操作网络。它的最大特点是对 OSI 七层协议的支持，是直接面向对象的网络协议。通信介质不受限制，例如电力线、双绞线、无线射频、红外（IR）、同轴电缆及光纤，并可在同一网络中混合使用。

（3）CEBus 是为家庭消费类电子产品制定的通信标准，支持多种通信介质，以电力线为主。拓扑结构可以是总线型、星型、树型或者混合型。总线中的每个节点是地位平等的，不需要主控设备。

（4）EIB（European Installing Bus，欧洲安装总线）是一个在欧洲占主导地位的楼宇自动化和家庭自动化标准，由西门子（Siemens）、ABB 等企业提出。与 CEBus 一样，EIB 也是一个开放的协议，可以采用电力线、双绞线、同轴电缆等多种通信介质。

（5）HBS（Home Bus System，家庭总线系统）是由日本电子工业联合会于 1997 年制定的，以双绞线和同轴电缆为通信介质。HBS 的信道分为控制通道和信息通道。控制通道，用于传输低速率数据，最多 64 个节点，数据速率为 9.6Kb/s。信息通道则用于传输高速率数据。

2. 家庭内部的电力线通信

电力线宽带（Broadband over Power Line，BPL）通信网络通常由局端设备和用户端设备构成。局端设备安装在楼宇的配电间，通过以太网接口上连到以太网交换机，下连线路将高速信号传送到用户室内的电表入口，通过磁环将信号传送到用户室内的电线上，信号通过室内电线到达每一个插座。用户设备（例如计算机、网络交换机等）可通过电源插座接入电力线，收发数据，实现高速上网。

在配电变压器低压出线端安装 PLC 主站（网关设备），PLC 主站的一个端口通过电容和电感耦合器连接电力线缆，收发高频 PLC 信号，与室内 PLC Modem 交换数据；另一个端口与传统通信方式（如光纤，或者其他高速数据）连接，接入 Internet，从而将用户室内的数据信号与 Internet 连接起来，如图 6-10 所示。

在用户家庭室内，通过 PLC Modem 将 PLC 信号转换成其他形式的数据信号和接口，供各种家用电器联网使用，如 RJ-45 接口（以太网信号，连接计算机、智能电视机、WIFI 设备等）、RJ-11 接口（连接电话机）。

用户设备通过电力线调制解调器（电力猫）接入电力线，组成基于电力线的局域网，实现基于电力线的室内互相通信。电力猫一面连接电力线，另一面提供以太网的插座，因此可以形象地把它看作"转换插座"，即从电力线路转换成网络信号线路。它一方面完成了信号的调制与解调，另一方面起到了隔离作用，将强电与弱电隔离开。

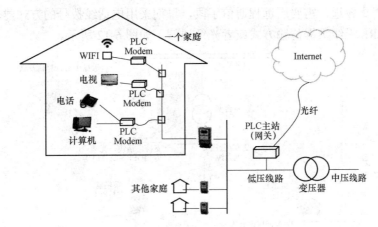

图 6-10　电力线宽带网络的家庭应用

也可以将轻型的 PLC 网关安装到每个家庭内部，各自独立使用，如图 6-11 所示。由室内电力线及 PLC Modem 模块组成室内局域网，阻波器将信号阻挡在家庭内部。PLC 网关则将室内局域网连接到由其他运营商提供的宽带网络。在这种情况下，双绞线（普通以太网络）和 PLC 线路可以同时存在，而且与电力公司没有关系。

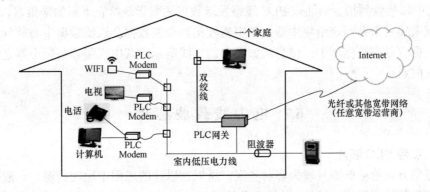

图 6-11　电力线家庭网关

实际上，家庭网关的功能通常并不局限于网络信号的互连，而可以具备更丰富的功能。家庭网关是实现智能家居的核心设备，它可以将家庭中的各个子系统连接起来，实现内部子系统之间的信息交换和控制及与外部系统（如 Internet）的信息交换，满足远程控制、检测、和其他数据传输的需求。家庭网关可连接各种家用电器（例如计算机、电视机、监控摄像头、智能电源插座、洗衣机、电冰箱、空调、电饭煲、烟雾传感器、温湿度传感器、红外报警器等），实现家电智能控制和远程控制。

6.6.2　低压电力线抄表应用

抄表系统的目的是把用户电表中的数据抄收到数据中心的数据库中。系统中包括数据库、数据中心软件（上位机软件）、集中器、采集器、电表等组成部分。通常，数据中心软件和数据库位于同一个机房中，它们之间通过局域网络连接，称为上位机。这里的电表应为数字化

的电表，需要具备通信接口。采集器、电表位于同一个楼栋中，它们之间可以通过 RS-485
串行总线连接。集中器和采集器之间可以通过电力线通信（PLC）手段连接在一起。上位机
和集中器之间距离较远，需要用远程通信手段，早期采用电话线拨号的方式建立数据连接，
目前多采用 GPRS 无线数据传输方式或者光纤通信，如图 6-12 所示。

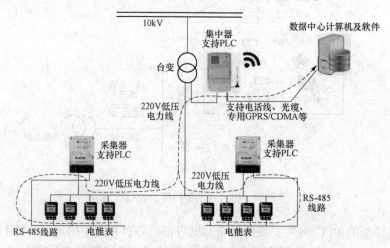

图 6-12　电力抄表系统

抄表系统一般工作在半双工模式。数据中心软件通过远程通信手段定时向集中器发送抄
表指令，集中器接收到指令后通过 PLC 线路发送数据读取指令给它下属的采集器，采集器把
电能表数据采集过来并回送给集中器，集中器收集到电表数据会送给数据中心软件，数据中
心软件把数据存储在数据库中。信息流如图中的虚线所示，其中采集器与集中器之间采用电
力线通信（PLC）。

6.7　电 力 线 载 波 芯 片

6.7.1　窄带 PLC 芯片

窄带通信方式价格低廉且较为容易实现，所以在以往的应用中比较普遍。一般来说，窄
带通信适用于传输速率相对较低、传输距离比较短的点对点通信，主要用于控制数据的传输，
例如智能仪表、智能电网、道路照明控制、命令控制网络等。目前全球领先的厂商是
SGS-THOMSON 和 National Semiconductor 公司。

为了能够更好地满足通信速率及可靠性方面的要求及适应多用户环境下的电力线通信，
基于扩频技术的电力线载波数据通信技术得到长足的发展。

（1）XR2210/XR2206 套片和 LM1893。这是比较早的电力线载波芯片。XR2210/XR2206
是一组 FSK 方式的调制解调芯片，并不是专门针对电力线载波通信设计的，还可用于有线和
无线通信。LM1893 是美国国家半导体公司生产的 modem 芯片，采用 FSK 调制解调方式（最
高波特率 4.8Kb/s，载波频率 50～530kHz），它只是对一般 FSK 调制解调芯片稍作改进。目
前，这两款 modem 芯片在国内基本没有采用。

（2）ST7536/ST7537/ST7538。ST7536 是 SGS-THOMSON 公司专为电力线载波通信而设
计的 modem 芯片。由于它们是专用 modem 芯片，所以除有一般 modem 芯片的信号调制解调

功能外，还针对电力线应用加入了许多特别的信号处理手段。目前，在国内电力线载波抄表领域应用广泛，只是各公司应用水平不同。属于半双工、同步/异步 FSK（调频）调制解调器芯片。针对电力线载波通信采用了数字滤波器、AFC（自动频率控制）、ALC（自动输出幅度控制）及软件上的 3 字节容错等现代通信技术。ST7536 也是较早的电力线载波 modem 芯片，最高波特率只能达到 400b/s，而 ST7538 可达 4800b/s。另外它们无 CSMA（网络载波侦听）功能，联网时也需要用户提供 MAC 层协议，这些限制了它们的应用，同时通信距离也不是很理想。

（3）SSC P300。SSC P300 是 Intellon 公司采用现代最新通信技术设计的电力线载波 modem 芯片。它采用了扩频（Chirp 方式）调制解调技术、现代 DSP 技术、CSMA 技术及标准的 CEBus 协议，可称为智能 modem 芯片，体现了 modem 芯片的发展趋势。但在国内电力线载波抄表领域使用效果还不如较早的 ST7536。究其原因，SSC P300 是 Intellon 公司按北美地区频率标准、电网特性，特别针对家庭自动化而设计的。频率范围 100k～400kHz，电网电压 480V/277Vac、220V/120Vac、60Hz。它可采用线—地耦合方式。由于针对家庭自动化，面向一家一户式独立住宅，所以在通信距离上，它还采用陷波器隔离，防止干扰邻近住宅。因此比较适合基于电力线网的家庭局域网的应用。

（4）PLT-22/PL 3120/PL 3150。PLT-22 是 Echelon 公司 1999 年推出的电力载波收发器，它是针对工业控制网而设计的。它采用 BPSK 调制解调技术及多种容错及纠错技术，目前在中国电力线网上应用效果较理想。但是由于它是 Lonworks 网络专用，使用该模块设计低压电力线载波 Modem 时，必须配合含嵌入式网络操作系统的专用 Neuron 芯片来完成控制操作。因此，整个系统的成本较高，仅适用于某些专业通信的领域，无法应用于类似民用电能表等对价格敏感的场合。

PL 3120 和 PL 3150 电力线智能收发器，是 2003 年推出的。把神经元芯片的核心和电力线收发器集成在一起，使之成为家电、音频/视频、照明、暖通、安防、抄表和灌溉等应用十分理想的选择。这些芯片及其周边配套器件的价格都十分便宜，对那些价格敏感用户也具有很大吸引力。而且 PL 310 和 PL 3150 采用超小型的封装模式。符合 FCC、加拿大工业、日本 MPT 和欧洲 CENELEC EN50065-1 规范，所以能够在世界范围内使用。

6.7.2 宽带 PLC 芯片

宽带 PLC 芯片用于高速数据传输环境，例如共享宽带互联接入、音视频传输、无线局域网扩展等。目前全球领先的厂商是 Intellon 和 DS2。

Intellon（英特龙）公司的产品主要包括 INT5200、INT5500、INT6300、INT6400 等。高通公司收购 Intellon 之后，2012 年推出了一款新型单芯片解决方案 QCA6410，为新一代的 HomePlug 电力线通信（PLC）设备带来顶级的性能。QCA6410 的设计不仅为家用市场注入更高性能的电力线通信功能，与之前的解决方案相比，成本更低，体积也更小。QCA6410 支持 IEEE 1901/HomePlug AV 电力线网络协议，具备 200Mb/s 的网络性能。

DS2 是西班牙电力线芯片专业公司，成立于 1998 年（2010 年被 Marvell 收购），开发基于 G.hn 技术标准的电力线通信产品，其芯片覆盖高压、中压和低压，可为电网的传输、分配到自动抄表、家庭组网提供全套的芯片方案，有 45Mb/s，100Mb/s，200Mb/s 等不同速率的产品。DS2 并不赞同 HomePlug 家庭组网标准，而是大力提倡 UPA（通用电力线联盟）和 ITU G.hn 标准。该公司推出的 DSS9501 电力载波通信芯片，是一款带宽为 200Mb/s 的芯片，它可与前端放大芯片 DSS7800 同时使用。

6.8　电力线通信展望

1．主流应用方向

我们已经有足够多和足够成熟的各类宽带技术，但在室外环境下，利用电力线传输数据信号，还需对整个电网进行改造，从它的特点来看，电网更适合应用在高速家庭网络领域，智能家庭更是电力线接入获得重视的关键原因。现在的家电厂商，只要在产品中加入电力猫设备，就能将冰箱、电视等设备连到计算机网络中，甚至可用智能手机轻松地远程控制这些设备。这样的应用前景几乎注定了电力线通信将重新崛起，在未来的家庭网络中，即使是 WiFi，也难以同这种廉价、方便、高性能和高稳定性的技术相抗衡，未来的家庭网络将会以电力线网络通信技术为中心。

2．标准化

近年来随着物联网的蓬勃发展，电力线通信技术越来越受到重视，电力线通信作为战略性新兴产业的重点发展技术，正在成为未来智慧家庭互联互通的重要通信方式，推动电力线通信产业发展和应用示范已经成为科技发展的重大方向。

我国宽带电力线通信还没有大规模应用，随着信息技术快速发展，物联网产业应用呈现多样化，宽带电力线通信作为物联网应用的一种，有其必然性。目前相关电力线通信产品互不兼容、重复建设、标准缺失等因素制约了宽带电力线通信产业的健康、快速发展。如何抓住机遇，破解宽带电力线通信发展难题，是目前亟待解决的问题。

2015 年 2 月，电力线通信国家标准编制工作组在北京成立。工作组将充分凝聚我国电力线通信技术相关的产学研用各界力量，根据我国电力线通信技术产业化发展的需求，制定和完善我国电力线通信领域的标准体系。此外，在工作组成立的同时，中关村电联电力载波技术创新联盟也正式成立。

3．研究热点

（1）电力线本身的特性制约了 PLC 的发展，它是一种复杂的传输媒介，存在大量的噪声，负载种类多样，负载具有时变性。这会产生随机的信道损耗、信道噪声和多径效应。如何对电力线信道的传递函数和噪声环境进行准确的描述，也就是如何对信道建模，是非常重要和有难度的，是近年来电力线通信的研究热点之一。

（2）OFDM 是下一代通信系统的核心，在脉冲噪声的干扰下，OFDM/OQAM 有着出色的频谱利用率。因此，OFDM 开始在电力线通信（特别是宽带 PLC）中受到重视，以便有效利用电力线的信道资源。

（3）电力线组网中的技术问题。涉及宽带电力线通信的频谱资源的分配，电力线信号耦合问题、多址接入问题，以及恶劣通信环境与多用户服务质量 QOS 中的信道估计问题。

练 习 题

1．利用电力线进行通信有什么优势？
2．电力线通信的困难在于什么？

3．目前电力线通信主要的应用领域有哪些？请举两个例子予以说明。

4．高压 PLC 和低压 PLC 有什么区别？

5．请说明电力线中的噪声特性。

6．电力线通信中常用的调制方式有哪些？

7．OFDM 为什么成为宽带 PLC 的首选调制方式？

8．国际上有哪些电力线通信标准？

9．电力线通信如何在家庭和低压抄表系统中应用？

第7章 ISDN 与 ATM 技术

内容提要

随着通信业务的快速增长，人们开始寻求一种通用的通信网络，以适应现在和将来各种不同类型信息业务的传递要求。宽带综合业务数字网络（B-ISDN）的目标就是以一个综合的、通用的网络来承载全部现有的和将来可能出现的业务。为此还需开发新的信息传递技术，以适应 B-ISDN 不同业务特性的要求。ATM 异步转移模式是能够满足 B-ISDN 网络传输要求的可行技术。本章介绍了综合业务数字网的概念和 ATM 的工作原理。

导 读

本章首先介绍了 B-ISDN 的基本概念，然后重点讲解了 ATM 的工作原理和特点。从异步复用、虚连接、信元结构等角度阐述了 ATM 技术机制，还讲解了 ATM 协议参考模型、ATM 交换网络、缓冲机制、选路控制等内容。

7.1 综合业务数字网

7.1.1 窄带 ISDN

利用数字交换和数字传输技术建立的单一业务的通信网，称为综合数字网（Integrated Digital Network，IDN），这里的"综合"是指"数字链路"和"数字节点"综合在一个网络里，是数字技术的综合。例如，传输电话业务的数字网称为数字电话网，传输数据业务的数字网称为数字数据网等。由于不同业务的网络参数有别（如带宽、保持时间、端到端延迟和差错率等），不同的业务只能用不同的 IDN 传输，随着业务种类的不断增多，需要建设各种不同的 IDN，这些网络之间资源不能共享，网络投资大且不便于管理。

为了克服 IDN 的缺点，实现一网多用，在 20 世纪 80 年代初期开始发展了综合业务数字网（Integrated Service Digital Network，ISDN），ISDN 可支持话音、数据、图像和视频等多种业务，这里的"综合"是多种业务的"综合"。由于当时技术所限，考虑的业务速率仅限于 2Mb/s 以下。20 世纪 90 年代后，人们进一步考虑速率为 10M～100Mb/s 的视频业务在内的综合业务网，称之为宽带综合业务数字网（B-ISDN），而将早期定义的综合业务数字网称为窄带综合业务数字网（N-ISDN），通常将 N-ISDN 简称为 ISDN。虽然 N-ISDN 与 B-ISDN 名称类似，但它们的信息表示、传输和交换方式完全不同，前者以电路交换为基础，后者以分组交换为基础。

1. ISDN 的特征

国际电联给出了 ISDN 的定义："ISDN 是以综合数字电话网（IDN）为基础发展而来的通信网，能够提供端到端的数字连接，支持包括话音和非话音在内的多种业务，用户能够通过有限的一组标准化的多用途用户—网络接口接入网内"。从 ISDN 的定义中可看出，它具有以下基本特征：

（1）ISDN 是以电话 IDN 为基础发展而成的通信网。它不是一个新建的网络，是在电话网基础上加以改进形成的，其传输线路仍采用电话 IDN 的线路，ISDN 交换机是在电话 IDN 的程控数字交换机的基础上增加了一些功能块，关键是要在用户—网络接口处加以改进。

（2）ISDN 提供端到端的数字连接。在 ISDN 中，所有业务信号都要在终端设备中转换为数字信号，以数字形式进行传输和交换到目的端的终端设备。

（3）ISDN 支持各种话音和非话音业务。综合业务数字网除了可以用来打电话，还可以提供诸如可视电话、数据通信、会议电视等多种业务，从而将电话、传真、数据、图像等多种业务综合在一个统一的数字网络中进行传输和处理。

（4）向用户提供一组标准的多用途用户—网络接口。国际电联定义了一整套接口规范，对接口上的信道速率、信道组成、插头插座的形状、控制信号格式和通信过程都有明确的规定。接口标准化使不同业务类型、不同厂家生产的设备都可以按照这些标准连接，方便接入网络，并简化了网络管理。

2. ISDN 的组成与功能

ISDN 的主要组成部分是用户—网络接口、原有的电话用户环路和 ISDN 交换终端。ISDN 主要功能包括本地连接功能、电路交换功能、分组交换功能、专线功能和公共信道信令功能。ISDN 的组成与功能如图 7-1 所示。

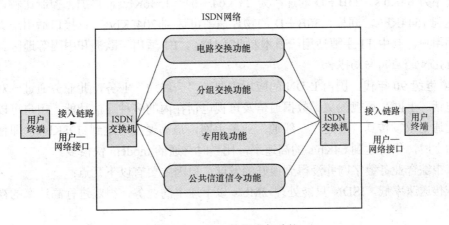

图 7-1　ISDN 的组成与功能

（1）本地连接功能。本地连接功能对应于本地交换机或其他类似设备的功能。

（2）电路交换功能。ISDN 的最基本功能与 PSTN 一样，提供端到端的 64Kb/s 的数字连接以承载话音或其他业务，在此基础上，ISDN 还提供更高带宽的 N×64Kb/s 电路交换功能。

（3）分组交换功能。通过 ISDN 和分组交换公用数据网的网间互连，由分组交换数据网提供 ISDN 的分组交换功能。目前，ISDN 的分组交换功能大多采用这种方法提供。

（4）专线功能。专线功能是指不利用网内交换功能，在终端间建立永久或半永久连接的功能。

（5）公共信道信令功能。ISDN 具有三种不同信令：用户—网络信令、用户—用户信令和网络内部信令，全部采用公共信道信令方式，因此在用户—网络接口及网络内部都存在单独的信令信道，它和用户信息信道完全分开。

3. ISDN 速率接口

ISDN 中用户终端通过标准的用户—网络接口接入到 ISDN 网络，用户—网络接口向用户提供基本速率和基群速率两种接口，如图 7-2 所示。

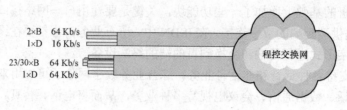

图 7-2　ISDN 速率接口

基本速率接口（BRI：Basic Rate Interface），该速率由两个承载信道和一个数据控制信道构成，称为 2B＋D，其中 B（Bearer）为标准 PCM 速率 64Kb/s，D（Data）为 16Kb/s。B 信道一般用来传输话音、数据和图像，D 信道用来传输信令或分组信息。最高信息传输速率是 2×64＋16＝144Kb/s，再加上帧定位、同步及其他控制比特，基本接口的速率达到 192Kb/s。该速率适用于家用或小型企业。

基群速率接口（PRI：Primary Rate Interface），该速率支持 T1（23B＋D：1.544Mb/s）和 E1（30B＋D：2.048Mb/s）。考虑到基群所要控制的信息数量大，所以规定集群速率接口中的 D 信道速率为 64Kb/s。23B＋D 的速率为 23×64＋64＝1536Kb/s，再加上控制比特，其物理速率可达到 1544Kb/s。同样，30B＋D 的物理速率可达到 2048Kb/s。该接口适用于大容量用户或集团用户，其中 T1 主要适用于日本和北美地区，E1 适用于欧洲和中国等地区。

4. ISDN 的应用与局限性

在 20 世纪 90 年代，国内 ISDN 的应用主要是"一线通"业务，此业务通过一对电话线可实现电话、上网、可视图文、数据通信及可视电话在内的多种通信功能，用户可以一边上网、一边通话或发传真。通过"一线通"业务上网，最高速度可达到 128Kb/s，即使一边打电话一边上网，仍可达到 64Kb/s 的高速率，比当时普通的 modem 快很多。

但窄带综合业务数字网并没得到很好的发展，原因主要有以下几点：

（1）传送速率低。ISDN 只能处理 2Mb/s 以下速率的业务，很难进行高速率的视频等多媒体通信。

（2）业务综合能力差。ISDN 虽然也综合了分组交换，但这种综合仅在用户入网接口上实现，在网络内部仍然由分开的电路交换网和分组交换网实现不同业务，未能达到真正的业务综合。

（3）对未来导入新业务的适应性差。ISDN 对于高于 64Kb/s 的传输速率只支持电路交换模式，这种模式在收、发端之间提供传输速率固定的信道，并且它的速率只能取有限的几个特定的数值，这给各种不同速率的新业务的导入增加了困难。

7.1.2　宽带综合业务数字网

20 世纪 80 年代后期，国际电联正式提出 B-ISDN 的概念，B-ISDN 的发展目标是以一个综合的、通用的网络来提供全部现有的和将来可能的业务，如从速率较低的遥控遥测（每秒几个比特）到高清晰度电视（100M～150Mb/s）都能以同样方式在网络中传送和交换，共享网络资源。为此需要开发一种新的信息传送技术，以适应 B-ISDN 网络的业务范围大、通信过程中比特率可变的特点。

国际电联从网络的观点将 B-ISDN 的业务分为交互型业务和分配型业务，如表 7-1 所示。

表 7-1	B-ISDN 业务的分类	
项　　目	业　务　类　型	具体业务举例
交互型业务	会话型业务	高质量可视电话/会议
	消息型业务	视频信件
	检索型业务	宽带可视图文
分配型业务	不由用户控制的分配型业务	电视广播
	用户控制的分配型业务	视频图文广播

　　B-ISDN 支持的业务特性相差很大：有些业务的突发性很大，也就是业务的速率变化大；有的业务是面向连接的，如电话、视频会议等；有的业务是无连接的，如局域网数据业务等；有的业务对差错敏感但对时延不敏感，如数据传输；有的业务对时延敏感但对差错不十分敏感，如语音、视频业务等。要支持如此众多且特性各异的业务，还要能支持尚未出现的未知业务，无疑对 B-ISDN 提出了非常高的要求。

　　20 世纪 80 年代中后期，人们对 ATM 方式做了大量实验，建立了很多交换模型，当时，美国称这种技术为快速分组交换（Fast Packet Switching，FPS），而欧洲则称这种技术为异步时分复用（Asynchronous Time Division Multiplexing，ATDM）。1988 年，国际电联正式将这种技术定名为异步转移模式（ATM），并确定为 B-ISDN 网络中信息表达、传送和交换的基本方式。

　　　ISDN 的一个基本思想是实现网络和业务种类无关性，即用同一个网络提供各种不同的通信业务。

7.2　ATM 的 概 念

7.2.1　ATM 的产生

　　传统的以电路交换为基础的传递模式中，常采用同步时分复用技术，信息传送模式称为同步传送模式（Synchronous Transfer Mode，STM）。其基本方法是将时间按照一定的周期分成若干个时隙，每个时隙携带用户数据。在连接建立后，用户会固定地占用每帧中固定的一个或若干个时隙，如图 7-3 所示，用户在建立连接时，由网络系统将固定时隙分配给它，如用户 A 分配了第 1 时隙，在通信过程中，它始终占用第 1 时隙，而接收方每次只要从每帧的第 1 时隙中提取出数据就能保证收发双方间数据通信的正确。换句话说，收发双方的同步是通过固定时隙来实现的。

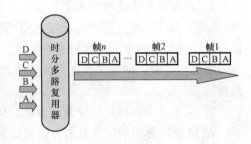

图 7-3　同步转移模式

ATM 交换可以说是快速分组交换和快速电路交换的结合。多年来，电路交换和分组交换顺着自己的轨迹不断发展，具有可靠连接保证的电路交换力图根据按需分配的原则为呼叫动态分配带宽，提出了基于异步时分复用方式的快速电路交换；具有高效带宽利用率的分组交换力图简化协议功能和分组结构，提出了基于中继方式的快速分组交换。最后，两者结合产生了技术性能优异的支持各种类型信息传送的 ATM 交换方式，如图 7-4 所示。

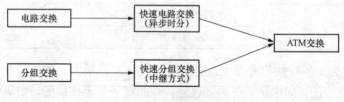

图 7-4　ATM 交换方式的产生

ATM 采用异步时分复用方式，用户的数据不再固定占用各帧中某一个或若干个时隙，而是根据用户的请求和网络资源情况，由网络进行动态分配，在接收端也不再按固定的时隙关系来提取相应的用户数据，而是根据所传输的数据本身所携带的目的信息来接收数据。在异步时分复用中，由于用户数据并不固定地占用某一时隙，而是具有一定的随机性，因此也称为统计时分复用。ATM 将数据信息分解成固定长度的数据块，并在数据块前配有包含地址信息的信元头，形成 53 字节固定长度的信元。ATM 采用异步时分复用的方式将不同用户发出的信元汇集到一个交换节点的缓冲器中排队，按照先进先出的原则将队列中的信元逐个输出到传输线路上。可见，如图 7-5 所示，速率高的业务信元到来的频次高，占用的频带资源就会多，速率低的业务信元到来的频次低，占用的频带资源就会少，这种传送模式就使得任何业务能够根据实际需要占用网络资源。而且不论业务的特性如何（速率高低、突发性大小、质量和实时性要求如何），网络都按同样的模式处理，真正做到了完全的业务综合，网络资源得到了最大限度的利用。

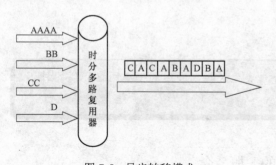

图 7-5　异步转移模式

7.2.2　ATM 的优点

ATM（Asynchronous Transfer Mode）是一种采用异步时分复用方式、以固定长度信元为单位、面向连接的信息转移（包括复用、传输与交换）模式。ATM 技术具有下列特点：

1. 采用固定长度的信元

ATM 网络采用短的固定长度（53 字节）的信元作为传输的基本单位。信元长度小，可以降低交换节点内部缓冲区的容量要求，减少信息在这些缓冲区的排队时延，可满足实时业务短时延的要求，同时定长比可变长信元的控制与交换更容易用硬件实现，利于向高速化方向发展。

2. 采用异步的统计时分复用方式，动态分配带宽

ATM 采用异步的时分复用方式将信息汇集到一起，以固定长度的信元为单位进行统计复用，包含同一用户信息的信元不需要在传输链路上周期性的出现，根据信头中的虚连接标识

（VPI/VCI）来区分不同用户的信元。在 ATM 中，任何业务都按实际需要占用网络资源，可根据用户的要求和网络资源对带宽动态分配。

3. 采用面向连接并预约传输资源的方式工作

ATM 网络是面向连接的，采用分组交换中的虚电路方式，并且是预约传输资源的方式，在呼叫建立过程中向网络提出传输所希望使用的资源，网络根据当前状态决定是否接受这个呼叫。其中，资源的约定并不像电路交换那样给出确定的电路或 PCM 时隙，只是用来表示该呼叫未来通信过程中可能使用的通信速率。采用资源预约的方式，能够满足数据快速传送的需要，并提高了网络传输效率。

4. 简化了差错控制和流量控制

ATM 协议运行在误码率很低的光纤传输网上，同时预约资源机制可以保证网络中的传输负载小于网络的传输能力，所以 ATM 取消了终端设备和边缘节点之间、网络内部各节点之间传输链路上的差错控制和流量控制过程，将差错控制和流量控制交给边缘终端设备去处理。如果 ATM 信元在传输过程中受到损坏，只是简单地将受到损伤的信元丢弃，由终端设备通过端到端的重发控制来处理信息丢失问题，从而简化了网络的控制，提高了网络和交换节点的吞吐量。

5. 具有支持一切现有业务和未来新业务的能力

ATM 充分综合了电路交换和分组交换的优点，既具有电路交换处理简单的特点，支持实时业务、数据透明传输，在网络内部不对数据做复杂处理，采用端到端通信协议，又具有分组交换的特点，如支持可变比特率业务、对链路上传输的业务采用统计时分复用，有效地利用了网络资源等，可以保证现有及未来各种网络应用的性能指标。

7.2.3 信元结构

ATM 用固定大小的信元传送信息，每个信元 53 字节，前面 5 字节是信头，主要完成寻址功能，后面的 48 字节为信息荷（净荷），用来装载来自不同用户、不同业务的信息，信元的结构及其发送顺序如图 7-6 所示。信元从第一个字节开始顺序向下发送，在同一个字节中从第 8 位开始发送，信元内所有的信息段都以首先发送的比特为最高比特。

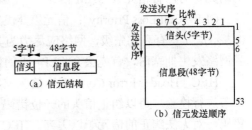

图 7-6 信元结构及其发送顺序

ATM 网络（B-ISDN）中包括两类接口，如图 7-7 所示，一类是连接用户线路的用户网络接口（User Network Interface，UNI），即用户设备与 ATM 网络之间的接口；另一类是连接中继线路的网络节点接口（Network Node Interface，NNI），即 ATM 网络节点间接口或 ATM 与网络之间的接口。UNI 和 NNI 这两类接口的信元信头结构略有不同，图 7-8 描述了信头格式。与 UNI 信头相比，NNI 信头不包括流量控制 GFC 域，NNI 信头 VPI 信息域为 12 位，支持更多的主干线路的 ATM 交换。

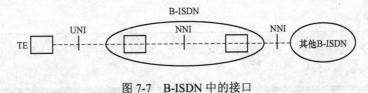

图 7-7 B-ISDN 中的接口

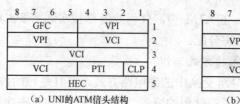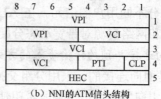

（a）UNI的ATM信头结构　　　　　（b）NNI的ATM信头结构

图 7-8　ATM 信头结构

ATM 信头各部分功能如下：

GFC（Gerneric Flow Control）：一般流量控制标识符，占 4 比特，只用于 UNI 接口，用于流量控制或在共享介质网络中标识不同的接入。例如，一个 UNI 接口上接有多个终端设备，这些设备共享缓存器、接口线路等资源，需要对它们发送的业务量进行控制，以降低出现网络过载的概率。

VPI（Virtual Path Identifier）：虚通路标识符，UNI 和 NNI 中的 VPI 字段分别为 8 比特和 12 比特，可分别标识 256 条和 4096 条虚通路。

VCI（Virtual Channel Identifier）：虚信道标识符，它既适用于 UNI，也适用于 NNI，该字段为 16 比特，故可标识 65536 条虚信道。VPI 和 VCI 用于将一条传输 ATM 信元的线路划分为多个子信道，每个子信道相当于分组交换网中的一条虚电路，具有相同的 VPI 和 VCI 的信元属于同一条虚电路。

PTI（Payload Type Identifier）：净荷类型标识，3 比特，用来指示信元类型。PTI 把 ATM 信元分成 8 种不同的类型，其中包括用于传输用户数据的 4 种，用于传送网络管理信息的 3 种，目前尚未定义的 1 种。用于传送用户数据的信元称为用户信元，用于传送网络管理信息的信元称为网管信元或 OAM 信元。

CLP（Cell Loss Priority）：信元丢弃优先级，只有 1 比特，用来说明信元丢失等级，CLP＝0 表示信元具有高优先级，网络应尽力为其提供带宽资源，CLP＝1 表示信元具有低优先级，当网络发生拥塞时，首先丢弃 CLP＝1 的信元。

HEC（Header Error Control）：信头差错控制，共 8 比特，代表一个多项式，通过对 HEC 字节进行检验，可以纠正信头的一位错码（因光纤传输误码主要是单比特误码）和发现多位错码，对无法纠正的信元予以丢弃。HEC 还可进行信元定界，利用 HEC 字段和其之前的 4 字节的相关性可识别出信头位置。由于不同链路中的 VPI/VCI 的值不同，所以每一段链路都要重新计算 HEC。

与分组交换中分组头的功能相比 ATM 信元中信头的功能大大简化了，不需要进行逐段链路的差错控制，只需进行端到端的差错控制，HEC 只负责信头的差错控制，并且只用 VPI 和 VCI 来标识一条虚电路，不需要源地址、目的地址和包序号，从而简化了网络的交换和处理功能。

　　ATM 是一种数据传输技术，短小固定的信元格式使它具备了优越的性能，成为实现 B-ISDN 的业务的核心技术之一。

7.2.4 工作方式

为了提高处理速度、保证质量、降低时延和信元丢失率，ATM 采用面向连接的工作方式，在传送信息之前，先建立连接。当然这种连接不同于电路交换系统的物理连接，而是与分组交换系统虚电路方式相似的虚电路连接（逻辑连接）。为了适应不同应用和管理的需要，ATM 在两个等级上建立虚连接，即虚信道（VC）级和虚通路（VP）级。

1. 虚信道连接（VCC）和虚通路连接（VPC）

VC 是指在 ATM 网络中两个相邻节点之间的一个传送 ATM 信元的通信信道，用 VCI 标识，ATM 网络中两个相邻节点的传输线上具有相同 VCI 的信元在同一个 VC 上传送。VCC 是 VCC 端点之间的 VC 级端到端的连接。所谓 VCC 端点是指 ATM 层与其上层（利用 ATM 层服务的用户）交换信元信息段的地方，也就是信息产生的源点和被传送的目的点。VCC 由多条 VC 链路串接而成，VCI 用来识别一条特定的 VC 链路，VCI 只与某一段链路有关，不具有端到端的意义。

对于较大的 ATM 网络，要支持多个终端用户的多种通信业务，网络中必定要出现大量速率不同、特征各异的虚信道，在高速环境下对这些虚信道进行管理，难度很大，因此 ATM 引入了分级的方法，即将多个 VC 组成 VP。VP 是一组具有相同端点的 VC 链路，用 VPI 标识，ATM 网络中两个相邻节点传输线上具有相同 VPI 的信元在同一个 VP 上传送。VPC 是 VPC 端点之间的 VP 级的端到端的连接，VPC 端点是 VPC 的起点和终点，是 VCI 产生、变换或终止的地方。VPC 由多条 VP 链路串接而成，VPI 用来识别一条特定的 VP 链路。和 VCI 一样，VPI 只与某一段链路有关，不具有端到端的意义。VCC 和 VPC 的关系如图 7-9 所示。

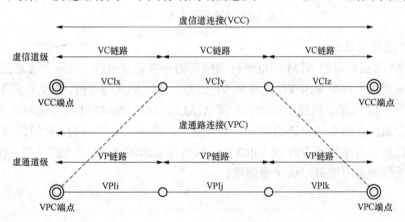

图 7-9 VCC 和 VPC 的关系

2. VP 与 VC 的关系

VP 和 VC 的关系如图 7-10 所示，在一个物理通道中可以包含一定数量的 VP，而一条 VP 中又可以包含一定数量的 VC。在一个给定的接口上，两个分别属于不同 VP 的 VC 可以具有同样的 VCI 值，因此，在一个接口上必须用 VPI 和 VCI 两个值才能完全标识一个 VC。

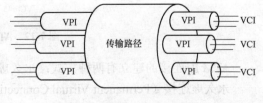

3. VP 交换和 VC 交换

VP 交换时，交换节点根据 VP 连接的目的

图 7-10 VP 与 VC 的关系

地，将输入信元的 VPI 值改为下一个导向端口可接收信元的新 VPI 值赋予信头并输出。在 VP 交换过程中，VCI 值不变，VP 交换可单独进行，这时，物理实现比较简单，通常只是在传输通道中将某个等级的数字复用线交叉连接起来。

　　VC 交换需要和 VP 交换同时进行，在交换时，交换节点终止原来的 VC 连接和 VP 连接，信元中的 VCI 和 VPI 将同时被改为新值。当一个 VC 连接终止时，相应的 VP 连接也就终止了，这时 VP 连接和 VC 连接可以独立进行，分别加入到不同方向的新的 VP 连接中去。ATM 交换机必须能够完成 VP 交换和 VC 交换，如图 7-11 所示。只完成 VP 交换的 ATM 交换机称为交叉连接设备，只能提供永久虚连接方式。

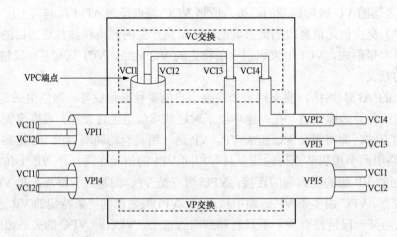

图 7-11　VP 交换和 VC 交换

4. ATM 连接的建立

　　在源 ATM 端点与目的 ATM 端点进行通信前的连接建立过程，实际上就是在这两个端点间的各段传输通道上找寻空闲 VC 链路和 VP 链路，分配 VCI 与 VPI，建立相应 VCC 与 VPC 的过程，如图 7-12 所示。在通信开始时，源 ATM 端点到目的 ATM 端点之间的各个 ATM 交换机要为这个通信在每个传输通道的每一个方向上，选择一个空闲的 VP 链路或 VC 链路，即分配一个目前没有使用的 VPI 或 VPI/VCI，从而建立起源 ATM 端点到目的 ATM 端点之间的虚连接，通信结束时则拆除这个虚连接。

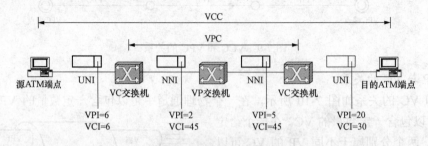

图 7-12　ATM 连接建立过程

　　ATM 虚连接的建立有两种方式：永久虚连接和交换虚连接。

　　永久虚连接（Permanent Virtual Connection，PVC）是由管理面控制建立的永久或半永久连接，用户在传送信息前不需要建立虚连接，因而在传送信息结束时也不存在虚连接的拆除。

在公用网中，PVC 是用户提取申请并由系统建立的。

交换虚连接（Switched Virtual Connection，SVC）是由信令控制建立的连接，在传送信息前需要建立连接，在传送信息结束时需要拆除这个连接。在连接建立时，网络只对连接进行资源预分配，只有当该连接真正发送信元时，才占用网络资源，使网络资源可由各连接统计复用，从而大大提高资源利用率。

> 所谓"虚连接"，是指在一个物理信道上，划出许多逻辑信道，当连接建立时，将相应的逻辑信道指定用于连接某两个用户，在拆除该连接后，该逻辑信道又可再分配给其他用户使用。

7.3 ATM 协议参考模型

为了保证各厂家的终端设备能互联通信，在 ITU-T 的建议 I.321 中，定义了 ATM 协议参考模型，如图 7-13 所示。只要符合这个参考模型和相应标准的任何两个系统均可互连进行通信。

ATM 协议参考模型包括三个平面：用户平面、控制平面和管理平面。用户平面负责传送用户信息，同时具有一定的控制功能，如流量控制、差错控制等；控制平面用于传送信令信息，包括连接建立、拆除等功能；管理平面用于维护网络和执行操作功能，其中层管理用于各层内部的管理，面管理用于各层之间管理信息的交换与管理。

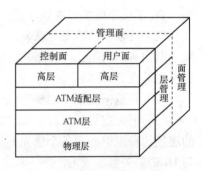

图 7-13 ATM 协议参考模型

ATM 协议参考模型的分层结构包括 4 层，从下到上分别是：物理层、ATM 层、ATM 适配层（AAL）和高层。物理层负责通过物理媒介正确、有效地传送信元；ATM 层主要负责信元的交换、选路和复用；AAL 层的主要功能是将高层业务信息或信令信息适配成 ATM 信元；高层负责各个业务的应用层或信令的高层处理。表 7-2 给出了各层的功能。

表 7-2   **ATM 各 层 功 能**

项目	层　功　能	层　号	
	会聚	CS	AAL
	拆装	SAR	
层管理	一般流量控制 信头处理 VPI/VCI 处理 信元复用和解复用	ATM	

项 目	层 功 能	层 号	
层管理	信元速率耦合 HEC 序列产生和信头检查 信元定界 传输帧适配 传输帧的创建和恢复	TC	PHY
	比特定时 物理介质	PM	

1. 物理层

物理层是发送端将 ATM 层送来的信元转换成可以在物理媒体上传输的比特流，在接收端将物理介质送来的比特流转换为信元再传送给 ATM 层。物理层可对 ATM 层屏蔽不同物理媒介的差异。物理层又分为物理媒介（Physical Medium，PM）子层和传输汇聚（Transmission Convergence，TC）子层。PM 子层的功能依赖于传输媒介的外部特性（光纤、微波、双绞线等），负责不同介质中的比特流传输，主要功能有提供与传输介质有关的机械、电气接口、线路编码、光电转换、比特定时等。TC 子层负责信元流和比特流的相互转换，不依赖于具体媒介。

TC 子层完成如下主要功能：

（1）传输帧的产生与恢复。在发送端将 ATM 信元装入传输帧结构中，接收端从收到的帧中取出 ATM 信元。具体的操作取决于物理层上帧的类型。例如，信元可以装在 SDH 帧中，也可以装在 PDH 帧中。

（2）传输帧适配。主要完成信元流与传输帧转换时的格式适配功能。

（3）信元定界。在源端点，TC 子层负责定义信元的边界；在接收端，TC 子层从接收到的连续比特流中确定各个信元的起始位置，恢复所有信元。信元定界是基于信头的前 4 字节与 HEC 的关系实现的。

（4）信头差错控制。信元的信头中含有控制选路和其他重要信息，必须对信头信息进行差错控制。信头差错控制 HEC 是由 ATM 信头的第 5 字节校验码来保证 ATM 信头的正确性的。对信头前 4 字节利用生成多项式（x^8+x^2+x+1）作循环冗余校验（CRC），取 8 比特的余数作为 HEC 码，接收端利用这一算法即可检测出多比特误码，纠正单比特误码。

（5）信元速率耦合。信元速率耦合即速率适配，为了使信元流适应于物理介质上传输的比特率，引入空闲信元的概念，在发送端插入空闲信元和在接收端删除空闲信元称为信元速率耦合。这些空闲信元采用特殊的预分配信头值，在接收端很容易被识别出，然后做简单的丢弃处理。例如对于 ATM 空闲信元，VPI＝0，VCI＝0，PT＝0，CLP＝1，净负荷每个字节用 01101010 填充。

与 OSI 模型相比，ATM 物理层大体包括了 OSI 的物理层和数据链路层。其中，PM 子层相当于 OSI 的物理层，TC 子层相当于 OSI 的数据链路层，但其功能大大地简化了，只保留了对信头的校验和信元定界功能。

2. ATM 层

ATM 层与物理层相互独立，不管信元是在光纤、双绞线还是其他媒介上传送，无论速率如何，ATM 层均以统一的信元标准格式完成复用、交换和选路。ATM 层具有以下四种主要

功能:

(1) 信元复用与解复用。ATM 层在发送信息时将不同连接的信元复用成物理层的单一信元流,并在接收端将该信元流进行分路。ATM 层是通过分配和识别信头中的 VPI 和 VCI 的值来实现信元的复用和分路功能的。因为 VPI 和 VCI 指示一个信元所属的 VP 和 VC,在接收端,通过识别信头中的 VPI 和 VCI 值,即可确定信元所属的 VP 和 VC。

(2) VPI/VCI 处理。信元在 ATM 网络中是沿着一条虚连接由发送端传送到接收端的。交换节点的 ATM 层根据所收到的信元的 VPI 和 VCI 值,确定该信元所属的输入 VP/VC 链路,根据本节点路由信息表,确定所对应的输出 VP/VC 链路,将信头的 VPI/VCI 值进行相应转换。这样,就可将某条输入 VP/VC 链路中的信元交换到另一条输出 VP/VC 链路上去。

(3) 信头处理。在呼叫建立阶段,各节点分配 VPI/VCI,在信息传送阶段,各节点翻译 VPI/VCI,如在目的端点可以将 VPI/VCI 翻译成服务接入点(SAP)。

(4) 一般流量控制。在用户网络接口(UNI)处,用 ATM 信头中的一般流量控制域来实现流量控制。

总之,ATM 层的主要工作是产生 ATM 信元的信头并进行处理。ATM 层可以为不同的用户指定不同的 VPI/VCI,ATM 层具有 OSI 网络层的功能。

3. 适配层

适配层(ATM Adaptation Layer,AAL)介于 ATM 层和高层之间,负责将不同类型业务信息适配成 ATM 信元。适配的原因是由于各种业务(语音、数据和图像等)所要求的业务类型(如时延、差错率等)不同,在把各种业务的原始信号处理成信元时,应消除其质量条件的差异。换个角度说,ATM 层只统一了信元格式,为各种业务提供了公共的传输能力,而并没有满足大多数应用层(高层)的要求,故需要 AAL 层来做 ATM 层与高层之间的桥梁。

AAL 层又分为汇聚子层和分段重装子层。

(1) 汇聚子层(Convergence Sublayer,CS)。CS 位于 AAL 层的上层,可以使 ATM 系统对不同的应用提供不同的服务。CS 的基本功能是根据业务质量要求的条件控制信元的延时抖动,进行端到端的差错控制和时钟恢复。在 CS 子层形成的协议数据单元叫作 CS-PDU。

(2) 分段重装子层(Segmentation and Reassembly,SAR)。SAR 实现 CS 协议数据单元与信元负荷格式之间的适配,CS 协议数据单元的格式与具体应用有关,信息长度不定,而 ATM 层处理的是统一的、长度固定的 ATM 信元,所以 SAR 完成的是两种数据格式的适配。在发送时,该子层将 CS 子层传下来的协议数据单元 CS-PDU 划分成长度为 48 字节的单元,交给 ATM 层作为信元的有效负荷;在接收端,SAR 子层进行相反操作,将 ATM 层传递来的信元中的有效负荷重新组装成高层协议数据单元 CS-PDU。这样,SAR 子层就使得 ATM 层与上面的应用无关。

ITU-T 根据三个基本参数:源和目的点的定时是否需要同步、比特流是固定还是可变、面向连接还是无连接将所有业务划分成四种类型,并定义了四类 AAL 协议,如表 7-3 所示。其中,AAL_1 用来适配实时、恒定比特率的面向连接的业务流,如未经压缩的语音、图像。AAL_2 用来适配实时、可变比特率的面向连接的业务流,如压缩过的图像、语音等。AAL_3 和 AAL_4 原来是分开的,后来合并成一类 $AAL_{3/4}$,用来支持面向连接或无连接的可变比特率、非实时的数据业务传送。AAL_5 可以被看作是简化的 $AAL_{3/4}$,用来适配高效数据传送业务(如帧中继),ATM 网络信令也采用 AAL_5。

表 7-3 　　　　　　　　　　　　　　 **AAL 层适配业务类型**

属　　　性	业　务　类　别			
	A 类	B 类	C 类	D 类
信源和信宿之间的定时关系	要求		不要求	
比特率	均匀	可变		
连接方式	面向连接			无连接
ATM 适配层协议	AAL_1	AAL_2	$AAL_{3/4}$ 或者 AAL_5	$AAL_{3/4}$ 或者 AAL_5

AAL 层具有 OSI 传输层、会话层和表示层的功能。

4. 高层

高层根据不同的业务（数据、信令或用户信息等）特点，完成其端到端的协议功能，如支持计算机网络通信和 LAN 的数据通信，支持图像、电视业务及电话业务等。高层对应于 OSI 的应用层。传送用户信息的端到端 ATM 协议模型如图 7-14 所示。

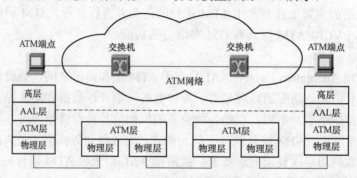

图 7-14　端到端 ATM 协议模型

物理层、ATM 层、AAL 层的功能全部或部分地呈现在具体 ATM 设备中，比如 ATM 终端或终端适配器中。为了适配不同的应用业务，需要有 AAL 层功能支持不同业务的接入；在 ATM 交换或交叉连接设备中，需要用到信头的选路信息，因而需要 ATM 层功能的支持；在传输系统中需要物理层功能的支持。

　　在 ATM 协议参考模型中，物理层负责通过物理媒介正确、有效的传送信元，ATM 层主要负责信元的交换、选路和复用，AAL 层的主要功能是将高层业务信息或信令信息适配成 ATM 信元流，高层则相当于各种业务的应用层或信令的高层处理。

7.4　ATM 交换原理

ATM 交换技术是 ATM 网络技术的核心，交换结构的性能将决定 ATM 网络的性能和规模。

7.4.1　ATM 交换原理

ATM 是一种面向连接的交换方式，ATM 交换是指 ATM 信元从输入端的逻辑信道到输出端的逻辑信道的消息传递，即任一入线上的任一逻辑信道的信元能够交换到任一出线上的任一逻辑信道上去。

ATM 交换的基本原理如图 7-15 所示，图中交换单元有 n 条入线（$I_1 \sim I_n$）和 n 条出线（$O_1 \sim O_n$），每条入线和出线上传输的都是 ATM 信元流，而每个信元的信头值由 VPI/VCI 共同标识，信头值与信元所在的入线（或出线）编号共同表明该信元所在的逻辑信道。在同一入线与出线上，具有相同信头值的信元属于同一个逻辑信道。在不同的入线（或出线）上可以出现相同的信头值，但它们不属于同一个逻辑信道。

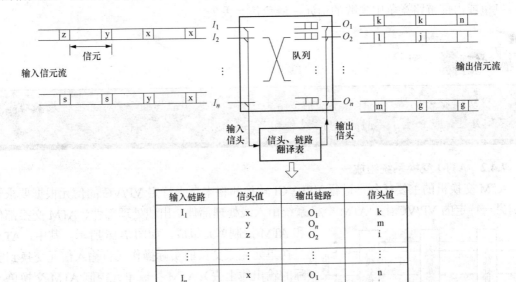

图 7-15　ATM 交换的基本原理

ATM 交换过程包括路由选择和信头翻译。路由选择就是将信元从一条输入传输线上传送到另一条输出传输线上去。信头翻译就是按照信头翻译表，改变输入信元的信头 VPI/VCI 值。例如，I_1 上的信头 y 值被翻译成 O_n 上的 m 值。

当发送端要和接收端通信时，会通过用户网络接口（UNI）向 ATM 交换机发送建立连接请求的控制信令。接收端建立连接后，就会建立一条虚电路，在 ATM 交换机中就会建立一张虚连接表，也叫作信头/链路翻译表。表中包括输入线的输入端口、信头值（VPI/VCI）、输出线的输出端口和信头值。当某一信元到达交换机某一输入端口时，交换机读出该信元信头的 VPI/VCI 值，并与信头/链路翻译表比较，当找到输出端口时，信头值被更新，信元被发往输出端口链路。

由于 ATM 的逻辑信道和时隙没有固定关系，因此可能出现两个或多个不同入线上的信元同时到达 ATM 交换机并竞争同一条出线的情况。如图 7-15 所示，信元要从入线 I_1 的逻辑信道 z 交换到出线 O_2 的 i 信道，而入线 I_n 的 y 也要交换到出线 O_2 的 j 信道，虽然它们占用 O_2 的不同信道，但由于两个信元同时到达 O_2，不能同一时刻在同一出线上输出。为了避免多个信元在竞争同一出线时被丢弃，因此在交换节点中必须提供一些缓存区供信元排队等待服务，因此在输出端口设置了缓冲器。

由此可见，ATM 交换系统完成了三个基本功能：选路、信头翻译与排队。

（1）选路就是选择物理端口的过程，即信元可以从某个入线端口交换到某个出线端口的过程，选路具有空间交换的特征。

（2）信头翻译是指将信元的输入信头值（入线信元 VPI/VCI）变换为输出信头值（出线信元 VPI/VCI）的过程。VPI/VCI 的变换意味着某条入线上的某个逻辑信道中的信息被交换到另一条出线上的另一个逻辑信道。

（3）排队是指 ATM 交换结构设置缓冲器，提供信元排队等待输出的功能，用来存储在出线竞争或内部链路竞争中失败的信元，避免信元丢失。

> ATM 交换系统执行三种基本功能：路由选择、排队和信头翻译。对这三种基本功能的不同处理，就产生了不同的 ATM 结构和产品。

7.4.2 ATM 交换系统组成

ATM 交换机的主要任务是进行 VPI/VCI 转换和将来自于特定 VP/VC 的信元根据要求输出到另一特定的 VP/VC 上。ATM 交换系统由入线处理部件、出线处理部件、ATM 交换部件和 ATM 控制单元组成，如图 7-16 所示。其中，ATM 交换单元完成交换的实际操作（将输入信元交换到实际的输出线上去）；ATM 控制单元控制 ATM 交换单元的具体动作（VPI/VCI 转换、路由选择）；入线处理部件对各入线上的 ATM 信元进行处理，使它们成为适合 ATM 交换单元处理的形式；出线处理部件则是对 ATM 交换单元送出的 ATM 信元进行处理，使它们成为适合在线路上传输的形式。

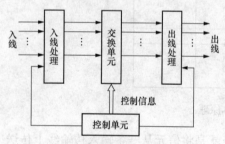

图 7-16　ATM 交换系统基本组成

1. 入线处理部件

对各入线上的 ATM 信元进行处理，使它们成为适合 ATM 交换单元处理的形式，即为物理层向 ATM 层提交的过程，将比特流转换成信元流。入线处理部件完成的功能如下：

（1）光电转换：将串行码的光信号转换为并行码的电信号。

（2）信元定界：将基于不同形式传输系统的比特流（如 SDH、PDH 等不同的帧结构形式）分解成以 53 字节为单位的信元格式。信元定界的基本原理是 HEC 和信头中 4 字节信息的关联。

（3）信元有效性检验：将信元中的空闲信元（物理层）、未分配信元（ATM 层）及传输中信头出错的信元丢弃，然后将有效信元送入系统的交换/控制单元。

（4）信元类型分离：根据 VCI 标志分离 VP 级 OAM 信元；根据 PTI 标志分离 VC 级 OAM 信元，递交给控制单元，其他用户信息则由交换单元进行交换。

2. 控制单元

控制单元主要是由处理机系统及各种控制软件组成，其中主要包括呼叫控制软件与操作管理维护（OAM）软件。完成建立和拆除 VP 连接（VPC）和 VC 连接（VCC），并对 ATM 交换单元进行控制，同时处理和发送 OAM 信息。控制单元主要功能如下：

（1）连接控制：完成 VCC 和 VPC 的建立和拆除操作。例如，在接收到一个建立 VCC 的信令后，如果经过控制单元分析处理后允许建立，那么控制单元就向交换单元发出控制信息，指明交换单元中凡是 VCI 等于该值的 ATM 信元均被输出到某特定的出线上去。拆除操作则执行相反的处理过程。

（2）信令信元发送：在进行 UNI 和 NNI 应答时，控制单元必须可以发送相应的信令信元，以使用户/网络之间的协商过程得以顺利进行。

（3）OAM 信元处理和发送：根据接收到的 OAM 信元的信息，进行相应处理，如性能参数统计或者进行故障处理，同时控制单元能够根据本节点接收到的传输性能参数或故障消息发送相应的 OAM 信元。

3. 出线处理部件

出线处理部件完成与入线处理部件相反的处理，例如，将信元从 ATM 层转换成适合于特定传输媒质的比特流形式。出线处理部件完成的功能如下：

（1）复用：将交换单元输出的信元流、控制单元给出的 OAM 信元流及相应的信令信元流复合，形成送往出线的信息流。

（2）速率适配：将来自 ATM 交换机的信元适配成适合线路传输的速率。例如，当收到的信元流速率过低时，填充空闲信元；当信元流速率过高时，使用存储器进行缓存。

（3）成帧：将信元比特流适配形成特定传输媒质所要求的格式，例如 PDH 和 SDH 帧结构格式。

4. 交换单元

用于完成实际的交换操作，即将输入信元交换到所需的输出线上去。交换单元是 ATM 交换机的核心，其性能优劣直接关系到交换机的效率和性能。

7.4.3　ATM 交换结构

交换单元是 ATM 交换机的核心，而交换结构又是交换单元的核心，小型交换机的交换单元一般由单个交换结构构成，而大型交换机的交换单元则由多个交换结构按照一定拓扑互连而成，称为交换网络。ATM 交换结构的分类如图 7-17 所示。

1. 空分交换网络（交换矩阵）

ATM 交换的最简单的方法是将每一条入线和每一条出线相连接，在每条连接线上装上相应的开关，根据信头 VPI/VCI 决定相应的开关是否闭合，以此来接通特定输入和输出线路，以将某入线上的信元交换到指定出线上去。最简单的实现方法

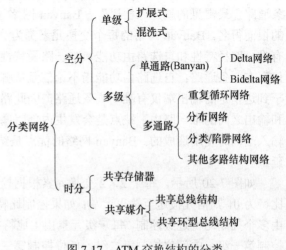

图 7-17　ATM 交换结构的分类

就是空分交叉开关。交换矩阵的基本原理如图 7-18 所示。

交换矩阵的优点是输入/输出端口间的一组通路可以同时工作，即信元可以并行传送，吞吐量和时延性较好；缺点是交叉节点的复杂程度随入线和出线的数量 N^2 增长，导致硬件复杂，因此其规模不宜过大，容量受限。交换矩阵分为单级交换矩阵和多级交换矩阵两种类型。

（1）单级交换矩阵。单级交换矩阵只有一级交换元素与输入/输出端相连。单级交换矩阵包括混洗式交换网络和扩展式交换网络，下面仅介绍混洗式交换网络。

混洗式交换网络如图 7-19 所示。它的主要原理是利用反馈机制将发生冲突的信元返回输入端重新寻找合适的输出端，图中的虚线为反馈线，利用这种反馈可使某一输入端的信元能在任意一个输出端输出。很明显，一个信元要达到合适的输出端可能需要重复几次，因此又叫循环网络。如从输入端口 2 到输出端口 8 的信元先从输入端口 2 到输出端口 4，然后反馈到输入端口 4，再从输入端口 4 到输出端口 8。构成这种网络只需少量的交换元素，但其性能并不太好，关键是内部延迟较长。

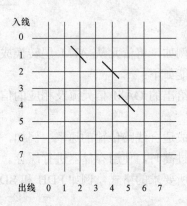

图 7-18　交换矩阵的基本原理

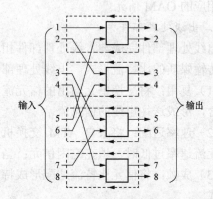

图 7-19　混洗式交换网络

（2）多级交换矩阵。多级交换矩阵由多个交换元素互连组成，它可以克服单级交换矩阵交叉结点数过多的缺点。多级交换矩阵又可分为单通路和多通路两种网络。

1）单通路网络（Banyan）：单通路网络指的是从一个给定的输入到达一个输出端只有一条通路，最常见的就是"榕树"—Banyan 网络（见图 7-20），它是因其布线像印度一种榕树的根而得名。Banyan 网络的每个交换元素都为 2×2（两个输入和两个输出）。Banyan 网络具有唯一路径特性和自选路由功能。唯一路径特性指任何一条入线与任何一条出线之间存在并仅存在一条通路；自选路由功能指不论信元从哪条入线进入网络，它总能到达指定出线。由于到达指定的输出端仅有唯一一条通路，因此路由选择十分简单，即可由输出地址确定输入和输出之间的唯一路由。缺点是会发生内部阻塞，这是由于一条内部链路可以被多个不同的输入端同时使用造成的。Banyan 网络的优点是结构简单、模块化、可扩展性好、信元交换时延小。

如图 7-20 所示，每个 2×2 交换元素根据控制比特对输入信元路由进行选择，如果控制比特为 0，则信元被送至输出上端；如果控制比特为 1，则信元被送至输出下端。多级 Banyan 由多个控制比特逐级控制，每一级元素由 1 比特控制，如 8×8 交换元素由 3 比特控制，高位控制第一级，中间位控制第二级，低位控制第三级。

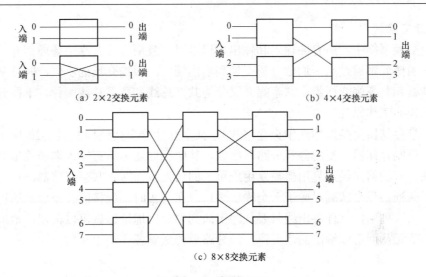

图 7-20　Banyan 网络

2）多通路网络：在多通路网络中，从一个输入端到一个输出端存在着多条可选的通路，优点是可以减少或避免内部拥塞。多通路网络类型较多，下面仅介绍 Batcher-Banyan 分布式网络。

Batcher-Banyan 分布式网络是在 Banyan 网络前增加 Batcher 网络构成。这里 Batcher 网络的作用是对要进入 Banyan 网络的各输入端信元先按信元要交换的出线地址的大小以升序或降序排列，然后再进入 Banyan 网络，以减少内部阻塞的发生。

Batcher 网络由多级构成，每级由若干 2×2 的排序器构成。排序器实际上是一个两入线和两出线的比较单元，分为向下排序器（箭头向下）和向上排序器（箭头向上）两种。输入排序器的两个信元按照其标签指示的目的地址大小进行比较，目的地址大的信元按箭头指示的输出端输出，当到达排序器的输入信元只有一个时，排序器把它作为目的地址小的信元来处理，即按箭头指示反向端口输出。这样，只要目的地址没有重复，进入 Banyan 网络的所有信元都可以无冲突地到达所需的输出端。

Batcher-Banyan 网络是 ATM 交换机广泛使用的一种网络。如图 7-21 所示为具有 8 条入线和 8 条出线的 Batcher-Banyan 交换网络。如果在入线 0、1、4、6 上的信元，同时分别要交换到出线 3、7、2、4 上，则信元的选路标签分别为"011""111""010""100"，使用 Batcher-Banyan 网络完成上述交换，这 4 路信元经过 Batcher 网络后，按照选路标签（出线地址）大小递增的顺序排列，再进入 Banyan 网络，这样就能够消除内部竞争。

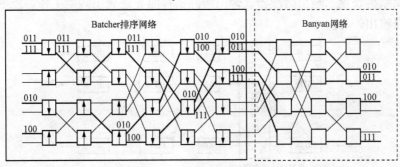

图 7-21　Batcher-Banyan 网络

2. 时分交换结构

在时分交换网络中，所有的输入和输出端口以时分复用方式共享一条通信介质，从各个输入端口来的信元都通过这一通信介质交换到输出端口。根据介质的不同，时分交换结构分为共享存储器和共享媒介两类，共享媒介又分为共享总线和环型总线两种，下面分别介绍这几种交换结构的工作原理。

（1）共享存储器交换结构（中央存储式）。共享存储器交换结构如图 7-22 所示。它由共享存储器、控制存储器、复用器和分路器组成，其中存储器为所有输入端和输出端共用。从各个输入端口来的信元经过复用器被复用成单一的信元流而写入共享存储器，在存储器内部划分为若干队列，每个队列对应一个输出端口。在写入时，应按照各个信元的目的端口写入相应的输出队列中，这样各出线只要从输出队列中取出地址，就可以根据该地址从共享存储器中取出信元从而形成输出的信元流，经分路后传送到各个输出端口。

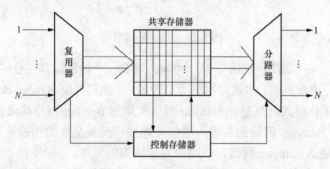

图 7-22　共享存储器交换结构

共享存储器交换结构的交换容量由存储器的容量决定，由于受到存储器访问速度的限制，交换结构的容量不可能太大。共享存储器结构本身是无阻塞的，信元丢失只发生在队列溢出时。

（2）共享总线交换结构。共享总线交换结构的交换机利用高速时分复用总线，将所有输入线上的信元复用到公共的传送总线上，并采用某种控制方法将总线上复用的信元流分路到各个输出端口。共享总线交换结构由时分复用总线、串/并转换、并/串转换、地址筛选（AF）及输出缓冲器几部分组成，图 7-23 为共享总线交换结构图，每条入线都连接到总线上，每条出线通过输出缓冲器和地址过滤器也连接到总线上。信元进入交换结构时，首先要进行串/并转换，以降低交换结构内部的处理速度。地址过滤器的作用是将信元的目的端口地址和本端口地址进行比较，如果匹配才接收信元并写入输出缓冲器。为了提高交换网络的吞吐量，共享总线交换结构设置了输出缓冲器。输出缓冲器按照先进先出规则工作，能够实现按目的端口地址分路输出。

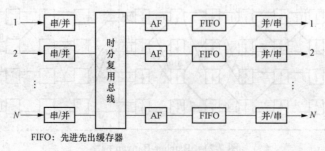

FIFO：先进先出缓存器

图 7-23　共享总线交换结构

　　共享总线交换结构的特点是结构简单，容易实现点到多点通信，容易实现优先级控制，但其容量有限。对于 $N×N$ 的交换结构，共享总线的速率至少为输入链路速率的 N 倍。因此，共享总线的速率限制使其交换结构的容量有限。

　　（3）共享环型交换结构。共享环型交换结构如图 7-24 所示。它是借鉴高速局域网令牌环工作原理设计的。所有入线、出线都通过环形网相连，环形网与总线一样采用时间片操作。环被分成许多等长的时间片，这些时间片绕环旋转，入线可将信息送入"空"时间片中，当该时间片到达目的出线时，信息被相应出线读出。环型结构比总线结构的优越

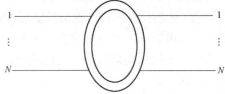

图 7-24　共享环型交换结构

之处在于如果入线和出线位置安排得合理，那么一个时间片在一个回环中可使用多次，使环形结构的实际传输效率超过 100%，当然这需要增加许多额外设计和开销。

　　ATM 交换系统由交换单元、入线处理部件、出线处理部件和控制单元组成。交换网络主要负责 ATM 信元在交换机中的缓存和转发，是 ATM 网络技术的关键环节，直接影响着网络的性能和质量。

7.4.4　ATM 缓冲机制

　　ATM 交换结构具有选路、信头变换和排队缓冲的功能以实现信元交换。设置排队缓冲是为了在多个信元竞争资源时减少信元丢失，对于交换单元无法立刻服务的信元，可以采用缓冲存储方法将这部分信元暂时缓存，等待下一次服务。缓冲策略或称排队策略是 ATM 交换结构设计中的重要内容，对 ATM 交换机性能有着决定性的影响。根据缓冲器在交换单元中的位置，有多种缓冲策略，如输入排队缓冲、输出排队缓冲、中央排队缓冲等。

　　（1）输入排队缓冲。输入排队缓冲是在交换结构的每个输入端口（入线）设置缓冲器，每个缓冲器中信元采用先入先出规则来解决输入端出现的竞争问题，如图 7-25 所示。

　　如果出现多个入线上的信元竞争同一出线时，只有一个信元可以传送，要进行竞争仲裁，竞争失败的信元暂时留在缓冲器中，等待下一轮信元的传送。仲裁机制包括随机法、固定优先级和轮换优先级法等。

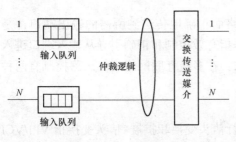

图 7-25　输入排队缓冲

　　1）随机法：随机地从多条竞争的入线中选取一条出线，传送该入线上的信元。

　　2）固定优先级法：每条入线都有固定的优先级，不同优先级的入线发生出线冲突时，优先级高的入线获得发送信元的权利。

　　3）轮换优先级法：又称周期策略，即每条入线的优先级并不是固定不变的，而是轮流拥有最高优先级。

输入排队缓冲存在排头阻塞现象。如出线 1 队列上的第一个信元要到出线 2 上时，若出线忙，队列的第一个信元出不去，则它后面的信元的出线即使空着，这些信元也不能输出。信头阻塞降低了交换传输媒体的利用效率。

（2）输出排队缓冲。输出排队缓冲是在每条出线上设置缓冲器，如图 7-26 所示。假定入线的信元可以通过高速的交换单元到达输出端，输出排队可以解决多个信元对输出端的竞争问题。一个信元周期内，一条出线只能为一个信元服务，未得到服务的信元将缓存在该出线的输出队列。

输出队列对存储器的速度要求较高，极端情况是 N 个入线的信元都要求输出到同一条出线，为保证无信元丢失，要求存储器的写速度是入线速率的总和。输出缓冲在一个时隙内可以接收交换到该输出端口的最大信元数目，称为加速因子。采用单纯的输出缓冲时，当加速因子小于 N 时，会发生信元丢失。如果在入端也同时设置缓冲器，在发生出线竞争时，受加速因子限制而不能同时传送到出端缓冲器的信元可以暂时保存在入端缓冲器中，从而避免了信元的丢失，这就是输入/输出缓冲方式。

（3）中央排队缓冲。中央排队缓冲是在交换单元中设置缓冲器，供输入输出端口共享，所有信元都经过这一个缓冲器进行缓存，如图 7-27 所示。

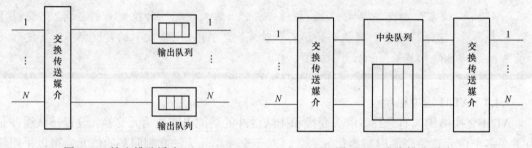

图 7-26　输出排队缓冲　　　　　图 7-27　中央排队缓冲

由于存储器不再由一个输入/输出线所用，所以通信需要复杂的管理机制，存储管理复杂。但同时，存储器被所有输入/输出线共享，存储器利用率高，可节省缓冲器的总容量。输入/输出端的存储器读/写速度都必须是所有端口速率之和，因此对存储器的速度要求是以上三种方式中最高的。

在实际的系统中，通常同时采用输入/输出，或者输入/中央/输出等的综合排队缓冲方式。

7.4.5　选路控制

在每个信元到来时，如何引导信元通过交换网络而正确地传送到所需的输出端口，是 ATM 选路控制要完成的功能。交换网络的选路方法是指有效控制和正确引导从输入端口进入交换网络的信元正确地传送到所需的输出端口的方法。在多级互联网络中，选路控制有两种方法，即自选路由法和路由表控制法。

1．自选路由法

在自选路由方法中，要在交换机的输入单元中进行信头变换和扩展。信头变换指 VPI/VCI 的转换，它只在交换机的输入端进行一次；扩展指为每个输入信元添加一个路由标签，因此也被称作路由标签法。该路由标签基于对输入信元的 VPI/VCI 值的分析，用来进行路由选择。路由标签必须包含交换网络的每一级路由信息，如果一个交换网是由 L 级组成的，那么该路

由标签将有 L 个字段，字段中含有相应级交换单元的输出端口号，例如，由 16×16 基本交换元素组成的 5 级交换网络，需要 5×4＝20 比特的路由标签。注意这里的路由标签和信头 VPI/VCI 标记不同，路由标签仅作用于交换机网络内部作为路由选择，VPI/VCI 则标识整个通信网络中的连接过程。

图 7-28 所示是以二级交换网络为例采用自选路由法的处理过程。交换网络的输入端有一个翻译表，在连接建立时，信元的路由信息就会写入翻译表中。当信元到达某一输入端口，按照信头的 VPI/VCI 查找翻译表，得到新的 VPI/VCI 值和路由信息的标签，例如图中信头 VPI/VCI 值为 A 的信元到达交换网络的输入端时，查找翻译表，将其 VPI/VCI 值 A 变换为 Y，加上选路标签后送往交换网络。选路标签的组成与交换网络的级数和交换单元的出线数有关，图中的 m、n 分别对应各级交换单元的输出端口号。第一级交换单元根据选路标签，将信元从输出端口 m 输出，并去掉该级选路标签，进入下一级交换单元；第二级交换单元从 n 端口输出信元，并去掉该级选路标签 n。这样，信元离开交换网络时，路由标签被完全去除，信头仅是变换后的新的 VPI/VCI 值。

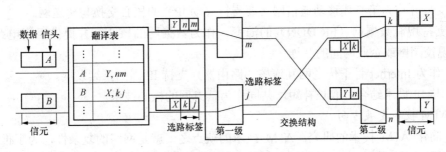

图 7-28　自选路由法处理过程

自由选路交换网络的特点是信元 VPI/VCI 的交换只是在交换网络的输入端完成，同时给信元加上了额外的选路信息的标签，附加标签增加了交换网络的处理负担，但是交换网络的控制简单了。

2. 路由表控制法

路由表控制法按照交换单元内部的路由表中的信息来完成选路。在路由表控制法中，交换结构中每级交换单元中都有一张路由信息表，各个交换单元按照自己的路由表中的信息来完成选路和进行信头变换，利用信头中的 VPI/VCI 来查找交换单元中的路由表，当信元到达每级交换单元时，通过相应的路由表确定输出端口和变换 VPI/VCI 值，图 7-29 所示为采用路由表控制法的交换网络中的信元处理过程。当 VPI/VCI 值为 A 的信元进入第一级交换单元时，根据 A 查找该交换单元的路由表，将 VPI/VCI 值替换成 X，并选择第 m 条出

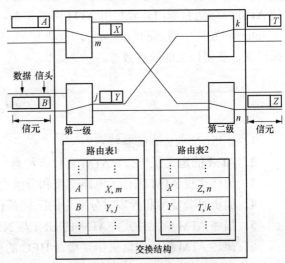

图 7-29　路由表控制法处理过程

线输出。信元到达第二级交换单元时，根据 X 查找该级交换单元的路由表，将 VPI/VCI 值替换为 Z，并选择第 n 条出线输出。

在路由表控制法中，不用添加任何标签，因此信元本身的长度不会改变，不会增加信元处理开销，但是每个交换单元都需要路由表，需要较大的存储器开销。自选路由法和路由表控制法各有优点，就目前来看，自选路由法在寻路效率方面要高些，较适合构造大型交换网络。

7.5　ATM 技术的应用与发展

1. ATM 应用领域

ATM 的应用领域如下：

（1）支持现有电信网逐步从传统的电路交换技术向分组（包）交换技术演变。

1）支持现有电话网（如 PSTN/ISDN）的演变，并作为其中继汇接网。

2）支持并作为第三代移动通信网（要支持移动 IP）的核心交换与传送网。

3）支持现有数据网（FR/DDN）的演变，作为数据网的核心，并提供租用电路，利用 ATM 实现校园网或企业网间的互连。

（2）作为 Internet 骨干传送网互连核心路由器，支持 IP 网的持续发展。

（3）与 IP 技术结合，取长补短，共同作为信息网的核心技术。

2. ATM 技术发展方向

（1）简化 ATM 技术的研究。ATM 技术的缺点之一就是网络的复杂性，为了推动 ATM 技术的应用，就必须对 ATM 技术进行简化和优化，以达到简化网络、降低网络成本的目的。另外，在流量控制、网络管理等方面也应进行相应的研究工作。

（2）大力发展 ATM 与 IP 技术相结合的研究。IP 与 ATM 都是基于分组（包）交换技术的。如果把这两项技术结合起来，利用 ATM 网络为 IP 用户提供高速直达数据链路，既可以使 ATM 网络运营部门充分利用 ATM 网络资源，发展 ATM 网络上的 IP 用户业务，又可以解决 Internet 发展中遇到的瓶颈问题，推动 IP 业务的进一步发展，使这两项技术的潜力充分发挥出来，获得巨大的经济效益。

练　习　题

1. B-ISDN 业务有哪些特点？
2. ATM 的定义是什么？ATM 有什么特点？
3. 为什么说 ATM 综合了电路交换和分组交换的优点？
4. 同步时分复用和异步时分复用的区别是什么？
5. 描述 ATM 信元格式，ATM 的 UNI 与 NNI 的信元结构有什么异同？
6. 简述 ATM 信元中信头错误检查 HEC 的作用。
7. 在 ATM 系统中，什么是虚通路？什么是虚信道？它们之间存在着什么样的关系？
8. 比较 VP 交换与 VC 交换。
9. 简述 ATM 连接建立的过程。

10．ATM 虚连接有哪两种类型？

11．在 ATM 参考模型中，三个面的作用是什么？

12．简述 ATM 参考模型中物理层的内容及作用。

13．简述 ATM 层的作用。

14．简述 AAL 适配层的类别及所支持的应用有什么。

15．如图 7-15 所示，如果要把入线 I_1 上的逻辑信道 x 交换到出线 O_2 的逻辑信道 z 上，以及把入线 I_N 上的逻辑信道 x 交换到出线 O_2 的逻辑信道 y 上，请填写交换控制用的信头/链路翻译表内容。

16．ATM 交换结构所要完成的功能有哪些？

17．简述 ATM 交换系统的基本组成及各部分的功能。

18．Banyan 网络的基本特性有哪些？

19．ATM 的缓冲方式有哪几种？各有什么优缺点？

20．交换结构内部的选路控制有哪几种基本方法？

第8章 奇妙的量子通信

内容提要

本章介绍比较新颖的量子通信技术。首先提出了一个问题：宇宙范围内的通信如何实现？现有的电磁通信无法解决。量子通信利用量子纠缠效应，提供了一种奇妙的非定域（不受距离限制的）通信手段。具体内容包括宇宙的概念、量子（特别是光量子）的概念和特点、量子保密通信、量子隐形传态、量子安全直接通信等。最后，介绍了目前量子通信的局限性。

导读

量子通信是最具诱惑力的通信技术，它可以提供绝对安全的通信，完全颠覆现有的信息传送理念。重点理解：①量子纠缠的非定域性；②量子通信为什么说可以绝对安全？③目前量子通信的现状和局限性。

8.1 宇宙通信的困惑

目前的天文观测范围已经扩展到了 200 亿光年，用以光速为极限的电磁通信、光通信、中微子通信等通信手段，将无法实现星际通信，除非你愿意为对方的一声应答等上几万、几百万、甚至几亿年。

8.1.1 宇宙的概念

宇宙（Universe）是空间、时间、物质和能量所构成的统一体，是所有时间和空间的总称，是一个时空连续系统。研究人员通过"引力透镜"的技术较为精确地测量了宇宙的体积和年龄，宇宙的年龄约为 137.5 亿年。宇宙仍在不断膨胀中，其中各种形态的物质则不断运动并形成天体系统。

宇宙是有层次结构的，从大到小依次为：超星系团、星系团、星系、恒星、行星及星际间物质。拿银河系来说，它包括大约 2500 亿颗类似太阳的恒星，以及星际物质。银河系的直径约 10 万光年，太阳处在银河系的一个旋臂上，距离银河系中心约 3 万光年。银河系外还有众多类似银河系的天体系统，称为河外星系。已观测到的河外星系大约有 10 亿个。若干个星系组成大大小小的星系团，目前已经发现上万个星系团，每个星系团的直径可达千万光年。银河系和它周围 30 多个星系组成一个集团，叫本星系团。若干个星系团又组成超星系团，超星系团的长轴可达数亿光年。目前，天文观测的范围已经扩展到了 200 亿光年的广阔空间，称为总星系。

地球是太阳系中一个行星，是人类赖以生存的家园。地球与太阳的距离为 149 597 870km（1 个天文单位），赤道半径为 6378km，它已有 44 亿～46 亿岁。大气圈在 2000～16 000km 的高空仍有稀薄的气体和基本粒子，但是 75% 的大气集中在距离地面 10km 的范围内。虽然人类是地球上有智慧的高级动物，但是有很多潜在的因素可能会毁掉地球或者毁掉人类。所以尽管人类至今还没有搞清楚自身的起源，但是却已经开始担心自己的未来了，开始探索适合人类居住的其他星球了。

8.1.2 电磁通信的局限

目前的通信手段很多，但是主要是电磁通信。本质上，光也属于电磁波，光通信也可以划归为电磁通信的范畴。因此，我们目前的时代应该属于"电磁通信时代"。通信的介质可能是导线、空气、真空，甚至是海水。人们要在宇宙空间中进行通信的话，只能依靠无线的方式，采用无线电波，或者无线光通信。无线光通信被认为是大有前途的方式。

无论是电磁波还是光，在地球范围内来看，它们的传播速度都是极快的。但是如果被放到宇宙的范围内，它们的速度却显得无法忍受。地球到火星（与地球临近的行星）的距离是 1.2 亿 km，约 400 光秒，如图 8-1 所示。在天文概念里，这个距离是非常小的。然而，即使这样的距离，我们的电磁波（包括光波）需要跑 400s 才能够被对方接收到，就是说：你说一句话，将近 7min 之后对方才收到，双向实时通信看来是不可能的了。

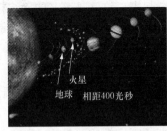

图 8-1　星际的超远距离

其实在整个宇宙空间中，就连银河系也是非常普通的一个微小成员，你的一句话，从银河系的这端跑到另一端，要用上 10 万年。

8.1.3 中微子通信

利用中微子（Neutrino）传递信息，称为中微子通信。中微子是自然界最基本的粒子之一，属于"轻子"的一种。中微子不带电，质量比电子的百万分之一还小，以接近光速的速度在做直线运动。由于它极其微小且不带电荷，因此可以自由地穿越各种星体（包括地球），几乎不与任何物质发生作用，可以说是宇宙中的"隐身人"。

中微子沿直线传播，传输过程中不会发生反射、折射、散射等现象，也几乎不产生任何衰减。可以毫无觉察地穿越人体、钢板、地层、海洋，如入无人之境，可以穿过地心中炙热的岩浆直接在中国和美国之间来往，有"鬼粒子"之称。人们对中微子的了解才刚刚开始，1934 年确定了它的存在。星体的核聚变可以产生大量的中微子，太阳就是一个中微子源，每秒就有数以 10 亿计的中微子穿过我们的眼睛。

如果把我们要传送的信息加载到中微子（或者中微子束）上，是不是就可以实现一种神秘的通信呢？不过，既然中微子是"隐身人"，我们如何在它身上加载信息和取出信息呢？更为遗憾的是，中微子的速度依然局限在光速的范围内，它也不能解决宇宙大空间的通信问题。

8.2　量　子　概　念

8.2.1 量子与光子

1. 量子及其波粒二象性

量子的概念是德国物理学家普朗克（Max Planck）于 1900 年最早提出的。在原子、质子、中子、电子等微观世界中，能量的传递不是连续的，而是以某种能量单位传递的，这种最小的能量单位称为"量子"（Quantus），是不可分割的最小单位（至少目前这样认为）。例如光的最小能量单位就是光量子，简称为"光子"。

量子力学就是专门研究各种微观粒子运动规律的物理学分支，它和相对论一起被认为是现代物理学的两大支柱。微观粒子的运动状态称为"量子态"，用一定数量的量子数来表示，个数等于量子的自由度数。

在量子力学中，物理量不能给出一个确定的值，而只能给出取值的概率，经典物理上的确定的因果律不适用于量子力学。也就是说，当我们说"某个粒子处于这个位置"时，它可能处于这个位置也可能不处于，但是大部分时间是处于这里的。例如，电子并不总是处于轨道上，只是在这里出现的频率高。就好比是"电子云"，密度大的地方看起来像是轨道。微观粒子的运动可用波函数来描述，也就是波动和粒子可以统一起来，这就是著名的"波粒二象性"。波函数是定义在整个空间的，不是局部的，微观世界的运动规律体现为一种"全局因果"。

如果把光看成光波，其电场分布为

$$E(t,z) = E_0 \sin(\omega t - kz + \varphi_0) \tag{8-1}$$

式中：E_0、ω、k、φ_0分别为振幅、圆频率、传播常数和初相位，均可被信号调制，用来传送信息。

如果把光看作粒子，光是由光子组成的，单个光子所携带的能量为$e = h\nu$，h为普朗克常数，ν为光速。如果光源发射的功率为P，则光子的发射速率为$n = P/h\nu$，即单位时间内发射出来的光子数目。

> 基本粒子还有内部结构吗？科学是不断发展的。新提出的"弦论"的一个基本观点是，自然界中的这些基本粒子（如电子、光子、中微子、夸克等）其实还有其内部结构。它们都是弦的闭合圈（称为闭弦），闭弦的不同振动和运动产生了各种"基本粒子"。

2. 光量子的特点

基本粒子有稳定的，也有不稳定的。基本粒子用于通信的前提条件是要稳定、寿命要长。我们熟知的电子、质子、中微子、光量子都是稳定的。我们日常所使用的长距离通信手段都是基于这些基本粒子进行的。例如电线中的电子、光纤中的光子。目前，量子通信中主要采用光子，因此我们着重介绍光子的特点。光子的基本属性如下：

（1）体积，不到中子/质子的万分之一；

（2）质量，所有规范光子的质量为零，但是具有一定的动态质量；

（3）寿命，属于长寿命的基本粒子；

（4）自旋性，光量子属于玻色子一类（自旋为半整数的粒子为费米子，自旋为整数的粒子称为玻色子）；

（5）守恒性，光子产生的过程遵循质能守恒定律；

（6）波粒二象性。

　　虽然光子与电子有着相似的特性，但是又有着显著的不同，如表 8-1 所示。正是这些不同给光子赋予了强大的信息承载能力。

表 8-1　　　　　　　　　　　　　　　　电 子 与 光 子 的 比 较

特　　征	电　　子	光　　子
静止质量	m_0	0
运动质量	m	hv/c^2
传播特性	不能在空气（和真空）中传播	能在空气（和真空）中传播
传播速度	小于光速（c）	等于光速（c）
时间特性	具有时间不可逆性	具有时间可逆性
空间特性	具有高度的空间局域性	不具有高度的空间局域性
粒子特性	费米子	玻色子
电荷	$-e$	0
自旋	1/2（h）	1（h）

8.2.2　光量子承载信息的能力

　　目前光纤通信的主要模式均为强度调制和直接检测。为了提高通信速率，开发了光复用技术，以及光孤子通信。这些通信模式均基于经典的通信概念和理论。它以"光"作为载波，把光看作一种电磁波，原理上与普通的电磁波通信没什么区别。这种经典信道受到高斯噪声的限制，光通信系统的容量最大不会超过 10^3Tb/s。

　　量子通信不再采用宏观的"光波"作为载体，而是采用"光子"作为载体。打个比方，就好像一片沙漠，沙漠中沙浪的起伏特征表达了某种信息，这相当于光波，如图 8-2（a）所示。经典信道就是采用这种宏观的"起伏"信号来承载数据的，所承载信息的量很有限。而量子通信，是靠每一粒"沙子"的特征来传递信息的，即用粒子的状态来承载数据。浩瀚的沙漠中有多少个沙粒，每一粒沙子又有多少种不同的状态，可以承载多少信息，恐怕是难以想象的。

（a）沙波　　　　　　　　　　　　　（b）沙子

图 8-2　传统信息与量子信息的比喻式说明

　　1. 经典信道光子信息效率

　　根据经典信道，光接收器的极限信噪比由光信号的噪声决定，根据香农信息论中的信道容量公式，以及光子数目的泊松分布特性，可以计算出一个光子所能够携带的极限信息量（光子的信息效率）$\rho=1.44$b/光子，这是经典信道的理论极限。实际上，考虑到各种技术局限性，ρ 远远达不到这个值。表 8-2 和表 8-3 列出了在各种调制方式下的 ρ 理论计算值和实际测试值。

表 8-2　　　　　　　　　　　　　　ρ 的 理 论 计 算 值

接收方式	零差幅度 相干接收	零差相移 相干接收	外差幅度 相干接收	外差频移 相干接收	外差相移 相干接收	非相干 幅度接收
ρ（b/光子）	1/18	1/9	1/36	1/36	1/18	1/10

表 8-3　　　　　　　　　　　　　　试验系统中的实际ρ值

研究单位	BTRL	NEC	ATT Bell	NTT	Bell Comm	ATT Comm
调制方式	FSK	FSK	FSK	FSK	PSK	PSK
ρ（b/光子）	1/170	1/500	1/45	1/196	1/1670	1/270

可以看到，无论是理论值还是实验值，ρ值都远远小于 1.44b/光子，这反映了经典通信系统的理论水平和实际水平。

2. 量子信道的光子信息效率

当采用脉冲编码调制（PCM）时，可以计算出光子的信息效率为 21.6b/光子，而这仅仅是量子信道中光子信息效率的下限。考虑到量子信道容量受到"热光子"的限制，根据理论分析，当采用脉位调制（PPM）时，光子的信息效率上限为

$$\rho = h v / KT \text{（b/光子）} \tag{8-2}$$

其中，K 为玻尔兹曼常数；T 为系统的温度。通常情况下，T 为 300K，波长 λ 为 1000nm，这时可算出ρ=69b/光子。也就是说，量子信道的信息效率比经典信道高出 2～3 个数量级，如果将接收器置于冷却装置中，T 可进一步降低，光量子的信息效率还可能进一步提高，这是经典信道不可比拟的。

8.2.3　量子态和量子比特

1. 量子态

量子通信是利用量子态作为信息载体来进行信号的发射、传输和处理的。需要满足量子力学的基本规律和理论，包括量子力学的基本原理、量子力学的某些特征和表示模型等。量子力学所描述的系统是建立在希尔伯特（Hilbert）空间上的数学模型。量子态就是量子的运动状态，表示为希尔伯特空间中的一个矢量，称为量子态矢量，常用狄拉克（Dirac）符号表示，$|\phi\rangle$ 称为右矢，$\langle\phi|$ 称为左矢。量子态包括各种微观粒子的自由度，即位置、动量、偏振、量子数等。如果某状态可以用一个态矢量描述，则称其为纯态（Pure State）。纯态可指一个简单的状态，如 $|\phi\rangle$，也可以表示由 N 个可构成正交归一集的态矢量 $\{|\phi_i\rangle\}$ 组成的叠加态（Spureposition），即

$$|\Phi\rangle = \sum_{i=1}^{N} C_i |\phi_i\rangle \tag{8-3}$$

式中，$\sum_{i=1}^{N} |C_i|^2 = 1$。如果一个量子系统由许多不同的态矢量 $|\phi_i\rangle$ 描述的子系统构成，而每个子系统在该系统中以确定的概率出现，这个系统就称为混合系综（Mixed Ensemble）。混合系综的状态称为混合态（Mixed State）。混合态可以由各子系统的态矢量 $|\phi_i\rangle$ 及该子系统在系综中出现的概率 $p(i)$ 来描述。

2. 量子比特

比特是香农信息理论中的一个重要概念，在二进制系统中利用符号 0 和 1 来表示信息的两个状态。量子信息学中也近似地提出了量子比特（Quantum bit）的概念，简写为 qubit。量

子比特用来描述一种状态。不同于经典比特中的 0 和 1 表示，量子比特通常写成$|0\rangle$和$|1\rangle$的形式，称为基矢（The Basis）。一般用$|0\rangle$表示 0，用$|1\rangle$表示 1。$|0\rangle$和$|1\rangle$既可以由原子的两个能级来表示，也可以由核自旋或光子的不同极化方向来表示。Hilbert 空间的基矢并不唯一，在不同的基矢中对同一个量子比特的表示形式也就不一样。这里不再详述。

另外，量子比特还可以是这两种状态的任意线性组合，称为叠加态（Superposition），即

$$|\phi\rangle=\alpha|0\rangle+\beta|1\rangle \tag{8-4}$$

式中，α和β是复数。可以看出，量子比特的状态是二维复向量空间中的矢量。$|0\rangle$和$|1\rangle$状态称为基态（Basis State），是构成这个向量空间的一组正交基。由于量子比特的叠加性，量子比特经过测量后，输出结果依赖于观察者所采用的测量或操作方式。

对于经典比特，我们可以通过测量得知其是处于 0 还是 1，但是对于量子比特，并不能通过测量来确定它的准确状态，只能得到关于量子状态的有限信息。测量后，我们得到$|0\rangle$的概率为$|\alpha|^2$，得到$|1\rangle$的概率为$|\beta|^2$，其原有状态将不再存在。所以，对于确定的非$|0\rangle$或$|1\rangle$状态的量子比特，如果α和β的值是确定的，状态就确定了。比如当$\alpha=\beta=1/\sqrt{2}$时，对该量子比特进行测量，得到结果为$|0\rangle$或为$|1\rangle$的概率相等，且测量得到的结果比特只能是$|0\rangle$或$|1\rangle$，而不再是以前的叠加态。量子比特不可能被精确测量，这是由测不准原理决定的。这种性质是量子保密通信的核心保障。

考虑由 A、B 两个粒子组成的系统，粒子 A 用希尔伯特空间 H_A 的态矢量$|\psi\rangle_A$来描述，而粒子 B 利用希尔伯特空间中 H_B 的态矢量$|\psi\rangle_B$来描述。如果两个粒子之间没有相互作用，其态矢量$|\psi\rangle_{AB}=|\psi\rangle_A\otimes|\psi\rangle_B$，这个乘积称为张量积，这个态称为直积态。例如，对于量子比特的经典态$|0\rangle=\begin{pmatrix}0\\1\end{pmatrix}$，$|1\rangle=\begin{pmatrix}1\\0\end{pmatrix}$，它们的张量积和直积态表示为

$$|0\rangle|1\rangle=|0\rangle\otimes|1\rangle=\begin{pmatrix}1|1\rangle\\0|0\rangle\end{pmatrix}=\begin{pmatrix}0\\1\\0\\0\end{pmatrix} \tag{8-5}$$

若两个系统之间有相互作用，则此时的系统状态不再是两个子系统的直积态，而是处于纠缠态（Entangle State）中。若这时的两粒子分别对应两量子态$|0\rangle$和$|1\rangle$，则对称和反对称的纠缠态分别表示为

$$\left|\psi^+\right\rangle_{AB}=\frac{1}{\sqrt{2}}\left(|0\rangle_A|1\rangle_B+|1\rangle_A|0\rangle_B\right)$$

$$\left|\psi^-\right\rangle_{AB}=\frac{1}{\sqrt{2}}\left(|0\rangle_A|1\rangle_B-|1\rangle_A|0\rangle_B\right)$$

$$\left|\varphi^+\right\rangle_{AB}=\frac{1}{\sqrt{2}}\left(|0\rangle_A|0\rangle_B+|1\rangle_A|1\rangle_B\right)$$

$$\left|\varphi^-\right\rangle_{AB}=\frac{1}{\sqrt{2}}\left(|0\rangle_A|0\rangle_B-|1\rangle_A|1\rangle_B\right)$$

$$\tag{8-6}$$

这四个纠缠态在量子通信中有着非常重要的作用，它们被称为贝尔（Bell）基态。处在Bell 基态上的两个纠缠粒子称为 EPR（Einstein-Podolsky-Rosen）对。这四个贝尔态构成了希

尔伯特空间的一组完备正交基，它们在形式上非常简单，在操纵和制备方面也很方便。

8.2.4　测不准原理

在一个量子力学系统中，微观粒子的坐标和动量不能同时取确定值，这就是著名的海森堡测不准原理。对于一个微观粒子，若能精确地测量一个量，那么对另一个量的测量将会更加不准确。海森堡测不准原理指出，粒子的物理位置和它的动量不可能同时确定，且粒子位置的不确定性乘以粒子质量再乘以粒子速度的不确定性不能小于一个确定量，即普朗克常数。简单说就是

$$\Delta x \Delta p \geq h \tag{8-7}$$

其中，Δx 为位置的不确定性；Δp 为动量（$=mv$）的不确定性，h 是普朗克常数。类似的不确定性也存在于能量与时间、相位与振幅等许多物理量之间。

测不准原理使得量子比特的性质完全不同于经典比特，如果没有选定合适的测量基矢，不可能获取该量子比特的精确信息。在量子保密通信的密钥分发过程中，窃听者（他不知道该选用哪种测量基矢）的任何窃听和攻击行为，都会对量子态产生影响，导致数据一致性偏差很大，通信双方可以通过一致性检测来确定是否有窃听或者攻击行为存在，从而保证了整个通信的无条件安全性。

8.2.5　不可克隆定理

最早开始研究克隆问题的是 Wooters 和 Zurek。1982 年，他们在《Nature》杂志上发表的题为"单量子态不可克隆"的论文中提出：在不损坏原有量子态的情况下，不可能精确复制一个量子态使之与原量子态完全一致。这就是后来我们熟知的量子不可克隆定理。

在经典物理中，可以在不改变原有状态的前提下对原有信息进行复制。在量子力学中，如果量子态是已知的，则可以重复地制备它，这也就是 Pittman 等人提出的量子复制门的理论基础，然而，对于未知量子态，不能通过一次测量就获得该量子态的全部信息，因为测量会导致原量子态发生塌缩，变成某个结果态，而原量子态已经不再存在，所测得的结果只是构成此量子态的一个状态分量，除非被测量子态恰好是测量算符的本征态。

所以，在量子编码过程中，应当使用互不正交的量子态对量子信息进行编码。这时，如果被窃听者获得，由于两量子态以彼此为基础进行投影测量时，内积不为零，即投影不可能完全落在另一个上面，因而无法通过一次测量而获得该量子态的全部信息。只有这样才能避免信息被复制而通信双方却不能发现的情况。

作为量子力学固有的性质，不可克隆性是经典信息和量子信息的重要差别之一，对于量子密钥分发过程中是否存在窃听的问题，收发端可以通过一致性检测对攻击者的存在进行检测，正是由于这一特性，保证了量子通信过程的无条件安全性。

8.2.6　测量塌缩

量子测量不同于经典测量，其测量操作会使原来的状态或者运动发生不可逆的变化。对一个量子态进行测量，会以一定的概率得到某种测量结果，并使该量子态塌缩到这个测量结果所对应的本征态上。也就是说，一次测量之后，该量子态就再也不是原来的量子态了。

就好像一个积木搭建的高楼，每次测量相当于抽掉了某一根关键的支柱，高楼便会坍塌，再也不是原来的样子了，也就再也测量不出原来的样子了。

8.2.7　量子纠缠

在微观世界中，基本粒子表现出来的行为和特性是在宏观世界中难以理解的，其中一个

很奇特的现象，叫作"量子纠缠"：如果两个量子处于纠缠态，则它们之间会存在一种神秘的联系，当其中一个量子的状态发生改变时，另外一个量子的状态也自动发生相应的改变，而不论这两个量子之间的距离有多远，都瞬间发生。量子纠缠是一种超距离的作用，好像它们之间有心灵感应。

"量子纠缠"这一术语是薛定谔在 1935 年引入量子力学中的，并且将其称为"量子力学的精髓"，它反映了量子力学的本质：相干性、或然性、空间非定域性。量子的纠缠态就是量子的不可分离态，指所有不能写成可分离形式的粒子状态。不可分离态，就是两系统的态不能简单地写为两个子系统态的直积形式 $|\phi\rangle_A \otimes |\phi\rangle_B$。纠缠态包括纠缠纯态和纠缠混态，Bell 态就是最简单的两体量子纠缠态。在测量前，A 和 B 处于不确定的态，若对其中一个进行测量，则另一个的态也随之确定，即塌缩到确定态。

这种奇特的现象只能用量子力学的理论来解释。实际上，直到目前还没有人完全搞清楚这其中真正的原理。不过这种现象已经得到证实，新兴的量子通信正是基于这种"量子纠缠"现象来传递信息的。

有人做过一个形象的类比，假设你站在东方明珠塔上，手里拿了两个处于纠缠态的苹果，把其中一个抛出去，然后你把手中剩下的那个咬上一口，在空中飞行的那个苹果也会立马儿掉一块。当然，如果多个苹果都处于纠缠状态，则都会同时掉一块，哪怕一个在上海、另一个在北京、再一个在冥王星、还有一个在银河系的另外一端。目前的实验，量子态隐形传递的时间仅需一百万兆分之一秒，即 $1/10^{12}$ 秒，即也就是说至少是光速的 1 万倍。也有专家认为，纠缠态的感应根本不需要时间。

那很快就有人会问，如果要与冥王星上的人进行通信，抛出的那个苹果必须到达冥王星，可是这个苹果可以抛的那么远吗？这是一个很关键的问题，称为"量子分发"。还有一个问题是，纠缠量子的寿命有多长？它们有时间等待让我们把它们分开得那么远吗？目前似乎还没有找到一种合适的途径。因此，目前量子通信的一切实用的例子都还限定在地球的范围内，或者说很近的距离内，比如几百公里。

但是，随着不断的研究和探索，办法总是会有的。本书中暂不谈论这些问题，留给有志向的读者来进一步探究。

关于量子纠缠，爱因斯坦（A. Einstein）与波尔（N. Bore）之间曾有长时间的争论。1935 年，爱因斯坦、波多尔斯基（B. Podolsky）和罗森（N. Rosen）在物理评论杂志上发表论文，提出了"EPR 佯谬"，举例说明了或然性和非定域性的"谬误"，从而引发了波尔和爱因斯坦的长期争论，最后实验证明了波尔的观点是正确的。

8.3 量 子 通 信

量子通信是指利用量子力学的原理或量子特性进行信息传输的一种通信方式。它可以提供绝对的安全性，是今后最有前途的通信技术。

8.3.1　量子通信的特点

量子通信具有如下特点：

（1）安全性。最早的量子通信是采用量子通信手段进行密钥分发，从而达到安全通信的目的。我们知道，采用一次一密（One-Time Pad，OTP）手段，可以达到绝对安全的通信，其中最关键的是密钥的传递问题。量子密钥分发，就是利用量子的特性来保证密钥传输过程中的"窃听感知"，以确保密钥的安全传送。它利用了测不准原理和量子不可克隆定理。

也就是说，量子通信并不是不可以被窃听，而是一旦窃听就会被发现。在传送密钥的过程中，一旦发现有窃听存在，则放弃这次传送的密钥，而只采用没有被窃听的密钥。这样，结合 OTP 原理，就可以实现绝对安全的通信。

（2）高效率。根据量子力学的叠加原理，量子可以同时处在多种状态，从而一次传送多个比特信息。例如，一个 n 维量子态，它的本征展开式有 2^n 项，每一项前面都有一个系数，传输一个量子态相当于传送了 2^n 个数据。这种原理不但可以用于通信领域，也可以用于信息的存储、以及量子计算机中。

（3）非局域性。它基于量子纠缠效应，只要一个粒子改变状态，另一个粒子也会同时改变，无论另一个粒子是近在眼前还是远在天边。利用纠缠效应，不但可以进行密钥的安全分发，而且可以实现量子态的远程传送，即直接量子通信。

8.3.2　量子通信的类型

依据不同的因素，量子通信的分类方法也不同。按照其所传输的信息是经典信息还是量子信息将其分为两类。经典量子通信主要用于量子密钥的传输。量子信息通信可用于量子隐形传态和量子纠缠分发，也可以进行量子直接通信。

量子通信与传统通信的最大差异在于量子的纠缠应用，而目前的量子通信通常采用光量子，因此根据是否采用量子纠缠手段，分为单光子通信和量子纠缠通信。

1. 单光子通信

单光子通信利用光子直接进行量子态的传递，介质可采用光纤和自由空间。系统中包括量子态发生器、信道和量子测量装置。目前的光纤量子通信实验系统，在发送端采用"亚泊松态"激光器，它可以大大提高信噪比；通信线路（包括量子信道和经典信道）依然采用经典的光纤，可以是单模光纤也可以是多模光纤，当然也可以是纳米光纤；接收端则采用量子无破坏测量和光量子计数器。

在光子的本征态（又称为光子数态）下，可以把全部能量用来承载信息，也就是把光子数量的不确定性减小到最小，甚至为零，而将相位的不确定性增大到相应的程度。这种光学状态称为"亚泊松态"。这种情况下，基于"无破坏测量"，光量子有可能将无限多的信息传送给"无限多"的端点用户。量子通信在容量上远远超过经典通信模式，这也是为什么量子通信一经提出，就引起了强烈的反响和关注。

但是，由于单光子的能量极小，受信道噪声和损耗的影响，传输距离受到极大的限制，因此，实际应用中往往采用弱相干光源来代替单光子。这种做法影响了量子通信的安全性能。使用弱相干光子源的量子密钥分配实验不能保证绝对的安全性，可以被窃听者采用光子数分离（Photon Number Splitting attack，PNS）攻击的方法进行窃听。为了解决 PNS 攻击的安全性漏洞，人们提出了一种有效的方法，即诱骗态方法，见本章 8.4.3 节。

2. 量子纠缠通信

量子纠缠是微观粒子之间的一种特殊作用，能够跨越任意空间、不需要物理介质的传递，这种纠缠作用是无法被截获的。因此，基于量子纠缠的通信具有前所未有的安全性和应用前景。

然而，要想利用量子纠缠就必须在通信的双方获得处于纠缠状态的量子对，目前尚无法在两地合作产生这种量子对，需要从同一个"纠缠源"产生，然后分发给通信的双方。因此，目前纠缠分发仍是一个不可逾越的环节。这种分发可以采用光纤介质也可以利用自由空间。

以目前的技术，为了实现绝对安全的量子通信，通常把量子纠缠与经典通信手段相互结合使用，即

量子通信＝经典信道传输＋量子信道传输

通信的距离也主要限定在地球表面的较短范围内，比如百公里左右。

地面与卫星之间的通信，包括近空和深空两种情况。例如地球与卫星之间的通信，卫星与卫星之间的通信，都在这个范围内。目前的卫星轨道可分为同步轨道（GEO）、中轨道（MEO）和低轨道（LEO），主要采用无线光通信形式，利用激光作为载波。特别是采用纳米激光技术，构建的移动纳米无线激光卫星通信技术，则更具有优势。利用它们，可以实现高速的纠缠量子分发和绝对安全的数据通信。

8.3.3　量子通信技术的发展历史

1984 年，美国 IBM 公司的 Bennett 和加拿大蒙特利尔大学的 Brassard 共同提出了第一个量子密码通信方案，即著名的 BB84 方案，标志着量子通信的开始。1989 年，Bennett 团队完成了第一个 QKD（Quantum Key Distribution，量子密钥分发）实验，1992 年他们又提出了 B92 方案。此后，量子密码分发开始受到重视。从 1993～2005 年这个阶段，实验技术得到快速发展。

1. 制备测量型

1984 年，BB84 密钥分发协议提出。之后又提出了各种协议，不但利用单光子脉冲的偏振自由度，也有采用相位、时间、频率自由度的，从而派生出各种不同的方法。制备测量型可在单模光纤中及自由空间中传输。

1989 年，IBM 成功实现了第一次量子信息传输实验，比特速率为 10b/s，距离只有 32cm，揭开了量子通信实验研究的序幕。

1993 年，英国国防部在光纤中实现了传输距离为 10km 的 BB84 方案相位编码量子密钥分发实验。同年，瑞士日内瓦大学的 Gisin 团队利用偏振编码的光子实现了 BB84 方案，在光纤中的传输距离为 1.1km。

1995 年，Gisin 团队利用湖底铺的 23km 民用光缆进行了量子密钥分发实验，误码率为 3.4%。同年，英国国防部将这一记录延长到了 30km。同时，中科院物理所在国内首次实现了自由空间中基于 BB84 量子密钥分发协议的演示实验。

1997 年，华东师范大学使用 B92 协议进行了自由空间的 QKD 实验。

2000 年，美国的 Los Alamos 国家实验室宣布他们在日照条件下实现了 1.6km 的自由空间量子密钥分发。中科院物理所与中科院研究生院联合完成了国内第一个 850nm 波长全光纤 1.1km 量子通信实验。

2002 年，Gisin 团队利用他们的"即插即用"方案在光纤中成功进行了 67km 的量子密码传输，达 160b/s。我国山西大学用明亮的 EPR 关联光束完成了以电磁波为信息载体的连续变量"量子密集编码"和量子通信的实验。

2002 年欧洲科研小组也实现了 23km 的自由空间密钥分发。

2003 年，中国科技大学实现了 14.8km 的光纤中量子密钥分发实验。同年，华东师范大学完成了 50km 的光纤中量子密码通信演示实验。

2004 年，英国剑桥 Shields 团队采用连续主动校正的方法保持干涉测量的准确性，使得量子密钥的分发距离达到了 122km，误码率为 8.9%。

2004 年，日本 NEC 公司实现了 150km 的密钥传输。他们采用了一种"固化干涉装置"，并改进了单光子探测器的性能。

2005 年，中国科技大学的郭光灿团队，通过在北京和天津之间的现有光纤线路，实现了 125km 的量子通信原理性实验。同年，科学家王向斌、罗开广、马雄峰和陈凯等共同提出了基于诱骗态的量子密钥分发实验方案。潘建伟研究组在国际上首次在相距 13km 的两个地面目标之间实现了自由空间中的纠缠分发和量子通信实验。

2006 年，Los Alamos 实验室采用基于"诱骗态"（Decoy State）的方案，实现了 107km 光纤量子通信实验，并称能确保绝对安全。中国科学技术大学潘建伟团队也实现了安全距离超过 100km 的光纤诱骗态量子密钥分发实验。

2007 年 Danna Rosenberg 团队和 Tobias Schmitt-Manderbach 团队分别实现了诱骗态量子密钥分发实验。清华大学—中国科技大学联合实现了"诱骗态"量子密钥分发。

2009 年，美国康宁公司和日内瓦大学联合提出了一种自动化的量子密钥分发方案，并在超低损耗光纤中传输了 250km。

2010 年，Shields 团队与日本东芝欧洲研究所联合完成了量子密码在 50km 光纤中的传输，36 小时内的平均速率达到了 1Mb/s。

2. 纠缠型量子通信

1991 年 Ekert 提出了基于纠缠现象的 QKD 方法，简称为 Ekert 91 协议，他同时利用了量子纠缠和经典信道来共同完成密钥的分发。

2007 年，在自由空间中实现了 144km 的 QKD。

2009 年，奥地利科学院和奥地利维也纳大学联合团队，通过在信源和信宿之间放置纠缠源，完成了 300km 的量子密钥分发。

基于量子的隐形态传输是在 1993 年提出的。

目前中国科技大学实现了 97km 的自由空间隐形传态，同期，奥地利科学院和维也纳大学实现了 143km 的隐形传态。

近年来，量子通信在实验上取得的新突破不断涌现。2013 年 5 月《自然光子学》报道中国研究人员完成了地面与热气球之间进行的量子密钥分配验证实验；德国研究人员实现了地面与飞机之间的量子密钥分配实验；法国研究人员实现了 80.5km 连续变量量子密钥分配实验。2013 年 9 月《自然》杂志报道了东芝研究人员设计的单点—多点量子密钥分配网络；2013 年 9 月《物理评论快报》报道实验上实现了与探测器无关的量子密钥分配，克服了针对探测器的攻击或窃听。

随着城域量子通信网络的实用化推进和广域量子通信网络的实现，在不久的将来，量子保密通信作为保障未来信息社会通信安全的关键技术,将走向大规模应用,成为综合电子信息、电子政务、金融网络、电子商务、智能传输系统等各种电子服务的驱动器,为当今信息化社会提供基础的安全服务和最可靠的安全保障。

8.4 量 子 保 密 通 信

8.4.1 量子保密通信原理

经典密钥的安全性是建立在运算复杂性的基础上的。随着新的解密技术和更高速的处理器的出现,这种密码体制的安全性正在受到威胁。例如,将来若采用量子并行算法,可以在合理的时间内解决大数因子分解问题,那么现有的公钥密码体系将完全失去其安全性。

采用经典加密方法,也有一种方法可以做到绝对安全,那就是一次一密(OTP)。也就是连续变换密码,每传送一次数据(甚至是一个比特)就换一次密码,不断换下去,而且密码是随机的、不重复的,有多长数据就有多长的密码。这时候,即使采用最为简单的加密算法(例如模 2 加法,也就是异或运算),也是绝对安全的。这个安全性已经被香农从信息论角度予以证明。

但是,问题来了:这种无限长的、随机不重复的密钥,如何让接收方获知呢?这个问题就是"密钥分发"。显然不能通过常规的渠道传输。

这就是要发挥量子信道的独特作用了。系统内有两条传输信道,一条是传统的信道,用于传递加密后的数据和其他辅助信息,另一条是量子信道,用来传送密钥。介质上,量子信道也可以采用传统的光纤线路,如图 8-3 所示。这样一种量子信道与经典信道的搭配,是目前保密通信的典型模式。早期的量子密码利用量子的偏振特性,目前主流的实验方案是采用光量子的相位特性进行编码。

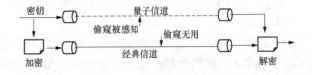

图 8-3 量子保密通信原理

由于量子状态在测量后即遭到破坏,因此量子信道中的信息一旦被窃听,则接收方就会立刻感知,从而使窃听难以进行下去。被窃听的密钥直接被通信双方丢弃,而没有遭到窃听的密钥就可以用来对数据加密。这种"一旦窃听就被发现"的特殊性能是由量子力学的原理确定的,而不是数学算法,因此是绝对可靠的。

自从 1984 年 IBM 公司的 Bennett 和 Montreal 大学的 Brassard 提出第一个量子密码协议—BB84 协议以来,国内外对量子保密通信的理论研究和实验研究都取得了很大的进展。

8.4.2 量子密钥分发协议

众所周知,将 OPT 和 QKD 结合起来,可以实现无条件的安全通信。量子密钥分发,就是通过量子技术手段将密码分发给通信的参与者,它可以保证所使用密钥的绝对安全性。

利用量子现象(效应)对信息进行保密的思想,是 Columbia 大学的 Wiesner 在 1969 首先提出的,但是当时没有被人们接受。10 年后,IBM 公司的 Bennett 和 Montreal 大学的 Brassard 在这个基础上提出了量子密码的概念,并于 1984 年设计出了第一个量子密钥分发协议,即 BB84 协议。1991 年,利用量子纠缠现象,Ekert 设计了基于 Bell 态的 E91 协议。随后,Bennett 等人又于 1992 年开发了基于正交态的 B92 协议和基于 Bell 态的 BBM92 协议。它们构成了量子密钥分发的主流方案，成为后来诸多量子密钥分发实验的基础。实际上，任意两个非正交态都可以用于分发密码，也就是以上这些协议本质上可以归为同一个大类。

在讨论安全通信时，为了方便，通常假设信息发送者为 Alice，接受者为 Bob，而试图窃听的人为 Eve。下文中也采用这种习惯的称呼。

1. BB84 密钥分发协议

BB84 是第一个量子密钥分发协议，它基于单粒子载体，易于实现，其安全性已经被严格证明。迄今为止，大部分量子密钥分发实验都是以 BB84 协议为方案。

BB84 是一个四态协议，它采用四个量子态作量子信息的载体。这种方案虽然易于实现，但是效率低，传输过程中只有不超过 50% 的量子比特可用于量子密钥，量子比特的利用率低。两个量子态只能传输 1 比特有用经典信息，且四种量子态只能代表 "0" 和 "1" 两种码，编码容量也低。同时，在硬件系统实现上比较复杂，成本比较高。

另外，对于有噪声的量子信道，确保 BB84 方案的安全性还需要理想单光子源。用弱激光脉冲代替单光子源，可实现 BB84 量子密钥分发方案，但在有损耗的量子信道中传输，若脉冲中所包含的光子数超过 1，那么就可能存在量子信息的泄露。

2. B92 协议

与 BB84 这种四态协议不同，B92 协议采用两个非正交量子比特实现量子密钥分发。量子比特的非正交性满足量子不可克隆定理，使得攻击者不能从协议中获取量子密钥的有效信息。

B92 协议的弱点是，只有无损信道才能保证协议的安全性，否则，Eve 可以对量子态进行测量，Alice 和 Bob 就无法感知到窃听的存在。同时，该协议的效率为 25%，量子资源利用率不高。

然而，B92 协议中，由于只使用了两个非正交态来制备或测量光子，因此在实际应用中更容易实现，所需物理资源相对较少，信号的制备也比较简单。在理想情况下，B92 方案也是绝对安全的。

3. E91 协议

E91 协议利用纠缠效应实现密钥分发。该协议需要的粒子源是纠缠态（因此，它也被称为 EPR 协议），这不同于 BB84 协议和 B92 协议中单光子源。纠缠态的制备难度大，所以，这种密钥分发实现难度较大。但是，纠缠特性是量子所具有的独特性质，理论上，纠缠态对于量子密钥分发的价值更大，也是量子密码学和量子力学研究的重点之一。

　　E91 协议利用了量子纠缠效应，它也被称为 EPR 协议。而 BB84 和 B92 则不需要纠缠效应的参与。

正交态由于可以在不破坏信息的情况下被任意克隆，因此被普遍认为是不可以用于密钥分发的。然而，1995 年 Goldenberg 和 Vaidman 基于正交量子态，提出了密码分发协议，即 GV95 协议。这类协议统称为正交态协议。后来又有人提出了一些这类的协议。但是，这类协议是不是真正处于正交态，还存在争议。

8.4.3 基于弱相干光子源的诱骗态理论

由于单光子容易受到干扰和损耗的影响，因此实际中往往采用弱激光脉冲代替单光子。弱相干光子源的量子密钥分配实验不能保证绝对的安全性，可以被窃听者采用光子数分离攻击（PNS）的方法进行窃听。

为了解决 PNS 攻击的安全性漏洞，人们提出了一种有效的方法，即诱骗态理论协议方法。诱骗态方法的思想是引入诱骗态脉冲随机代替信号态脉冲并测量其增益，通过监测脉冲增益的变化实现抵御 PNS 攻击的目的。诱骗态脉冲与普通信号态脉冲的光学特性完全一致，只是强度不同。在量子通信过程中，Alice 发送信号时，随机的选择信号态或者诱骗态发送。通信结束后，Alice 宣布诱骗态脉冲和信号态脉冲所处位置，然后分别计算诱骗态脉冲增益和信号态脉冲增益。由于窃听者 Eve 在通信过程中不能区分诱骗态和信号态脉冲，因此如果存在窃听的话，必然引起脉冲增益的异常，这样通过比较诱骗态脉冲增益和信号态脉冲增益的大小即可发现窃听者的存在。一旦发现增益异常，即放弃本次通信，从而使得 PNS 攻击无效。诱骗态方法的提出使得绝对安全的长距离量子通信成为可能。

这里简要介绍针对基于弱相干光子源的 QKD 实验的 PNS 攻击方法。弱相干光子源的每个光脉冲信号中包含的光子数目分布服从泊松分布，弱相干光子脉冲中总是存在同时包含多个光子的可能。在 PNS 攻击中，窃听者（Eve）截获发送者（Alice）传送的每个光脉冲，并测量其包含的光子数目。测量光子数目的过程并不会导致量子态的塌缩和改变。如果光脉冲为单光子，Eve 将其丢弃；如果光脉冲包括 2 个以上的光子，则 Eve 会保留一个光子，将其他光子以更低损耗的信道发送给接收者（Bob）。当 Alice 和 Bob 在公开信道公布出正确的测量基失后，Eve 使用相应正确的基失对截获的单光子进行测量。由于每个脉冲中的多个光子所处量子态是一样的，所以 Eve 可以获得和 Bob 一样的密钥信息，即达到窃听的目的。由于 Eve 使用的是低损耗信道，所以 Eve 不会从信道损耗上暴露行踪。

8.5 量子隐形传态

量子隐形传态，就是将未知的量子信息传送到远处的纠缠量子上，而原来携带该信息的物理载体却停留在原处不被传送。一种具体做法是，发送方对纠缠光子之一进行贝尔态测量，而接收端根据测量结果进行酉变换，从而恢复出发送方的信息。这种方法依然属于量子间接通信。

1993 年，美国物理学家班尼特（Bennett）等人率先提出了量子远程传态的有关方案：发送一个粒子的未知量子态到另外一个地方的粒子，原来的粒子留在原地。量子远程传态的基本思路为，原来的信息分为经典信息和量子信息两部分，并通过经典信道和量子信道把经典信息和量子信息传递给接收者。经典信息是发送者对原物进行某种测量（通常是基于 Bell 基的联合测量）所获得的，量子信息是发送者在测量中未提取的其余信息。通过这两种信息，人们可以依据原来的量子态创建一个完整的副本态。发送一方甚至对这个量子态可以完全不了解，而接收方是利用其他的粒子，可以是和原物不一样的粒子，制备出原物的量子态。这种传送方式不但是绝对安全的，并且还是"隐形"的。即利用"量子隐形传态"可以实现发送者不发送任何量子比特而把未知量子比特发送给接收方的功能。

假设甲地要将粒子 A 的状态传送到乙地，A 的状态的是任意的（隐含的，不用预先知道）。又假设甲乙两地之间存在一对纠缠量子 B（在甲地）和 B′（在乙地）。甲地用粒子 B 对粒子 A 实施测量（称为态测量），一旦测量发生，B 的状态就会改变，比如坍塌到某种状态，那么 B′也会同时坍塌到相同的状态。然后，通过经典信道，甲把测量结果传送到乙。乙收到测量结果后，对 B′实施某种变换操作，便可以使 B′处在与 A 原先状态相同的状态上。等效于把 A 的状态传送到了乙地，如图 8-4 所示。

如果 A 可能有 4 种状态，每一次传递能够把 A 当时具有的一种状态传递到了对方，相当于传送了两个比特的数据。仅仅依靠测量结果（也就是在经典信道中传送的两个比特数据）并不能确定 A 的原始状态是什么，因为在测量过程中 A 和 B 的状态都会改变。

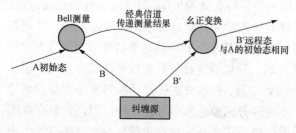

图 8-4　量子隐形传态

另一种方法是，发送方对纠缠粒子之一做酉变换，变换后将这个粒子发送给对方，接受方针对这两个粒子做联合测量，根据测量结果判断发送方所做的酉变换类型（共有四种酉变换，因此可以携带两比特经典信息）。这种操作和传送一个"两态系统"而得到多于一个经典比特信息的方法，称为量子密集编码。

8.6　量子直接通信

8.6.1　量子直接通信的概念

既然量子通信可以传输密钥，当然也可以直接传输通信的内容，称为量子安全直接通信（Quantum Secure Direct Communication，QSDC），它是一种不同于量子密钥分发的新的量子通信形式。量子安全直接通信的安全性也是基于量子不可克隆原理、量子测不准原理及纠缠粒子的关联性和非定域等。

与量子密钥分发的过程不同，在量子安全直接通信过程中，通信双方不需要事先生成密钥，而是通过直接建立量子信道的方式进行通信，从而将一般意义上的量子通信过程简化为一步量子通信过程，即直接完成秘密信息的安全传输。

2000 年，龙桂鲁和刘晓曙提出了第一个量子安全直接通信方案——高效两步量子安全直接通信方案。2001 年，Beige 等人提出了确定的安全通信的概念；Boström 和 Felbinger 借鉴了量子密集编码中的思想，提出了利用量子纠缠态实现近似安全的确定的量子直接通信方案。2003 年，邓富国、龙桂鲁和刘晓曙提出了基于密集编码的两步量子安全直接通信方案，并对量子安全直接通信方案的标准进行了讨论。之后，不断有各种方案被提出。

8.6.2　安全性的保证

传统意义上的量子通信方式，即量子密钥分发的安全性来源于窃听者对于量子通信的任何窃听行为都能被合法的通信双方发现，然后通信双方可以抛弃已有的通信结果，并重新开始传输量子比特，从而保证密钥分发的安全。因此在量子密钥分发的过程中就会存在信息泄露的问题，即随机密钥会被窃听者得到。由于随机密钥不携带任何信息，故丢弃之后不会对通信的安全性产生影响。

量子安全直接通信传输的是机密信息本身，因而对于安全性的要求更高，不能简单地通过抛弃传输结果的方法来保证机密信息不会泄露给窃听者。通信者必须在传输机密信息之前就要确定窃听者是否监听了量子信道。

窃听探测之前的信息泄露（Information Leakage Before Eavesdropper Detection，ILBED）是量子通信的一个重要概念，也是区分量子安全直接通信和其他量子通信的关键之一。一般而言，在量子通信中，合法通信的参加者要挑选出一部分信息载体进行测量，并通过公开比对测量结果确认误码率，根据误码率的大小确认信道的安全程度。也就是说，在确认误码率（即确认是否有窃听）之前传输的信息，都不能认为是安全的。

量子安全直接通信的标准可以概括如下（在量子安全直接通信的相关协议研究中，都需要遵守这些基本要求）。

（1）机密信息应该由接收者直接读出，通信过程除了安全性检测步骤外，不需要附加的经典信息交换。这是区别量子安全直接通信和其他量子通信方案的关键。有些量子通信方案虽然是确定性的，但是它们传输的不是机密信息，而是不含有机密信息的随机数序列，经过检验后确认信道的安全性之后才能使用。而在另外一类确定性的量子通信中，虽然传输的是机密信息，但是需要额外的经典通信才能读出机密信息。

（2）窃听者无论采取何种方法都不能获得机密信息，窃听者得到的只能是一个随机的结果。即要求机密信息在传输中不能泄露，即使在安全检验之前也不能泄露。这就意味着量子安全直接通信的安全性要求更高。

（3）通信双方通过检测可以在机密信息泄露之前检测到窃听者的存在。这个原则与量子密钥分发类似，但是更加苛刻，因为 QSDC 要求在信息泄露之前要检测到窃听者。

（4）携带机密信息的量子态必须以量子数据块的形式传输。这实际上是量子安全直接通信方案的构造方法，如果不采用块传输的方法，就会发生 ILBED，即窃听检测前的信息泄露。

8.6.3 量子直接通信的具体方案

1. 两步方案

2000 年，龙桂鲁和刘晓曙提出了高效两步方案，简称两步方案。该方案利用两粒子最大量子纠缠态 [Bell 态，参见式（8-6）] 进行编码和解码。这里用 A 和 B 分别标记纠缠态中的两个粒子，$|0\rangle$ 和 $|1\rangle$ 表示某个自由度上的两个不同的状态，如光子的水平和垂直的偏振状态。

Alice 随机制备 N 个处在某一个 Bell 态上的纠缠光子对，并将这 N 个纠缠光子对分成两个序列，即从每个纠缠光子对中挑出一个光子 A，再将所有挑出来的光子组成一个光子序列 SA，而上述每一纠缠光子对中的另一个光子就可以组成另一个光子序列 SB。Alice 先将量子数据块 SB 发给信息接收者 Bob。Bob 接收到这个粒子序列后，随机地选择部分粒子进行安全性检测，与 Alice 进行安全分析。在确保第一步通信安全以后，通信双方就建立了一个安全的量子纠缠信道，Alice 将量子数据块 SA 发送给 Bob。这样 Bob 就得到了 Alice 的编码纠缠态。对这些纠缠态进行联合的纠缠态测量就可以读出态的信息，从而获取 Alice 加载的信息。通信双方就以安全的方式传输了信息。

高效两步方案是通过对分步传输的量子数据块进行抽样测量来得以避免 ILBED 的。对由 EPR 对中的第一个粒子组成的块进行随机抽样测量后，可以确定该粒子块的安全性，而这些粒子只是纠缠对中的一个粒子组成的，因此不携带粒子对的整体状态，窃听者虽然可以窃听，但是得不到粒子对的状态信息，而窃听者的窃听则造成误码检测中的误码率升高，从而被合法通信双方探测。如果发现窃听，则终止通信，而此时窃听者由于没有得到整个的粒子对，得不到任何秘密信息，从而就避免了 ILBED。

这个方案可以在通信双方之间直接传输机密信息，实现量子安全直接通信，并且首次使用了块传输和分步传输的方法。有学者指出，高效两步方案的优点是容量增大、效率高。

2003 年，邓富国、龙桂鲁和刘晓曙又提出了利用量子密集编码（DC）的两步量子安全直接通信方案（Two-Step QSDC），即人们现在经常提到的两步方案，编码态选用 Bell 态形式的量子纠缠态。

分步传输、块传输及粒子顺序重排方法是构造量子直接通信的通用方法。

2. 高维两步方案

2005 年，王川等人利用量子超密集编码的思想提出了高维两步量子安全直接通信方案，也叫超密集编码量子安全直接通信方案。该方案利用高维粒子进行编码，从而每个粒子可以携带多于一个比特的经典信息。

在一定的损耗信道中，高维两步量子安全直接通信方案进一步省略了纠缠转移的步骤，即不需要借助纠缠转移来判断光子是否存在，这并不影响光子损耗对通信安全的威胁。这是一个比两步方案还要好的方案。另外，类似于两步方案，在高维两步量子安全直接通信方案中，通信双方也可以通过高维系统的纠缠纯化来进行量子机密放大和纠缠保真度的提高，降低信道噪声对通信安全的影响。

3. 多步方案

随着对量子纠缠源的深入研究，三粒子最大纠缠态（Greenberger-Horne-Zeilinger 态，简称为 GHZ 态）也被用于量子安全直接通信的研究中。在通信中，双方事先约定每一个三粒子纠缠态对应一个三比特经典信息。由发送者制备同一个 GHZ 态，这样通信双方可以通过类似于两步量子安全直接通信方案的传输方法，将每组纠缠态中的粒子组成三个粒子序列，分三步将三个粒子序列从发送者传输到接收者。在保证信道安全的前提下，接收者对三粒子态进行测量，可以确定地得到态的信息，从而得到发送者需要传递的秘密信息，完成量子安全直接通信过程。

4. 量子一次便笺方案——单光子

以上的量子安全直接方案采用的信息载体是纠缠的光子系统。

单光子是量子通信应用的理想的信息载体之一，且已经得到了较为广泛的应用。在量子信道中，单光子虽然会受到环境的干扰，克制这种干扰比克制环境对纠缠量子体系的相干作用要容易。另外，在实验上，单光子测量要比纠缠态的测量容易得多。因此，利用单光子作为量子信号来进行量子安全直接通信，在实验上也更容易实现，更具有应用前景。

借助于经典密码学中的一次一密方案，邓富国和龙桂鲁提出了一个基于单光子量子态的一次一密量子安全直接通信方案，也称为量子一次便笺方案。

如果能在 Alice 和 Bob 之间安全地共享一串量子态，那么 Alice 就可以在量子态上加载机密信息。如果对 Eve 而言量子态是完全随机的，那么这样的机密信息加载从原理上讲具有与一次一密一样的安全性，即绝对安全。这一方案不需要制备和测量纠缠光子对，只需要单光子源即可完成量子安全直接通信，在实验上更容易实现。

8.7 量子通信系统的指标

量子通信和经典通信一样，都是为了信息的传送，因此衡量通信系统性能的指标大致相同。但是，量子通信系统毕竟与经典系统有所不同，不同之处如下。

（1）误码率。在量子通信中，称为量子误码率（Quantum Bit Error Rate，QBER），是指承载信息的光量子波包中，能用来进行有效通信的那部分信息的误码率。由于信道噪声、接收机噪声，以及通信的损耗和接收机接受能力的局限性，在实际通信中，大部分光子不能得到有效的计数，最后只保留双方认可的那部分比特值。例如在基于单光子的 QKD 中，只有发送方的编码基与接收方的测量基一致并且被测量方正确计数的比特才作为接收数据。量子误码率就是指这部分数据的误码率。

（2）通信速率。不同的量子通信形式具有不同的速率。在量子保密通信中，更关心的是量子秘钥产生的速率，往往用密钥产生率（key rate）来衡量 QKD 系统的性能。密钥产生率，就是发送一个光脉冲，它最后能形成密钥的概率。

在间接量子通信系统及量子安全直接通信系统中，通信速率是指传输经典信息和量子信息的速率。

（3）通信距离。由于量子信号不能放大，而且量子中继还处在实验室研究阶段，因此通信距离是目前最为关注的一个参数之一。由于量子信道的损耗，随着通信距离的增加，量子通信的速率迅速下降，所以在实际应用中常常在两者之间权衡。

8.8 量 子 通 信 网

随着量子通信的发展，量子通信正在由点对点通信应用走向网络化应用，包括局域网和广域网应用。在量子通信中，端到端的光纤量子密钥分配系统已逐步成熟，从实用化的角度出发，量子密钥分配也必然会从端到端发展成量子密钥分配网络。

目前，一些小规模的量子通信试验网已经建成，验证了量子通信技术网络化的可行性，覆盖全球的广域量子通信网也在研发之中。现今，美国、欧盟、中国、日本等国家和地区都在进行量子密钥分配网络的实地研究和实用化推广。这必然要研究和实现量子多址与交换技术。如何实现多址与交换，进行多用户量子密钥分发，也是目前研究的热点。国内外在量子通信网络方面做了很多探索性的工作，在量子通信网络、交换与多址技术方面也取得了一定的成绩。

建设量子通信网络是为了在更广的空间范围内给更多的用户提供安全通信服务。构建量子通信网络的基本架构主要包括以下四种方式。

（1）基于主动光交换的不可信网络，如光开关；

（2）基于被动光学器件的不可信网络，如光分束器（BS）、波分复用器（WDM）；

（3）基于信任节点的可信中继网络；

（4）基于量子中继的纯量子网络。

由于量子中继技术离实用还有一定距离，目前，量子通信网络主要通过前三种方式进行组网，使用较多的方式是在主干网使用基于光开关或被动光学器件的不可信网络，通过可信中继方式连接多个子网，如美国 DARPA 量子通信网络、芜湖量子政务网等。量子通信网络的基本拓扑结构主要有三种：①星型拓扑结构；②环型拓扑结构；③总线型拓扑结构。

2012 年，潘建伟团队在合肥市建成了世界上首个覆盖整个合肥城区的规模化（46 个节点）量子通信网络，标志着大容量的城域量子通信网络技术已经成熟。同年，该团队与新华社合作建设了"金融信息量子通信验证网"，在国际上首次将量子通信网络技术应用于金融信息的安全传输。2012 年底，潘建伟团队的最新型量子通信装备在北京投入常态运行，为很多国家重要活动提供信息安全保障。

8.9　量　子　中　继

量子纠缠在传送过程中极容易与环境相互作用而导致纠缠品质的下降，如果纠缠态的光子来源于 50km 之外的地方，那么在光纤的另一端超过 90%的光子都无法被接收者探测到。因此实现远距离的纠缠分发需要借助量子中继手段。

与经典光中继不同，量子信息的光子流无法进行放大，每一个携带量子态的光子都需要通过量子中继器进行重建。而在量子中继的核心——量子存储方面，目前的技术还不成熟，无论是存储时间还是读出效率都还有待大幅提升。

按传统的思路，量子中继器将会包含由量子位组成的物质量子记忆，这些量子位包括原子、原子集合、量子点，它们能够存储接收到的光子的量子状态并将这些状态重新发送出来。潘建伟团队在基于量子存储的量子中继研究方面处于国际领先地位。2008 年，潘建伟团队利用冷原子量子存储首次实现了具有存储和读出功能的纠缠交换。2012 年，该团队又成功实现了 3.2ms 存储寿命及 73%读出效率的量子存储，这是当时国际上量子存储综合性能指标最好的实验结果。

有报道称：近来，NTT 和多伦多大学的研究者展示出了一种不需要物质量子中继器的长距离量子状态传输方式。他们发现了另一个选择：光学量子中继器，这证明了光子根本不需要和量子物质内存发生交互。这种光学中继器还有助于改变在量子信息长距离传输中的其他教条式的看法。

8.10　量　子　编　码

1. 调制编码

通过对量子态的编码，可以使量子态携带人们需要传送的信息，比较常用的编码方式主要是偏振编码和相位编码。

（1）偏振编码。通过对单光子的极化特性进行编码，可以实现量子信息的处理，偏振编码就是其中的一种。例如 BB84 协议，该实验系统用四个偏振态代表四个量子态，在发射装置中用四个激光二极管分别产生偏振为 0°、45°、90°和 135°的偏振光。水平偏振态和垂直偏振态组成一组正交基，45°和 135°组成另一组正交基。在不同的基矢中，令 0°和 45°的偏振态对信号"0"进行编码，90°和 135°的偏振态对信号"1"进行编码。

偏振编码是目前比较成熟的编码方式，许多实验也都通过该编码方式进行，但由于光在光纤中传播中的偏振效应和色散效应使得光的偏振特性会发生改变，因而以偏振态作为信息形式进行编码的光量子不适合在光纤中进行长距离、长时间的传输。

（2）相位编码。量子密码通信最初利用的都是光子的偏振特性，但是，由于量子偏振特性在传输过程中的不稳定性，目前主流的实验方案多用光子的相位特性进行编码。1992 年，Bennett 提出了相位编码方案，该方案通过利用马赫—曾德尔干涉仪（Math-Zehnder Interferometer）实现单光子干涉。以光子的相位特性作为量子信息的载体，通过对相位特性的调整，实现对量子态的编码。

与偏振编码相比，相位编码抗干扰能力强，传输距离远，在光纤中传输不会受到偏振效应及色散效应的影响，因而更适合在光纤中传输，所以近几年的量子密钥分发实验多使用相位编码实现。但由于光子之间不易干涉，因而也有其局限性，所以实验中应该用何种编码方式要依实际情况而定。

（3）其他编码方式。除了上面的常用编码方式外，还有频率编码（采用射频调制激光进行编码）、时间编码（通过时间窗延时作为编码自由度的编码方式），以及时间相位编码（即混合编码）等。

2. 信道编码

（1）困难与解决思路。与经典比特不同，量子比特可以处于 0、1 两个本征态的任意叠加态，而且在对量子比特的操作过程中，两态的叠加振幅可以相互干涉，这就是所谓的量子相干性。在量子信息论的各个领域，包括量子计算机、量子密码术和量子通信等，量子相干性都起着本质性的作用。可以说，量子信息论的所有优越性均来自于量子相干性。

但不幸的是，由于环境的影响，量子相干性将不可避免地随时间指数衰减，这就是困扰整个量子信息论的消相干问题。消相干引起量子错误，量子编码的目的就是为了纠正或防止这些量子错误。与经典信道编码相比，量子编码存在着一些基本困难，表现在如下三方面。

1）在经典编码中，为引入信息冗余，需要将单比特态复制到多比特上去。但在量子力学中，量子态不可克隆定理禁止态的复制。

2）经典编码在纠错时，需要进行测量，以确定错误图样。在量子情况下，测量会引起态坍缩，从而破坏量子相干性。

3）经典码中的错误只有一种，即 0、1 之间的跃迁。而量子错误的自由度要大得多。对于一个确定的输入态，其输出态可以是二维空间中的任意态。

直到 1995 年底至 1996 年，Shor 和 Steane 才独立地提出了最初的两个量子纠错编码方案。之后，各种更高效的量子码已被相继提出。量子纠错码通过一些巧妙的措施，克服了上面的三个困难，具体思路如下：

1）为了不违背量子态不可克隆定理，量子编码时，单比特态不是被复制为多比特的直积态，而是编码为较复杂的纠缠态。这既引进了信息冗余，又没有违背量子力学的原理。

2）量子纠错在确定错误图样时，只进行部分测量。即只对一些附加量子比特测量，而不是对全部比特进行测量。这使得投影到某一正交空间，信息位之间的量子相干性仍被保持，同时测量的结果又给出了量子错误图样。

3）人们发现，所有量子纠错都可以表示为三种基本量子错误的线性组合，只要纠正了这三种基本量子错误，所有的量子错误都将得到纠正。

（2）具体编码方案。

1）纠随机错的量子码。随机差错，是指量子比特独立地发生消相干，即各个比特随机地出错。相对而言，这种差错比较容易处理。Shor 的第一个纠错方案为量子重复码，它利用 9 比特来编码 1 比特信息，可以纠正 1 位错。此方案简单，而且与经典重复码有较直接的类比，但它的效率不高。在 Steane 的方案中，提出了互补基的概念，给出了量子纠错的一些一般性描述，并具体构造了一个利用 7 比特来编码 1 比特纠 1 位错的量子码。紧接着，Calderbank 和 Shor 及 Steane 提出了一个从经典纠错码构造量子纠错码的方法。纠 1 位错的最佳（效率最高）量子码也由两个小组独立地发现，该方案利用 5 比特来编码 1 比特。

纠多位错的量子码情况更复杂，迄今为止只发现一些简单的纠多位错的量子码。另外值得一提的是，现有的各种量子纠错码，本质上都可以被统一在群论框架之下。

2）防合作错的量子码。在实际应用中，量子比特有可能发生合作消相干，结果导致各个比特出错的概率相互关联，即合作量子错。对于克服合作消相干，纠随机错量子码不是一种高效率的方案。目前提出的克服合作量子差错的方案，多是防错而不纠错，它们本质性地利用了量子比特消相干过程中的合作效应。一种特例是集体消相干，即完全合作消相干，这种情况下的优势是存在"相干保持态"。相干保持态是一类特殊的能完全保持量子相干性的输入态。

实际上，独立消相干和集体消相干显然都是一种理想情况。还有更多的实际问题有待进一步研究。

3．量子编码定理

量子编码定理研究的目标是要寻找香农（Shannon）定理的量子对应。香农信源编码定理确定了任一信源的最大压缩率，信道编码定理确定了信息在有噪信道中无失真地传输的最大速率，即信道容量。香农定理奠定了整个经典信息论的基础，而对于量子信息论，是否也存在类似的定理？

早在 1993 年，Schumacher 就证明了一个比较初步的量子信源编码定理，该证明后来经 Jozsa 和 Holevo 的工作得到进一步的简化和推广。

而量子信道编码定理的证明要复杂和困难得多。对于一个给定的量子信息，既存在经典信息容量，又存在量子信息容量，这两者有时相差悬殊。量子信道的经典信息容量已经可以被完全确定，而量子信道的量子信息容量尚未完全解决。

量子编码从 1996 年就已经成为量子信息论领域最热门的课题，其发展的速度非常迅速。但正如前面指出的，其中遗留下来的问题也还很多。量子信息论尚未形成像经典信息论那样的完美体系，很多问题有待将来进一步研究。

8.11　目前量子通信的局限性

1．关于超光速问题

量子通信在窃听检测和通信保密方面具有天然的理论优势，并且在 QKD 等技术的影响下已无可置疑地成为一个具有战略意义的前沿技术之一，量子保密通信技术的实用化也已是一个明显的趋势。随着单光子和纠缠态制备、量子存储、量子探测、纠缠中继及光纤传输等相关技术的进一步发展和完善，量子通信技术将在国家的一些重要领域内的通信保密中扮演十分重要的角色。

　　然而实际上，在目前的通信模型下，量子通信尚不可能实现超光速通信，也不可能突破经典通信的距离和速率极限。QKD 相关技术除了在窃听检测和通信保密方面具有天然的理论优势以外，并不能或者极难突破经典通信系统在通信速率、通信距离、抗干扰性能等方面的极限；利用量子纠缠和量子隐形传态进行量子通信也不能突破经典通信系统在通信速率、通信距离、抗干扰性能等方面的极限，更不可能基于量子隐形传态实现超光速通信。因为可靠的辅助经典信道是进行量子通信的前提条件，目前量子通信所依赖的同步时钟与辅助信息交互等都是经典通信手段。

　　目前，标准单模光纤的损耗约为 0.25dB/km，这样的损耗并不影响经典光通信的广泛应用，然而对于光纤量子通信来说，这个损耗还是显得太大了，是一个很难逾越的障碍。比如 40km 的点到点量子通信，光纤损耗约 10dB，由于单光子信号不能放大，造成的损失无法补偿，这相当于单光子信号损失约 90%，而对于 80km 的点到点量子通信，光纤损耗约 20dB，将导致编码在单光子信号中的数据丢失近 99%。更进一步地，假定使用重复频率为 10GHz 的理想单光子信号源和探测效率 100% 的单光子探测器，采用标准的 BB84 协议，那么 QKD 系统的密钥分发速率也将低于 100Mb/s。而实际系统远远达不到这样的技术水平。因此，很难实现远距离、超高速率的 QKD，除非采用无损（或者超低损耗，例如小于 0.025dB/km）光纤或其他无损耗传输途径。

　　由于纠缠粒子之间存在不受空间限制的关联性，并且可以实现隐形传态，这种"心灵感应"现象似乎可以用于对潜和深空通信，并突破经典通信的距离和速率极限，但是这可能只是一个美好的"梦想"，没有其他额外信息的辅助，这些奇妙理论上的瞬间关联性毫无用处。依赖辅助信息就意味着不可能超越经典极限。首先，隐形传态通信必须进行纠缠粒子的分发和存储，其中所使用的手段目前还很难脱离经典通信系统。另外，进行超远距离通信时，如何将纠缠粒子分发到超远距离？除非不需要我们去分发，而是在通信双方所处的地点可以源源不断地找到天然的远程纠缠粒子对，不过目前还没有类似的报道。其次，隐形传态这种远程技术，表面上看，似乎是超光速通信，实际上，在接收方进行相关测量和相关信息交互之前，其状态信息无法复原；而只有在通信双方进行必要的量子测量和相关测量信息交互之后，才可能实现隐形传态。这种信息交换依赖经典信道，因此虽然隐形传态可能在某些特殊领域有着非常重要的潜在应用，但它并不能实现"超光速"信息传递。

　　2. 目前可实用的量子通信技术

　　量子密钥分发是最早进入商用阶段的量子通信方式。从最初的距离二十几 km 发展到超过 200km，从仅靠光纤过渡到光纤和自由空间并举，稳定性和非理想情况下的安全性等问题也都逐渐得到解决。而量子保密电话网、量子通信网络的建成，无不得益于量子密钥分发技术的新突破。可以说，目前基于量子密钥分发的量子通信技术正在阔步走向实用化。我国在量子密钥分发的实用化方面已跻身世界前列。最近几年，伴随诱骗态方案的提出，新技术突破不断涌现，自主研发的量子路由器、量子程控交换机及终端设备已能满足实用化要求。

　　相比于量子密钥分发，量子隐形传态的实用化进程还有较长的路要走。尽管潘建伟小组已将此前 600m 通信距离世界纪录拓展到 16km，并有可能利用即将发展起来的自由空间光量子传输和纠缠技术实现基于卫星中继的全球化量子通信网络，然而量子通信从"实验"真正走向"实用"，其间还面临着许多巨大的困难和挑战，具体如下：量子纠缠在传送过程中极容易与环境相互作用而导致纠缠品质的下降，因此实现远距离的纠缠分发需要借助量子中继或自由空间纠缠分发的手段。而在量子中继的核心——在量子存储方面，无论是存储时间还是读出效率都还有待大幅提升；在自由空间方面，由于对量子信源的要求非常苛刻，而目前实验室实现的量子纠缠源远不能满足实用化的要求。此外，由于卫星与地面相距遥远，要实现精确的同步、跟踪瞄准十分困难。

总体来讲，量子存储及量子中继技术当前均不成熟，离实际应用还有很大差距，基本处于实验研究阶段，与其相关的 QKD 协议（比如 QOTP-QSDC）目前可以不考虑。但是这两种技术可以解决量子网络问题，可以应用各种 QKD 协议搭建大型量子通信网络。相对而言，目前比较成熟的量子器件技术是单光子源及其探测器，当前的 QKD 网络基本都是基于这两种技术搭建。但是根据本章前面的介绍，真正单光子源均存在技术难题，目前采用弱脉冲激光单光子源替代。探测器则多采用 InGaAs/InP 半导体单光子探测器。纠缠态技术成熟度，则介于上面两种技术之间，目前已经有实验网络采用 BBM92 协议，并且已经有 16km 的离物传态的实验。根据上面的分析，结合 QKD 协议及量子器件成熟实用性分析，受量子器件制约的量子 QKD 协议及其发展状况如表 8-4 所示。

表 8-4 量子器件及相关技术的发展现状

器件类型	涉及 QKD 协议	主要技术	存在问题	技术评价
单光子源	BB84、B92、DPS、QOTP QSDC	量子点单光子源、下参量单光子源、弱脉冲激光单光子源	弱强度脉冲激光近似单光子源，会引入一定概率的误码，以及增加了被窃听的概率	现有单光子技术均存在技术问题，一般采用弱衰减激光代替
单光子探测	BB84、B92、DPS、QOTP QSDC	光电倍增管（PMT）、超导单光子探测器（SSPD）、半导体单光子探测器（InGaAs/InP-APD）	红外单光子探测器重复频率较慢，适应短程量子保密通信，InGaAs/InP 材料雪崩二极管工艺也相对落后，发生暗计数与后脉冲的概率较高	PMT 不适合红外、SSPD 需低温、一般采用 InGaAs/InP 半导体探测器
纠缠态制备	E91、BBM92、Two-StepQSDC、QSS、HBB99、量子隐形传态	腔 QED 技术、腔增强参量转换技术	纠缠光源的光子相干长度太短（大约 100μm），不可能在长距离下稳定；需要高亮度、高品质、窄带纠缠光子源	总体上尚不成熟
量子存储	MBE-QKD、QOTP-QSDC、延迟测量的QSS、量子隐形传态	自旋波激发、腔增强参量下转化	由于退相干机制的存在，使得已实现的量子存储的寿命都非常短	总体上尚不成熟
量子中继	QSS、量子隐形传态	量子纠缠、纠缠交换	需要纠缠交换、制备窄带多光子纠缠态、实现多光子纠缠态的量子存储等进一步的技术	总体上尚不成熟

当前可应用的量子通信技术主要是基于弱相干激光的单光子协议，典型的技术有 BB84 协议、DPS 协议等。其中基于诱骗态的 BB84 协议由于其克服了 PNS 攻击，是目前实际采用的量子通信技术。故行业应用应当分为量子通信网络与经典通信网，两者通过量子密钥分发终端连接，具体方案在不同行业有不同的组织结构与方式。

人类对量子世界的认识或许还只是迷雾中的冰山一角，有更多的自然界秘密等待人们去发现，等待人们不断探索新的解决方案。这样一个充满争议和传奇色彩的量子世界，不仅在通信技术领域，也将在其他各个方面颠覆人们以往对世界的认识，使人类更深刻地了解和掌握自然界的规律。目前的不足必将逐步完善，美好的梦想也终会实现。

练 习 题

1. 宇宙范围内的通信有什么困难？
2. 量子通信能解决星际之间的超远距离通信问题吗？
3. 比较说明经典光通信和光量子信道的信息效率。
4. 微观粒子（量子）有什么独特的性质？
5. 什么是量子纠缠？
6. 量子通信有哪些类型？
7. 为什么说量子通信可以做到绝对安全？
8. 目前国内外量子通信的水平怎么样？
9. 如何利用一次一密实现绝对安全的量子保密通信？
10. 量子密钥分发的协议有哪些？
11. E91 协议与 BB84 和 B92 协议有什么不同。
12. 画图并解释说明量子隐形传态的原理。
13. 什么是量子直接通信，有哪些具体方法？
14. 量子信道编码有哪些困难？
15. 量子中继的难度在哪里？
16. 目前量子通信能超光速吗？
17. 目前量子通信的实用情况如何？

参 考 文 献

[1] 樊昌信，曹丽娜．通信原理．7 版．北京：国防工业出版社，2012.

[2] 曹志刚，钱亚生．现代通信原理．北京：清华大学出版社，2012.

[3] 张辉．现代通信原理与技术．3 版．西安：西安电子科技大学出版社，2013.

[4] 佟学俭，罗涛．OFDM 移动通信技术原理与应用．北京：人民邮电出版社，2003.

[5] Fred Halsall，计算机网络与因特网教程，吴时霖，吴之艳，魏霖等译．北京：机械工业出版社，2006.

[6] 刘增基，周洋溢，胡辽林，等．光纤通信．2 版．西安：西安电子科技大学出版社，2008.

[7] 顾畹仪，黄永清，陈雪，等．光纤通信．2 版．北京：人民邮电出版社，2011.

[8] 原荣．光纤通信．3 版．北京：电子工业出版社，2010.

[9] 章坚武．移动通信．西安：西安电子科技大学出版社，2007.

[10] AjayR. Mishra．蜂窝网络规划与优化基础．中京邮电通信设计院，无线通信研究所译．北京：机械工业出版社，2004.

[11] 何琳琳，杨大成．4G 移动通信系统的主要特点和关键技术．移动通信，2004（2）：34-36.

[12] 刘伟，丁志杰．4G 移动通信系统研究进展与关键技术．中国数据通信，2004（2）：8-12.

[13] 袁晓超．4G 通信系统关键技术浅析．中国无线电，2005（12）：23-25.

[14] Y. kimat. Beyond3G: vision, requirements, and enabling technologies. IEEE Communications Magazine, 2003（3）: 114-118.

[15] 陈忠民，田增山．浅谈软件无线电技术及其在 4G 中的应用．电信快报，2006（1）：44-46.

[16] 腾勇．多天线无线通信系统的研究（博士论文）．北京：北京邮电大学．2003（6）.

[17] 曹志刚．现代通信原理．北京：清华大学出版社，2012.

[18] Proakis．现代通信系统——使用 Matlab．刘树棠译．西安：西安交通大学出版社，2005.

[19] 钟麟．Matlab 仿真技术与应用教程．北京：国防工业出版社，2004.

[20] 吴德本，李乐．3G 与 CMMB．有线电视技术，2010（2）：41-45.

[21] 徐作庭，李来胜．多媒体通信．北京：人民邮电出版社，2011.

[22] 孙学康，石方文，刘勇．多媒体通信技术．北京：北京邮电大学出版社，2006.

[23] 吴炜．多媒体通信．西安：西安电子科技大学出版社，2008.

[24] 电器协会高速电力线通信系统和 EMC 调查专门委员会．高速电力线通信系统（PLC）和 EMC．吴国良译．北京：中国电力出版社，2011.

[25] 杨刚．电力线通信技术．北京：电子工业出版社，2011.

[26] Klaus Dostert．电力线通信．栗宁，郑福生，杨洪译．北京：中国电力出版社，2003.

[27] 蒋康明．电力通信网络组网分析．北京：中国电力出版社，2014.

[28] 谭明新．现代交换技术实用教程．北京：电子工业出版社，2012.

[29] 刘丽，吴华怡，李新宇，等．现代交换技术．北京：机械工业出版社，2011.

[30] 姚军，李传森．现代交换技术．北京：北京大学出版社，2013.

[31] 吴潜蛟，明洋，吴向东，等．现代交换原理与技术．西安：西安电子科技大学出版社，2013.

[32] 蒋青，范馨月，吕翊，等．现代通信技术．北京：高等教育出版社，2014.

[33] 张中荃. 现代交换技术. 北京：人民邮电出版社，2013.

[34] 彭英，王珺，卜益民. 现代通信技术概论. 北京：人民邮电出版社，2010.

[35] 吴华，王向斌，潘建伟. 量子通信现状与展望. 中国科学：信息科学，2014 （3）296~311.

[36] 裴昌幸，朱畅华，聂敏，等. 量子通信. 西安：西安电子科技大学出版社，2013.

[37] 王廷尧. 量子通信技术与应用远景展望. 北京：国防工业出版社，2013.

[38] 温巧燕，郭奋卓，朱甫臣. 量子保密通信协议的设计与分析. 北京：科学出版社. 2009.

[39] 龙桂鲁，王川，李岩松，等. 量子安全直接通信. 中国科学：物理学力学天文学. 2011（4）：332-342.

[40] 赵楠. 多用户量子通信关键技术研究（博士学位论文）. 西安：西安电子科技大学，2012.

[41] 郝辉. 量子保密通信系统及交换技术研究（硕士学位论文）. 西安：西安电子科技大学，2013.

[42] 丁茁. 光子纠缠态的制备及其在量子通信中的应用（硕士学位论文）. 北京：北京邮电大学，2012.

[43] 刘义铭，黄益盛，王运兵，等. 量子通信的特色和局限性分析. 信息安全与通信保密. 2011（9）：47-49.

[44] 卢利锋，赵东来，马乐. 量子通信技术研究及在实际系统应用分析. 电力通信管理暨智能电网通信技术论坛论文集. 2012（12）：564-567.

[45] 宋海刚，谢崇波. 量子通信实用化现状分析与探讨. 中国基础科学. 2011（3）：21-25.